颗粒增强钛基复合材料

——加工制备、性能与表征

Particulate Reinforced Titanium Matrix Compisite

Fabrication, Properties and Characterization

宋卫东　王　成　毛小南　著

科学出版社

北京

内 容 简 介

作为金属基复合材料中的佼佼者,钛基复合材料由于其比强度高、比模量大、耐高温、耐腐蚀等优良性能,引起了国内外研究者广泛的研究兴趣。对钛基复合材料的关注虽然不少,但针对钛基复合材料的研究分布比较零散,研究者对钛基复合材料的基本问题缺乏清晰的、结构完整的概念。本书针对这一现状,查阅大量文献,结合作者多年对钛基复合材料的研究经验,共用七章内容详尽地介绍了钛基复合材料的定义、特性及应用、分类、研究方法、研究现状、制备方法、微观结构、力学性能、数值模拟、损伤失效等,完成了钛基复合材料相关知识的体系架构。

本书可供使用钛基复合材料的企业工程技术人员参考应用,可作为高校、研究机构钛基复合材料方向研究人员的入门教程和后续研究参考,亦可供具有一定基础并对钛基复合材料方向感兴趣的读者业余阅读。

图书在版编目(CIP)数据

颗粒增强钛基复合材料:加工制备、性能与表征/宋卫东,王成,毛小南著. —北京:科学出版社,2017.5
ISBN 978-7-03-052336-5

Ⅰ.①颗… Ⅱ.①宋… ②王… ③毛… Ⅲ.①钛基合金-金属复合材料 Ⅳ.①TG146.2②TB331

中国版本图书馆 CIP 数据核字(2017) 第 054143 号

责任编辑:刘信力 / 责任校对:彭 涛
责任印制:赵 博 / 封面设计:无极书装

科学出版社 出版
北京东黄城根北街 16 号
邮政编码:100717
http://www.sciencep.com

北京中石油彩色印刷有限责任公司 印刷
科学出版社发行 各地新华书店经销
*
2017 年 5 月第 一 版 开本:720×1000 1/16
2024 年 1 月第四次印刷 印张:18 插页:4
字数:350 000
定价:128.00 元
(如有印装质量问题,我社负责调换)

前　言

随着科学技术的发展，人们对材料的要求越来越高，也越来越多样化。为了满足需求，新型的合成材料不断涌现。在这些人工制造的材料中，钛基复合材料具有轻质高强、耐高温耐腐蚀、生物相容性好的特点，在航空航天、生物医学等方面体现出了巨大的应用前景，也引发了国内外研究人员的研究热情。

本书是作者、同事及博士生多年从事钛基复合材料研究的总结与心得，并整理了大量国内外钛基复合材料相关文献，力求博采众家之长，反映钛基复合材料研究和发展的全景。本书的性质并非教科书，书中的一些结论主要是来源于我们的研究和认识。希望本书的出版能够引起国内专家的兴趣，促进学术交流和共同思考、探讨。虽然我们已经尽己所能，但是由于水平有限，书中出现一些错误是在所难免的，欢迎国内的同行对此进行批评指正。

本书的第 1 章介绍了钛基复合材料的一些基础知识和国内外的研究、发展现状。第 2 章对现有的钛基复合材料制造工艺进行了总结、梳理和简要的评述。第 3 章从微观尺度着手，对钛基复合材料的材料界面和微观结构进行了讨论，介绍了材料界面的定义、特征和表征，并着重讨论了几种钛基复合材料的制备以及微观结构。第 4 章讨论了室温、高温条件下钛基复合材料的力学性能及其本构模型。第 5 章介绍了均匀化理论，并利用均匀化理论和有限元方法，对钛基复合材料的力学性能进行了数值模拟研究。第 6 章关注钛基复合材料的损伤和失效，探讨了钛基复合材料损伤和失效的机制、本构关系、动力学计算。第 7 章着眼实际，放眼未来，对于钛基复合材料的应用和发展趋势做出了总结和展望。

在此，向本书参考文献的各位作者表示真诚的感谢，对在本书的编写和出版过程中提供了帮助和支持的单位与同志表示由衷的谢意。感谢北京理工大学爆炸科学与技术国家重点实验室及国家自然科学基金项目 (11672043, 11521062, 11325209) 的资助。

北京理工大学　爆炸科学与技术国家重点实验室
宋卫东　王　成　毛小南
2017 年 5 月

目 录

前言
第 1 章 绪论 ·· 1
1.1 钛基复合材料的定义与分类 ·· 4
1.2 钛基复合材料特性及其应用 ·· 4
1.3 增强体的分类 ·· 5
1.4 增强体材料的选择 ·· 7
1.4.1 复合材料中的 TiC ··· 8
1.4.2 复合材料中的 TiB ··· 8
1.4.3 复合材料中的稀土元素氧化物 ······························ 9
1.5 钛基体材料的选择 ·· 9
1.6 钛基复合材料力学性能的研究 ···································· 9
1.6.1 室温特性 ··· 10
1.6.2 高温特性 ··· 12
1.6.3 动态特性 ··· 14
1.7 颗粒增强复合材料理论分析研究现状 ························ 15
1.7.1 宏观力学理论研究 ··· 15
1.7.2 细观力学理论研究 ··· 17
1.7.3 宏细观结合力学理论研究 ···································· 21
1.8 颗粒增强复合材料数值计算研究现状 ························ 23
参考文献 ··· 24
第 2 章 钛基复合材料的制备方法 ····································· 27
2.1 熔铸法 ·· 27
2.2 粉末冶金法 ·· 27
2.3 机械合金化法 ·· 28
2.4 自蔓延高温合成法 ·· 28
2.5 XD^{TM} 法 ··· 28
2.6 反应热压法 ·· 29
2.7 燃烧辅助铸造法 ·· 29
2.8 直接反应合成法 (DRS) ··· 29
2.9 熔化辅助合成法 ·· 30

2.10 反应自发渗透法 30
2.11 直接金属/熔体氧化法 30
2.12 反应挤压铸造法 31
2.13 气-液合成技术法 31
2.14 快速凝固法 31
2.15 放电等离子烧结技术 32
2.16 增材制造技术法 32
2.17 金属注射成形法制备 Ti-6Al-4V 34
参考文献 35

第 3 章 钛基复合材料的界面及微观结构 38
3.1 钛基复合材料界面的定义 38
3.2 钛基复合材料界面的特征 39
  3.2.1 钛基复合材料界面的效应 39
  3.2.2 钛基复合材料界面的结合机制 40
  3.2.3 钛基复合材料界面的分类及界面模型 41
  3.2.4 钛基复合材料界面微观结构及界面反应 43
  3.2.5 钛基复合材料界面的稳定性 48
  3.2.6 钛基复合材料界面的力学特性 49
  3.2.7 钛基复合材料的界面设计 52
3.3 钛基复合材料界面的表征 53
  3.3.1 钛基复合材料的界面组织结构表征 53
  3.3.2 钛基复合材料的界面强度的表征 54
  3.3.3 钛基复合材料的界面区位错分布 56
  3.3.4 钛基复合材料的界面残余应力的测试 57
3.4 TiC/Ti 复合材料的制备及微观结构 58
  3.4.1 TiC/Ti 复合材料的制备 58
  3.4.2 TiC/Ti 复合材料的相分析和微观结构 60
  3.4.3 凝固过程对复合材料微观结构的影响 66
  3.4.4 Cr、Mo 和 TiC 组分对复合材料微观结构的影响 69
3.5 TiB/Ti 复合材料的制备及微观结构 71
  3.5.1 TiB/Ti 复合材料的制备 71
  3.5.2 TiB/Ti 复合材料的相分析和微观结构 72
3.6 (TiB+TiC)/Ti 复合材料的制备及微观结构 77
  3.6.1 (TiB+TiC)/Ti 复合材料的制备 77
  3.6.2 (TiB+TiC)/Ti 复合材料的相分析和微观结构 79

3.6.3　(TiB+TiC)/Ti 复合材料的成型过程与增强体形成机制·············88
参考文献···90

第 4 章　钛基复合材料的力学性能···93
4.1　钛基复合材料的室温力学性能···93
4.1.1　颗粒增强钛基复合材料的室温力学性能······································93
4.1.2　复合材料力学性能的强化机制、应变率效应和断裂机制············98
4.1.3　不同固溶处理温度下复合材料室温拉伸性能····························103
4.1.4　不同冷却速度下复合材料的室温力学性能································105
4.1.5　复合材料的抗侵彻性能··106
4.2　钛基复合材料的高温力学性能···109
4.2.1　颗粒钛基复合材料的高温力学性能··109
4.2.2　Cr、Mo 和 TiC 组分的颗粒增强钛基复合材料高温性能············113
4.2.3　不同热处理下颗粒增强钛基复合材料高温性能·························117
4.2.4　TP-650 钛基复合材料的高温持久和蠕变性能··························118
4.2.5　复合材料的高温性能和合金组织的关系··································118
4.3　钛基复合材料的本构模型···120
4.3.1　Johnson-Cook 本构方程的建立··121
4.3.2　修正 Johnson-Cook 本构模型··128
4.3.3　钛基复合材料的细观本构模型···133
参考文献··155

第 5 章　钛基复合材料力学性能的数值模拟···158
5.1　均匀化理论的基本思想··158
5.2　均匀化理论的发展···159
5.3　均匀化方法在不同研究领域的应用··161
5.3.1　在传统领域的应用··161
5.3.2　在生物力学方面··161
5.3.3　在拓扑优化方面··162
5.3.4　在多孔介质渗流方面··162
5.4　均匀化理论与其他复合材料研究方法的比较···································162
5.4.1　细观力学方法··162
5.4.2　分子动力学方法··163
5.5　均匀化理论的数学基础和误差估计··163
5.5.1　基本假设··163
5.5.2　数学描述··164
5.5.3　椭圆型微分算子的均匀化过程···165

5.5.4　椭圆型微分算子均匀化解的误差估计 ················· 167
5.6　弹性均匀化理论 ··································· 168
5.7　弹塑性力学性能分析的均匀化方法 ··················· 171
5.8　率相关的弹黏塑性均匀化理论 ······················· 175
　　5.8.1　基本方程 ··································· 175
　　5.8.2　均匀化过程的推导 ··························· 176
5.9　基于不动点迭代方法的均匀化理论及数值模拟 ········· 178
　　5.9.1　不动点迭代方法 ····························· 178
　　5.9.2　有限元分析模型 ····························· 180
　　5.9.3　数值计算结果与分析 ························· 181
5.10　平面问题的弹塑性有限元理论及程序 ················ 195
　　5.10.1　平面问题的弹性理论 ························ 195
　　5.10.2　平面问题的塑性理论 ························ 198
　　5.10.3　有限元问题的离散化基本方程表达式 ·········· 200
　　5.10.4　刚度矩阵和一致载荷矢量的计算方法及程序实现 ·· 204
　　5.10.5　二维弹塑性准静态有限元总程序 ·············· 209
　　5.10.6　非线性动态瞬变问题的隐式-显式时间积分解法 ·· 212
　　5.10.7　二维弹塑性动态瞬变有限元总程序 ············ 216
　　5.10.8　颗粒增强钛基复合材料力学性能的数值计算结果及分析 ·· 222
参考文献 ··· 230

第 6 章　钛基复合材料的损伤与失效 ···················· 232
6.1　金属基复合材料损伤基本理论 ······················· 232
6.2　金属基复合材料的损伤和失效机制 ··················· 234
　　6.2.1　金属基复合材料的损伤机制 ··················· 234
　　6.2.2　复合材料的失效发展过程及概率方法 ··········· 235
　　6.2.3　损伤统计累积时复合材料的承载能力 ··········· 235
　　6.2.4　损伤累积函数和短纤维段的强度分布 ··········· 238
　　6.2.5　复合材料的完全失效的过渡 ··················· 239
　　6.2.6　组元物理化学相互作用的影响 ················· 243
6.3　钛基复合材料的损伤与失效 ························· 246
　　6.3.1　TiC 颗粒增强钛基复合材料中微裂纹的扩展规律 ·· 246
　　6.3.2　TiC 颗粒增强钛基复合材料的动态拉伸损伤机制 ·· 248
　　6.3.3　平面损伤本构关系 ··························· 250
　　6.3.4　一维动态拉伸损伤本构 ······················· 254
　　6.3.5　模型参数与计算结果讨论 ····················· 256

6.4 冲击作用下基体材料的失效 ································· 262
6.5 Ti-6Al-4V 再结晶动力学计算 ······························ 264
  6.5.1 晶界迁移机制动力学计算 ································ 265
  6.5.2 亚晶合并动力学计算 ·································· 266
  6.5.3 Ti-6Al-4V 绝热剪切带内组织演化机制 ···················· 267
参考文献 ·· 269

第 7 章 钛基复合材料的应用与发展趋势 ······················ 272
7.1 钛基复合材料的应用 ······································ 272
7.2 钛基复合材料的发展趋势 ·································· 274
参考文献 ·· 275

彩图

第 1 章 绪 论

航空工业的发展水平能够体现出一个国家经济和科技的综合实力，而航空航天工业的发展对飞机和航天器的发动机和主体材料的性能提出了更高的要求。下一代的燃气涡轮发动机与现役的相比将具有更高的转速、更高的工作温度和更高的推力，而改善发动机的工作效率、提高发动机的推重比的重要途径就是提高工作温度和减轻总体结构的重量，材料的结构效率问题也显得日益重要。在结构设计时遇到的关键问题就是所谓的平方-立方关系，即结构的强度和刚度随线尺寸的平方增加，重量随线尺寸的立方增加，这就要求材料有较高的比强度，而刚度和结构稳定性则要求材料有高的比模量，设计人员必须采用低比重材料并在不超重的前提下增加界面的构件尺寸来保证结构材料的挠曲刚度或弯曲刚度，这在常规材料中是不切实际的。传统的金属、陶瓷等材料难以满足上述工程要求，金属基复合材料(metal matrix composite, MMC)正是顺应这样的要求而出现的，并受到世界各国的重视。现代航空工业的发展，要求飞机发动机有更高的转速、更高的工作压力和温度，并减轻发动机自身的重量。第二次世界大战以来，经过几十年的努力，开发了一系列的高温合金，其中最典型的为镍基合金和钛基合金。镍基合金具有较高的高温强度，可作为涡轮发动机的结构用材在大于 600℃的温度条件下使用。钛合金作为航空工业常规结构材料可在低于 600℃的中低温下使用，为发展超音速飞行做出了贡献。但是从发展的角度来看，镍基超合金比重太大，并且熔点较低，目前的使用环境已经接近其极限，而钛合金即使是耐热钛合金，其高温抗氧化以及抗蠕变性能不足的问题，使其使用温度很难超过 600℃，对现代航空航天工业发展来说两者都具有局限性。

随着新一代航空发动机的发展，其部件受到的应力越来越大，受热温度也越来越高，如图 1-1 所示为不同比强度的蒙皮材料在不同飞行马赫数的使用范围。当马赫数超过 3 时，只能选用高温合金、钛基复合材料(titanium matrix composite, TMC)及先进的碳/碳复合材料，而以金属基复合材料中的钛基复合材料为当前研究的重点。

金属基复合材料作为材料家族中的新体系，其发展历史仅有 30 多年，但是已显示出其强大的生命力。金属基复合材料具有导电性好、导热性好、线性膨胀系数小、组织结构稳定性好、抗腐蚀、可焊接，并且可局部强化的特点，被誉为 21 世纪的材料。其中短纤维和陶瓷颗粒增强金属基复合材料更具有吸引力。在基体材料方面，铝合金和镁合金是轻合金基体材料中较常用的，而陶瓷颗粒因具有较高的强度和刚性倍受青睐。近年来，在颗粒增强金属基复合材料的研究中，以 Al_2O_3、SiC 的颗粒增强金属基复合材料的发展较快。SiC 颗粒增强铝基复合材料是研究较多、比较成熟的一类金属基复合材料，因 SiC 颗粒成本低廉，来源广泛，被认为是近期内最可能广泛应用的一种金属基复合材料。但一些复合材料由于制备工艺等原因，存在一定的非均匀性从而有可能限制材料的应用。石墨粒子能显著提高材料的耐磨性和耐擦伤性，同时大大改善了材料的吸振性和切削加工性能，因此石墨增强铝基复合材料适合于制造活塞、轴承、轴瓦等抗磨零件，但石墨粒子在铸件垂直方向有漂浮现象，特别是在重力铸件中漂浮现象特别严重，偏聚也较严重。钛基复合材料由于其激烈的界面反应，发展相对滞后，但是其具有高的比强度、比刚度，以及能在 600℃ 以上中温环境中使用的特点，使研究者将其应用定位在航空航天工业应用领域中，并得到了大量的关注。

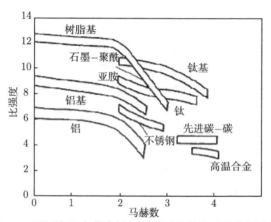

图 1-1　不同比强度蒙皮材料在不同马赫数时的使用范围

钛基复合材料具有较好的比强度、比刚度，以及耐高温性能，适合于超音速航空飞行器结构件的制造。该复合材料的研究始于 20 世纪 70 年代，到了 80 年代，美国国家航空航天计划及高性能涡轮机技术和其他相类似的计划，给钛基复合材料的研究提供了较好的发展环境和资金技术支持，使针对钛基复合材料的研究在 80 年代成为热点。不同工艺制备出的钛基复合材料具有不同的复合效果。钛基复合材料可简单地分为两类：连续增强钛基复合材料和非连续增强钛基复合材料。两种材料各有优势，大量的工作集中在钛基体和增强体的优化、制备方法和加工工艺、界面反应以及涂敷、性能评估和测试以及探索应用领域。

纤维增强复合材料的横向载荷强度主要是通过增强相与基体的复合界面传递的，由于界面反应以及杂质缺陷等原因，纤维增强钛基复合材料的横向弹性模量、拉伸强度和抗蠕变性能甚至低于基体钛合金材料，由于纤维增强钛基复合材料自身的不足以及价格高昂,到了 20 世纪 90 年代冷战结束后,军事和航空工业的支持减少,纤维增强钛基复合材料的发展速度减慢,人们纷纷开始发展成本更低的颗粒增强钛基复合材料。

颗粒增强钛基复合材料的增强效果虽然不如纤维增强钛基复合材料,但是其具有各向同性的性质,制备简单,成本低廉,并且可以采用传统的熔炼加工和粉末冶金方法进行制备加工,在 20 世纪 90 年代中期得到了较大的发展。

当前制备颗粒增强钛基复合材料的方法大致可以分为两类:熔炼法和粉末冶金法。1988 年,Alcoa 实验室和英国伯明翰大学首先公布了粉末冶金法制备的 Ti-6Al-4V-TiC 的研究结果。Dynamet 公司于 1989 年 7 月公布了 Ti-6Al-4V-TiC(TiB_2) 的 Cermet-Ti 系列复合材料,利用冷热等静压制备的 Cermet-10,15 具有很高的强度和刚度,使用温度比 Ti-6Al-4V 高 110℃,但塑性较差。日本利用 BE 粉末冶金法制备出 10vol% 的 TiB 增强的 Ti-6Al-4V 及 Ti-5Al-12Cr-3.5V 的复合材料。自从 Martin 实验室开发了 XD^{TM} 熔炼技术以及 Auburn 大学相继的 TiC 三维原位合成技术,日本金属技术材料研究所的内反应法使熔炼法制备颗粒增强钛基复合材料获得了较大发展,制成了界面干净的钛基复合材料。通过真空电弧无自耗熔炼技术,日本生产出了 300kg 的 Ti-5.7Al-3.5V-11Cr-1.3Cr 的耐磨材料铸锭。西北有色金属研究院利用预处理熔炼技术 (pre-treatment melt process, PTMP) 制备出 TiC 颗粒增强钛基复合材料 (TP-650),该材料在 650℃时仍保持良好的高温性能。

随着当代高科技的发展以及钛基复合材料应用领域的不断拓宽,对钛基复合材料的结构和功能性已经不再局限于单一的高性能指标,而是要求复合材料在复杂服役条件下具有结构功能一体化的特性和较高的综合性能。期望能够在具备高比强度、高比模量、抗蠕变、尺寸稳定性和耐磨性的同时具有抗氧化、阻尼、耐热、导热优良和热膨胀系数低等性能。这势必需要通过在材料内部选择具有不同物理化学性质的物相进行优化组合,不同种类相和不同尺度的增强体之间取长补短,形成多效应响应,依靠相与相之间组分选择、剪裁、匹配和耦合使钛基复合材料具备结构功能一体化及多结构多功能集成化的特征,才能满足 21 世纪科学技术的发展对材料科学发展提出的要求。综合比较国内外金属及复合材料的发展历史和研究现状可以发现,迄今为止,多元强化金属及复合材料的研究已经分散和零星地开展了。原位自生 TiB_2 增强铝基复合材料,在 Ti-Al-B 体系中容易形成有害的 Al_3Ti 脆性相,通过添加石墨或者利用 Ti-Al-B-O 体系反应生成带有金属氧化物的多元增强体可以抑制脆性的有害相的生成,并且可以提高增强体分布的均匀性。在 Al_2O_3/Al 复合材料中加入适量的 MgO 可有效地改善复合材料中界面的润湿性。在钛基复合材料中,在 SiC 长纤维增强钛基复合材料中原位合成 TiB 或 TiC 增强体可有效降低复合材料在总截面和横截面方向性能的各向异性,可以使典型的强度比值由 5:1 降到 3:1。

1.1 钛基复合材料的定义与分类

钛基复合材料按用途可以分为结构型钛基复合材料和功能型钛基复合材料，结构型材料具有较高的强度和耐高温耐腐蚀性能，主要用作结构的承重材料；功能型材料一般具有复杂的结构，形成特殊的功能，具有吸能、降噪、隔热或者导热等特点。钛基复合材料按增强体不同主要分为两大类：连续纤维增强钛基复合材料和非连续增强钛基复合材料。

连续纤维增强钛基复合材料为早期研究的热点，增强体主要为各类低密度、高模量的长纤维，通过基体连接纤维，传递载荷，主要的特点是具有良好的机械性能，但是，增强体纤维的排布具有方向性，导致其性能具有各向异性特征，在纤维延伸方向具有高模量、高强度而在横向上性能较差，针对这一特点，可根据不同需要在不同方向上合理地排布纤维从而改善材料各个方向的性能，达到材料设计的要求。连续纤维的价格很高，制备工艺复杂，从而使连续纤维增强钛基复合材料的成本很高，大大限制了连续纤维增强钛基复合材料的应用。

非连续增强钛基复合材料因其各向同性和易于加工成型的特点而被广泛关注。它是由短纤维、晶须或颗粒作为增强体的一类钛基复合材料，增强体在基体中随机分布，总体上材料性能呈现各向同性的特点，并且具有良好的耐高温特性。根据增强体的来源，非连续增强体可分为外加和原位两类。外加增强是指增强体是从外部加入并且均匀分布于基体中的，原位增强则是通过基体内部的化学反应直接在基体中生成增强体。原位生成的增强体与基体相容性很好，界面结合强度很高，并且可直接制备成形状复杂的构件，无需二次加工，同时省去了增强相单独制备的环节，节省成本，简化工艺。因此，原位生成的非连续增强钛基复合材料的研究成为目前最热的研究领域。非连续增强钛基复合材料的加工工艺和成本与钛合金材料相近，相比于钛合金材料，非连续增强钛基复合材料机械性能提升幅度较大，能够广泛用于耐高温结构，在军用和民用领域有很好的实际应用前景。

除了上述两种钛基复合材料，还有一种层状钛基复合材料，在钛合金基体中含有重复排列的片状增强体。这种钛基复合材料在增强平面的各个方向上具有良好的机械性能，与纤维单向增强的钛基复合材料相比具有明显优势，但是在另外一个方向上由于增强体中的较大的缺陷而使得其性能较差。

1.2 钛基复合材料特性及其应用

(1) 由于钛基复合材料中加入了高强度的增强体，明显地提高了钛基复合材料的比强度和比模量。增强体承载了大部分的载荷，相对于薄弱的钛合金基体，钛基复合材料能够承受更大的压力载荷，但是对于拉伸载荷，由于增强体与基体界面强度的限制，薄弱的界面首先开裂而影响其性能，因此对于外加增强的钛基复合材料，原位增强钛基复合材料应该具有更高的抗拉伸和压缩性能。

(2) 通常的钛基复合材料中钛合金的基体会占有很高的体积分数，因此仍然保持了金属所特有的良好导热和导电性，良好的导热性可使复合材料较快地达到热平衡和迅速地散热，可用于高集成度的电子器件和对尺寸稳定要求高的构件。良好的导电性可以避免在制造过程中产生静电聚集问题，提高生产安全。

(3) 增强体的热膨胀系数通常较小，因此，可以通过调整增强体的类型和含量生产出热膨胀系数为零的钛基复合材料，这类材料可用于生产要求不发生热变形的构件，是制造航天器的理想材料。

(4) 增强体通常都具有很好的高温性能，其强度在高温下几乎不发生变化，因此在低于钛合金熔点的温度下，钛基复合材料具有比钛合金更好的高温力学性能，可广泛用于航空发动机叶片的制造，能够大幅提升发动机的性能和寿命。

(5) 钛基复合材料中的增强体不仅具有高的比强度和比模量，还具有高硬度和高耐磨性，因而钛基复合材料相比于钛合金来说具有更好的耐磨性。

(6) 原位增强的钛基复合材料因其良好的界面结合状态而具有良好的疲劳性能和断裂韧度。

(7) 因为钛合金具有很好的耐腐蚀性，所以钛基复合材料也具有很高的耐腐蚀性能，同时因为钛合金良好的生物相容性，钛基复合材料也可用于生物学和医学领域。

1.3 增强体的分类

增强体是钛基复合材料的重要组成部分，增强体具有高比模量、高比强度、耐热性、耐腐蚀性、低热膨胀系数、高硬度、高耐磨性，在钛基复合材料中起到提高材料性能的作用。通常有高性能连续长纤维、短纤维、晶须、颗粒等。

1. 纤维类增强体

纤维类增强体分为连续长纤维和短纤维两种，连续长纤维分为单丝和束丝，单丝是指单独一根直径较大的纤维丝作为增强体，束丝是指大量直径较小的细纤维组成的一束纤维作为增强体。连续纤维的长度都在百米以上，性能具有方向性，延轴向具有很高的强度和模量。连续长纤维的制备工艺复杂，制造成本高昂，主要用于制备高性能钛基复合材料。

短纤维长度一般在毫米量级，总体上排列无方向性，因而各向同性。通常采用喷射方法制备，生产效率高，成本低。短纤维性能不及长纤维，但制成的钛基复合材料各向同性。

2. 颗粒类增强体

颗粒增强体分为外加和原位生成两种，一般是具有高强度、高模量、耐高温、耐腐蚀、耐磨特性的碳化物和硼化物，如 TiC 和 TiB。增强体颗粒很细小，通常在微米量级，在钛合金中起到提高模量、强度、耐磨性和耐热性的作用。由于颗粒增强体的成本低廉以及颗粒增强钛基复合材料各向同性的特点，颗粒增强体在钛基复合材料中的应用发展很快。一些颗粒增强钛基复合材料中常用的增强体性能如表 1-1 所示。

表 1-1 增强体性能参数

颗粒	密度/(g·cm^{-3})	熔点/K	热膨胀系数/10^{-6}K^{-1}	线性模量/GPa
SiC	3.19	2970	4.63 (25~500℃)	430
TiC	4.99	3433	6.52~7.15 (25~500℃)	440
B$_4$C	2.51	2720	4.78 (25~500℃)	445
TiB$_2$	4.52	3253	4.6~8.1	500
ZrB$_2$	6.09	3373	5.69 (25~500℃)	503
TiB	4.05	2473	8.6	550
Al$_2$O$_3$	4.00	2323	8.3	420
Si$_3$N$_4$	3.20	2173	2.5	385

此外，近几十年来，钛及钛合金被看作可以作为氧化物尤其是稀土氧化物增强的有潜力的合金。和金属基体相比，氧化物弥散的合金可以显著提高合金的高温强度。过去的研究表明，在钛合金中加入一定量的稀土可以大大提高基体合金的高温瞬时强度和持久强度。

对于稀土的添加对钛合金的影响，也有一些初步的研究，添加的稀土元素 (RE) 有 La、Ce、Nd、Er、Gd、Dy、Y 等。Hiltz 等认为，由于 RE 在 α 钛中有一定的固溶度，稀土氧化物又是稳定的高熔点化合物，所以 RE 加入纯钛后，主要起内部氧化作用。稀土氧化物在钛的晶界上呈弥散发布，这些弥散的质点附近形成位错环，可以进一步强化基体。所以，RE 的加入能大大提高基体的高温瞬时强度和持久强度。一些研究结果表明：稀土元素与合金中的氧结合形成氧化物粒子，在细化晶粒、提高疲劳性能、改善热稳定性等方面都发挥了有益的作用。从以上研究结果可以看出：第一，稀土元素是一种强烈的脱氧剂，能有效夺取合金中的氧，改善合金的力学性能；第二，稀土氧化物是一种高熔点化合物，弥散分布时起强化作用，并可提高合金的高温瞬时强度及蠕变强度；第三，在一定程度上缓解了合金组织和表面的不稳定性问题，这正是当前高温钛合金所需要解决的问题之一。加上我国具有稀土资源优势，因此，稀土在高温钛合金中的研究将越来越受到重视。一些常用稀土氧化物的物理性质如表 1-2 所示。

表 1-2 常用稀土氧化物物理性质

氧化物	密度/(g·cm^{-3})	熔点/K	热膨胀系数/10^{-6}K^{-1}
Y$_2$O$_3$	5.01	2639	7.2 (20~1000℃)
La$_2$O$_3$	6.51	2490	5.86~12.01 (100~1000℃)
Ce$_2$O$_3$	6.86	2415	8.6 (25~1000℃)
Pr$_2$O$_3$	7.07	2400	8.3 (25~1050℃)
Nd$_2$O$_3$	7.24	2484	4.26~11.37 (150~1000℃)
Gd$_2$O$_3$	7.41	2595	10.0 (30~850℃)
Dy$_2$O$_3$	7.81	2625	8.3 (30~840℃)
Er$_2$O$_3$	8.64	2660	5.7 (100~300℃)

3. 晶须类增强体

晶须是在人工条件下生长出的单晶，因单晶缺陷少，晶须具有很高的模量和强度，通常晶须的直径小于一微米，长度大概几微米。晶须的制备过程复杂，成本远高于颗粒增强体，晶须增强钛基复合材料的性能基本为各向同性。

4. 碳纳米管增强体

碳纳米管 (CNT) 因其高弹性模量及高抗拉强度等优异的力学性能，被认为是复合材料中特别有潜力的增强体。由于碳纳米管中碳原子采取 sp^2 杂化，相比 sp^3 杂化，sp^2 杂化中 s 轨道成分比较大，使碳纳米管具有高模量和高强度。碳纳米管具有良好的力学性能，CNT 抗拉强度达到 50~200GPa，是钢的 100 倍，密度却只有钢的 1/6，至少比常规石墨纤维高一个数量级；它的弹性模量可达 1TPa，与金刚石的弹性模量相当，约为钢的 5 倍。对于具有理想结构的单层壁的碳纳米管，其抗拉强度达到了 800GPa。碳纳米管的结构虽然与高分子材料的结构相似，但其结构却比高分子材料稳定得多。碳纳米管是目前可制备出的具有最高比强度的材料。若以其他工程材料为基体与碳纳米管制成复合材料，可使复合材料表现出良好的强度、弹性、抗疲劳性及各向同性，给复合材料的性能带来极大的改善。近年来，CNT 作为增强体在复合材料中已经显示了显著的特征，比如用来增强 Al、Mg、Cu 和 Ti 等。

1.4 增强体材料的选择

增强体材料通常选择具有高模量、高强度的碳化物、氧化物、硼化物，也可以是金属间化合物。但是由于钛的活性很高，这些化合物会在钛基体中扩散、化合和固溶，从而影响钛基复合材料的性能，因而所选的增强体材料必须与钛合金基体材料具有良好的相容性并且在热力学上必须是稳定的。增强体与基体材料相容可以保证界面结合良好并且可以使增强体在基体中均匀分布，良好的化学稳定性保证了没有不理想界面产物的生成，不会降低材料的综合性能，不仅对使用时有这样的要求，在加工过程中也有这样的要求。

这里所讨论的是一些非连续增强钛基复合材料的增强体材料的选择，在一些常用的增强体材料中，TiC 在热力学上与钛及钛合金相容，密度和泊松比也很相近，热膨胀系数相差 50% 以内，而作为陶瓷材料，其模量和抗压强度远高于钛，是较为理想的增强体材料。相关的研究结果表明，在众多颗粒增强钛基复合材料中，Al_2O_3 陶瓷颗粒增强体与钛合金基体之间并不稳定，会在界面结合处产生降低界面结合度的反应产物，同样的，SiC 颗粒增强钛基复合材料也存在相同的问题。目前认为，TiB_2 是 γ(TiAl) 基非连续增强钛基复合材料的最佳增强体，TiB、TiC 适合作为 $α_2(Ti_3Al)$ 基和近 α、α+β 高温钛基体合金的增强体，而 TiC 也可作为耐磨非连续增强钛基复合材料的增强体，因而近年来，多数研究都选择 TiC 作为增强体材料。

1.4.1 复合材料中的 TiC

在 TiC 颗粒增强钛基复合材料中，TiC 存在两种形态：等轴及近等轴状和枝晶状。TiC 为对称的 NaCl 型晶体结构，导致 TiC 形核时，在对称晶面的生长速度相同，很容易形成中心对称的结构，即等轴的球形粒子，并且长成球形时其表面能最低，最易成核。但 TiC 的液相线非常陡，容易形成成分过冷，导致初晶 TiC 以树枝晶的形态生长，二元共晶 TiC 以等轴或近似等轴状生长，少量的 TiC 在形核与长大的过程中形成孪晶结构。调整合金元素或者后续的加工工艺，可以改善初生枝晶的状况。

TiC 的降解反应以及 C 原子向基体中扩散，在 TiC 粒子周围形成了非化学计量的反应界面层。采用透射电镜 (TEM)、EELS 测定出界面相为 Ti_2C，根据电子衍射理论和晶体学理论可确定 Ti_2C 晶体的晶胞大小和晶胞中 Ti、C 原子坐标，并可给出 C 空位的有序排列规律。该界面反应层具有可逆的特征，界面厚度随工艺条件而变。加热温度越高，反应速度加快，界面变厚；加热后的缓慢冷却能够使 C 原子重新沉淀，界面变薄。

1.4.2 复合材料中的 TiB

TiB 在复合材料中呈短纤维状分布，TiB 与 Ti 基体界面洁净，没有明显的界面反应。利用凝固理论分析 TiB/Ti 界面微结构的形成机制，可较好地解释原位复合材料中 TiB/Ti 界面结合较好的原因：由于 TiB 的 BBC 结构，TiB 在基体中易于沿 [010] 方向生长，柱面为 (100)、(101) 及 (10$\bar{1}$)。利用透射电镜和高分辨率透射电镜研究 TiB 的堆垛层错结构，在 (111) 面上容易形成 B 原子的不足而导致原子错排，并且在 (100) 面上形成堆垛层错有利于减少增强体与基体合金之间的晶格畸变。Banerjee 等还发现了一个有趣的现象，存在以 TiB 初生相为基础形核长大的二次相。

1.4.3 复合材料中的稀土元素氧化物

稀土元素作为强脱氧剂，在钛合金中以氧化物 (RE_2O_3) 形式存在。Nd_2O_3 的形貌随添加 Nd 的含量的改变而改变，当 Nd 含量比较少时，Nd_2O_3 为细小的层片状组织，其典型形貌为 "H"，随着含量的增加，Nd_2O_3 发生明显的粗化，同时出现了二次析出球状的 Nd_2O_3。初生 Y_2O_3 趋向于长成枝晶状，并且会粗化，次生 Y_2O_3 大多数长成球状，并且尺寸较小，Y_2O_3 与基体界面结合良好，无界面反应。

1.5 钛基体材料的选择

钛基复合材料的基体材料选择对于保持复合材料中基体材料与增强体材料界面稳定性和优化复合材料力学性能都是很重要的。目前常用材料为 Ti-6Al-4V 合金，作为用量最大和综合性能较佳的合金材料，其广泛用于研究钛基复合材料性能的基体材料。另外，耐磨耐腐蚀合金也大量作为基体材料研究耐磨耐腐蚀的钛基复合材料，如工业纯钛和 Ti-32Mo。在航空航天领域，要求材料具有耐高温和抗蠕变性能，因此常选用 α、$\alpha+\beta$ 型合金和 α_2 型的 Ti_3Al、$\gamma TiAl$ 合金作为基体材料。对于有加工工艺需要的钛基复合材料来说，通常选用易于加工成型的 Ti10-2-3 和 Ti-15-3 等合金作为基体材料。

1.6 钛基复合材料力学性能的研究

研究表明环境效应、界面反应和相的稳定性强烈地影响颗粒增强钛基复合材料的力学行为，这些因素与各组元物理性质、化学性质、温度和时间密切相关。复合材料的强化效果，取决于将应力从基体转移到高强度的增强相的能力，基体与增强相的界面结构特征决定变形过程中载荷的传输与裂纹抗力，因此获得一个强的基体–增强相的界面结合十分重要。

颗粒增强钛基复合材料，在不同程度上提高了基体的室温力学特性，使复合材料具有较好的室温拉压性能、抗疲劳和抗磨损性能。同时，TiC、TiB 和稀土元素的加入，也进一步提高了钛基复合材料的高温特性，如高温强度、抗蠕变和抗氧化性能都得到很大提高，而且准静态高温状态下，颗粒增强钛基复合材料会表现出良好的超塑性，这给钛基复合材料的后续加工提供了很好的平台。

1.6.1 室温特性

颗粒增强钛基复合材料的室温特性,主要是指在准静态室温状态下的力学特性,包括室温拉伸特性、室温压缩特性、室温硬度和抗磨损特性等。

TiC、TiB 等粒子的加入可以明显提高基体材料的室温强度,其强化原因可以大体分为两种:一种是增强相自身的作用,陶瓷颗粒是颗粒增强钛基复合材料的主要承载体,当扩展裂纹遇到增强粒子时,使扩展路径发生偏转,增加裂纹扩展能量,提高了材料的强度,同时当增强粒子较小时,Orowan 强化机制将参与材料强化;另一种就是增强相对基体组织的影响,基体组织的晶粒细化,根据 Hall-Petch 关系,可以显著提高材料的强度等综合性能。

对于颗粒增强复合材料的模量、强度的研究一直以来就是各国学者研究的热点,因为这些性能直接关系到材料的应用价值。Dubey 等指出复合材料强度和弹性模量的提高符合混合率规律,并且与制备过程和所选基体材料及增强相的含量有关。Atri 等通过脉冲激励振动测定了 TiB 颗粒增强钛基复合材料的弹性模量、剪切模量和泊松比,指出复合材料的弹性模量和剪切模量随着 TiB 体积含量的增加而增加,泊松比则随体积含量的增加而减小。但是对强度而言,关系就不这么简单了。Liu 等发现,5vol%TiC 增强钛基复合材料强度表现最好,随着体积含量的增加,复合材料拉伸强度反而开始下降了,这与 TiC 体积含量较高时易形成粗大的枝晶结构有关。Wang 等利用直接激光熔射 (DLF) 制备了 TiB 增强 Ti-6Al-4V 复合材料,并且对复合材料和基体做了准静态对比拉伸试验,发现 TiB 晶须的加入对钛合金的强度和模量都有明显提高,但是拉伸韧性有所降低 (如图 1-2 所示),这种现象在很多颗粒增强钛基复合材料中被发现。在室温压缩过程中,这种韧性的降低相对较小,并且强度也要比拉伸时高,因为材料在承受压缩载荷时,是不利于微裂纹形核长大的。

室温准静态下,颗粒增强钛基复合材料的失效受增强粒子与基体塑性变形制约,由于增强粒子的限制作用,基体的塑性变形很不充分,裂纹的传播以沿晶或穿晶方式在基体中扩展,最终引起材料的失效。Jun 等原位观测了微观断裂过程,发现微裂纹在增强颗粒处成核,在基体的这些微裂纹之间形成剪切带,最终裂纹沿微裂纹和剪切带扩展,材料的断裂韧性主要是由断裂开始阶段增强相体积含量决定,部分决定于基体阻碍微裂纹扩展的能力。金云学等也原位观测了裂纹的萌生及扩展,研究表明,TiC 颗粒表面及应力集中处最容易萌生微裂纹;在不同位置萌生的微裂纹中,处于有利位向的微裂纹不断扩展,并与周围的裂纹连接形成主裂纹;主裂纹扩展主要是通过自身扩展和与周围裂纹连接相结合的方式进行,当裂纹扩展受阻时,将在裂纹前方颗粒处形成新的裂纹或在基体中形成塑性坑,并通过扩展相互连接;当裂纹扩展到一定程度后,材料将全面失稳而迅速断裂。其裂纹扩展过程如图 1-3 所示。

1.6 钛基复合材料力学性能的研究

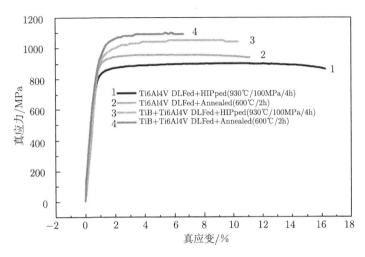

图 1-2 激光熔覆成型 TiB/Ti6Al4 及基体室温准静态拉伸应力-应变曲线

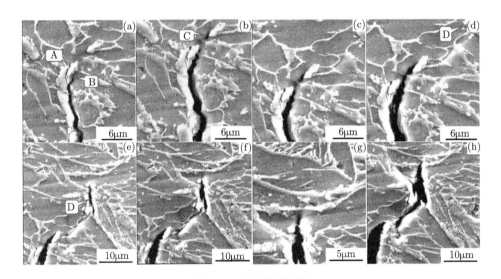

图 1-3 裂纹扩展过程

陶瓷颗粒增强钛基复合材料具有较高硬度,可以提高材料的抗磨损特性,特别是随着激光熔覆和激光照射等技术的不断成熟,颗粒增强钛基复合材料可以直接作为一种高效涂层熔覆在钛合金表面,极大地提高了钛合金的抗磨损特性。Chen 等利用激光熔覆对 Ti-6Al-4V 表面制备了一层 WCp 增强的钛基复合材料,使钛合金材料表面硬度提高了 50%以上。Eunsub 等利用高能电子束照射对 Ti-6Al-4V 表面进行改性,制备了 (TiC+TiB) 增强钛基复合材料熔覆层,材料表面硬度提高了 2~3 倍。

1.6.2 高温特性

由于颗粒增强钛基复合材料的未来使用环境的要求,对其高温性能的研究显得十分重要,涉及的准静态高温力学性能包括准静态高温拉伸特性、准静态高温压缩特性、高温蠕变性能以及高温氧化特性。

无论是拉应力状态还是压应力状态,随着温度的升高,颗粒增强钛基复合材料的延性将增加,强度将降低。TiC 增强钛基复合材料的热压缩应力–应变关系如图 1-4 所示。虽然温度升高,颗粒增强钛基复合材料的强度会降低,但与基体钛合金的高温强度相比,由于原位合成增强体非常稳定,依然能较为有效地强化基体合金,提高复合材料的高温强度,只是弥散强化的效果不如室温下明显。

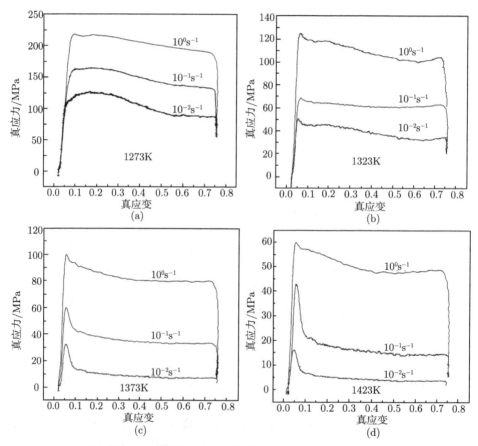

图 1-4　TiC 增强钛基复合材料热压状态下的应力–应变曲线

当温度提高到 900℃左右时,在准静态拉伸状态下,颗粒增强钛基复合材料会出现超塑性。试样变形前后宏观照片如图 1-5 所示。通常单相材料的超塑性变形

(SPD)被认为是晶界滑移、晶内滑移和扩散蠕变的理想混合模型,与颗粒增强钛基复合材料的超塑性变形机理不尽相同。在颗粒增强钛基复合材料的变形过程中,位错通过滑移和攀移重新排列成亚晶界,亚晶界将吸收亚晶内部的滑移位错,亚晶的取向差增加,转变为小角度晶界,这个过程吸收变形能使得超塑性变形得以实现。因此,颗粒增强钛基复合材料的超塑性受晶粒转动、晶界滑移和位错机制的控制,涉及材料中组织的动态再结晶。对于超塑性的研究,有利于建立颗粒增强钛基复合材料的塑性加工理论,对于实现复合材料的工艺加工具有十分重要的意义。

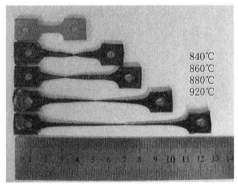
(a) 基体材料Ti-6Al-4V

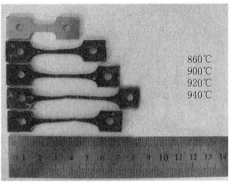
(b) (TiB+TiC)增强钛基复合材料

图 1-5 试样超塑性变形前后宏观照片

应该指出材料的拉伸断裂与温度有关,温度较低时,增强体断裂是材料失效的主要原因,随着温度的提高,增强体与基体合金界面脱粘成为材料失效的主要原因,并且高温拉伸时裂纹容易在短纤维状增强体 TiB 的端面处形核与长大,从而使增强体与基体合金脱粘导致材料失效,因此加入石墨形成更多的 TiC 粒子有利于提高复合材料的高温力学性能。

原位生成的陶瓷颗粒可以有效地提高钛合金的高温抗氧化性,其主要原因是陶瓷颗粒的加入,使氧化优先发生在增强相上,有效阻止了钛合金的均匀氧化,有利于促使局部形成薄而致密的氧化层膜,防止复合材料的进一步氧化。其中 TiC 颗粒与钛合金基体之间形成的 Ti_2C 高空位结构,有利于氧元素的扩散,所以一般认为在氧化初期 TiB 增强的钛基复合材料的抗氧化性优于 TiC 颗粒增强的钛基复合材料。并且认为稀土氧化物增强颗粒的加入,将有利于进一步提高材料的抗氧化性,降低氧化层厚度。颗粒增强钛基复合材料的氧化动力曲线都呈抛物线形状。

颗粒增强钛基复合材料的高温蠕变性能对于材料的高温用途也至关重要,目前对于颗粒增强钛基复合材料蠕变性能的研究,主要是借鉴颗粒增强铝基复合材料的蠕变研究,认为门槛应力和应力转移是颗粒增强钛基复合材料蠕变性能较高的原因。并且研究发现,TiC 颗粒对于提高钛合金的蠕变性能的作用高于 TiB 晶须。颗粒增强钛基复合材料的蠕变根据机理不同,可以分两个应力区域,低应力区主要是受晶界滑移控制,而高应力区主要是受位错攀移控制。颗粒增强钛基复合材料在稳态蠕变中存在从由晶格扩散控制的位错攀移转变为由管道扩散控制的位错攀移的机制。

1.6.3 动态特性

自颗粒增强钛基复合材料问世之日起,对于颗粒增强钛基复合材料的静态和准静态的力学性能的研究,就一直是国内外材料学家和力学家研究的重点。但是另一个很重要的力学性能——动态力学性能,即应变率效应,一直是不被国内外科学家重视的领域,目前为止,鲜有对颗粒增强钛基复合材料的动态力学性能展开深入研究的报道。然而,颗粒增强钛基复合材料作为结构件,难免承受冲击载荷,研究其高应变率下的力学行为显得十分必要。

对载荷类型以及冲击载荷高低的划分,主要根据应变率的大小确定:应变率低于 $10^{-6}s^{-1}$ 时,为蠕变加载;应变率高于 $10^{-6}s^{-1}$、低于 $10^{-2}s^{-1}$ 时,为准静态加载;应变率高于 $10^{-2}s^{-1}$、低于 $10\ s^{-1}$ 时,为中等应变率加载或低速冲击加载;应变率高于 $10\ s^{-1}$、低于 $10^5\ s^{-1}$ 时,为冲击加载;应变率高于 $10^5\ s^{-1}$ 时,为高速冲击加载。目前,国内外学者对颗粒增强钛基复合材料应变率效应有所涉及的研究主要集中在应变率对高温超塑性的影响,即在准静态和低应变率范围内考虑应变率的变化对材料力学响应的影响。

在应变率对 (TiC+TiB) 增强钛基复合材料的超塑性影响的研究中,有相关研究人员先后进行了一些工作,其实验条件有:920~1080℃,0.001~0.02s^{-1} 应变率范围内拉应力状态;1000~1150℃,0.01~1s^{-1} 应变率范围内压应力状态;800℃下,0.0001~0.01s^{-1} 应变率范围内拉应力状态;750~900℃,0.01~1s^{-1} 应变率范围内拉应力状态;840~980℃,0.0001~0.01s^{-1} 应变率范围内拉应力状态。1000~1200℃,在 $10^{-4}s^{-1}$、$10^{-3}s^{-1}$ 两个应变率下,有关研究人员对 TiB_2 颗粒增强钛铝金属间化合物的力学响应特性进行了一系列的研究,建立了准静态流变应力模型。也有人对 900℃,$10^{-3}\sim10^{-4}s^{-1}$ 应变率范围内 TiBw/Ti-6Al-4V 复合材料的压缩特性进行了实验研究。在建立 TiC 增强钛基复合材料的塑性加工图谱时,需要考虑应变率对材料拉伸响应的影响。

可以看出,目前对于颗粒增强钛基复合材料的应变率效应的研究仅局限于较低应变率下,而对于更高的应变率条件下的力学性能研究十分缺乏。更高应变率的研究主要是在 2004 年开始展开的对颗粒增强钛基复合材料的冲击载荷状态下拉伸实验性能的研究中,利用旋转盘式杆-杆型冲击拉伸试验机 (SHTB) 对 TiC 颗粒增强钛基复合材料进行了动态拉伸试验,分析了复合材料的应变率效应,建立了率相关动态本构关系。

1.7 颗粒增强复合材料理论分析研究现状

理论分析的目的就是在实验的基础上通过分析材料力学性能建立其本构关系或本构模型。随着外部载荷作用的影响，描述材料状态的变量按其特有的规律变化，材料本构关系研究的实质就是借助理论分析和实验研究的方法，找出状态变量之间的依存关系及演变规律，通过不同的本构关系来区别自然界中各种不同物质材料的宏观物理性能和力学性能。

颗粒增强复合材料的力学性能取决于基体合金的类型，增强粒子的体积、尺寸、分布，以及增强相与粒子间界面状态等。复合材料不仅具有宏观特征，也具有细观特征，所以复合材料力学也应是一种能够反映宏、细观两个层次的力学理论。目前对颗粒增强复合材料的力学性能的分析主要采用宏观模型、细观模型、以及宏细观相结合的分析方法。

1.7.1 宏观力学理论研究

宏观力学方法是从唯象角度的观点出发，将复合材料当作均匀介质处理，忽视增强相和基体的力学性能的差别，仅考虑复合材料的平均宏观表现性能。在宏观力学方法中，应力和应变等力学量均定义在宏观尺度上，这种宏观的力学量不能反映基体相和增强相的真实情况，而是材料整体宏观尺度上的平均值。然而复合材料的力学响应行为实际上是由宏、细观层次下多种破坏机制相耦合控制而发生和发展的，宏观尺度上发生的灾难性断裂行为往往是受微细观尺度上的力学过程所制约的。可以看出宏观力学理论忽略了复合材料的微细观结构特点，没有考虑复合材料的细观损伤演化特征，因此难以反映深层次的物理机制。宏观力学方法只能得到宏观应力场和应变场，无法得到与增强相尺寸同一量级的细观尺度上的细观应力场和应变场，因而难以得到复合材料结构损伤与破坏的准确表征和深入研究结果。

目前对复合材料的动态性能的研究较多的是采用宏观分析的方法。各种宏观力学建立的基本思想就是将材料的力学行为看作温度和应变率的函数，即存在关系：

$$\sigma = f(\varepsilon, \dot{\varepsilon}, T) \tag{1-1}$$

其中，σ 为应力，ε 为应变，$\dot{\varepsilon}$ 为应变率，T 为材料服役温度。

应用较多的一种宏观模型就是 Johnson-Cook 模型，Johnson-Cook 模型较为简单地反映了材料的温度和应变率效应，其形式为

$$\sigma = (A + B\varepsilon^n)\left(1 + C\ln\frac{\dot{\varepsilon}}{\dot{\varepsilon}_0}\right)\left[1 - \left(\frac{T - T_{\rm r}}{T_{\rm m} - T_{\rm r}}\right)^m\right] \tag{1-2}$$

其中，A、B、C、n、m 为 5 个需要实验确定的参数，B 为应变硬化参数，C 为应变率敏感性系数，m 为温度敏感系数；T_r 为参考温度；T_m 为熔点温度；$\dot{\varepsilon}_0$ 为参考应变率。该模型出现之初是用来描述金属材料的，由于其简单好用，所以也被借用到颗粒增强钛基复合材料的力学性能的研究中。但是该模型涉及的参数较多，并且这些参数并不恒定，会随温度和应变率而变化，应用起来不是很方便。

更多的材料学家喜欢用 Sellars 和 Tegart 提出的一种包含变形激活能 Q 和温度 T 的双曲正弦形的修正 Arrhenius 关系来描述颗粒增强复合材料的热稳定激活形变行为，其模型表达式为

$$\dot{\varepsilon} = A\left[\sinh(\alpha\sigma)\right]^n \exp\left(-\frac{Q}{RT}\right) \tag{1-3}$$

式中，A、α、n 为与温度无关的常数，A 为结构因子 (s^{-1})，α 为水平参数 (MPa^{-1})；R 为气体常数 8.314 J·mol^{-1}·K^{-1}；T 为绝对温度；Q 为变形激活能。该模型较好地反映了材料的热激活特性，并且与实验结果的契合度较高。Zener 和 Hollomon 提出了温度补偿应变速率参数，即 Zener-Hollomon 参数：

$$Z = \dot{\varepsilon}\exp\left(\frac{Q}{RT}\right) = A\left[\sinh(\alpha\sigma)\right]^n \tag{1-4}$$

整个模型的物理意义更清楚，能够极好地反映材料的绝热温升和应变率响应的相关性。

也有一些学者选择能反映材料学位错滑移的热激活模型，来描述颗粒增强钛基复合材料的蠕变形为。其模型形式与双曲正弦形的修正 Arrhenius 关系相仿：

$$\dot{\varepsilon} = \frac{AEbD_0}{kT}\left(\frac{\sigma}{E}\right)^n \exp\left(-\frac{Q}{RT}\right) \tag{1-5}$$

式中，A 为常数，E 为材料弹性模量，b 为与位错相关的柏格斯矢量，D_0 为材料自扩散系数。

此外，可以将基体的应力-应变关系采用 Ramberg-Osgood 模型来描述，提出颗粒增强铝基复合材料的一种率相关的唯象的本构关系：

$$\varepsilon = \frac{\sigma}{E} + \alpha\varepsilon_0\left(\frac{\sigma}{\sigma_N}\right)^n$$

$$\sigma_N = \left(\sigma_0 + a\left(\frac{\dot{\varepsilon}}{\dot{\varepsilon}_0}\right)^m\right)\left(1 + \beta f_1 + \frac{C}{n}\beta f_1\right) \tag{1-6}$$

式中，σ_N 为复合材料的渐近应力；σ_0、ε_0 和 $\dot{\varepsilon}_0$ 分别为基体的参考应力、参考应变和参考应变率；n 和 m 分别为应变强化系数和应变率敏感系数；f_1 为增强相的体积分数；a、C 和 β 为待定常数。

1.7.2 细观力学理论研究

复合材料细观力学的核心任务是建立材料整体的性能与各组分性能及材料微结构特征之间的定量关系,揭示出复合材料在一定工况下的力学响应规律及其原因。复合材料细观力学是在对非均匀介质有效性能预测的研究基础上发展起来的,较早的工作有 Maxwell(1873) 和 Rayleigh(1892) 对含球形夹杂复合材料有效导电系数的计算,以及 Einstein(1906) 对含有少量刚性球体夹杂流体有效粘性系数的计算。之后 Eshelby、Hill、Hashin 和 Shtrikman 等所做的开拓性工作奠定了现代细观力学的基础。随着各种新型复合材料的设计和应用,特别是有限元数值计算方法的发展,使复合材料细观力学得到了长足的发展,成为对复合材料宏观弹性性能预测、弹塑性变形、损伤破坏分析等研究的重要科学手段。目前细观力学已经逐渐分化为两类,即分析法和细观力学有限元法,但细观有限元法仍是以理论分析为基础的。

(1) 混合律模型 (Voigt 模型和 Reuss 模型)

Voigt 模型和 Reuss 模型是分析复合材料力学性能两个最简单的模型。Voigt (1889) 模型基于等应变假设,认为复合材料各组分相中的应变是相等的,且等于外加应变,即所谓的并联模型,从而给出了平均弹性模量的上限。以两相复合材料为例,有

$$E = E_r V_r + E_m V_m \tag{1-7}$$

其中,E_r 和 E_m 分别为增强相和基体的弹性模量,V_r 和 V_m 分别为增强相和基体的体积分数。

Reuss(1929) 模型则基于等应力假设,即所谓的串联模型,认为根据边界条件,复合材料的应力是均匀的,得到平均弹性模量的下限为

$$1/E = V_r/E_r + V_m/E_m \tag{1-8}$$

Voigt 模型适用于单向强化复合材料,Reuss 模型则适用于层状增强复合材料。作为工程应用,Voigt 模型对于连续纤维增强复合材料轴向性质的分析较为准确,而对于横向性质及短纤维增强材料的分析有很大的误差。

对于颗粒增强复合材料,混合定律又被改写为

$$E_c = \frac{E_m(1 + 2sqV_p)}{1 - qV_p} \tag{1-9}$$

式中,$q = \dfrac{E_p/E_m - 1}{E_p/E_m + 2s}$,$E_p$ 和 E_m 分别为增强粒子和基体的弹性模量,s 为粒子的长宽比。

(2) Eshelby 等效夹杂法

Eshelby 等效夹杂法是目前处理颗粒增强复合材料问题的最有力的工具。创新之处在于引入了本征应变的概念,证明当本征应变均匀时或外载均匀时,夹杂内部的弹性场也是均匀的,可用夹杂积分的形式表示出来,这个解成为等效模量计算的基础。以各向同性体基体为例,在外力 σ^0 作用下,夹杂和基体有相同的均匀应变,并满足胡克定律,并引入了一般用 ε_{ij}^* 表示本征应变,它满足对称条件 $\varepsilon_{ij}^* = \varepsilon_{ji}^*$。当夹杂由于某种与边界力无关的物理化学原因产生均匀应变,即所谓的本征应变 ε_{ij}^*,并且由于增强相的存在将相应地引起扰动应变 ε_{ij}^c,于是夹杂的应力 σ_{ij}^I 为

$$\sigma_{ij}^I = \lambda \left(\varepsilon_{kk}^0 + \varepsilon_{kk}^c - \varepsilon_{kk}^*\right) \delta_{ij} + 2\mu \left(\varepsilon_{ij}^0 + \varepsilon_{ij}^c - \varepsilon_{ij}^*\right) \tag{1-10}$$

而 ε_{ij}^* 与 ε_{ij}^c 之间按 Eshelby 理论存在如下关系:

$$\varepsilon_{ij}^c = S_{ijkl}\varepsilon_{ij}^* \tag{1-11}$$

其中,S_{ijkl} 为 Eshelby 张量,是椭球夹杂几何尺寸和基体材料泊松比的已知函数。

若是含有与基体不同弹性参量的异质夹杂,按 Eshelby 等效同质夹杂概念,异质夹杂在外力 σ^0 作用下因弹性参量不同所引起的扰动应变 ε_{ij}^c 可看作某等效的同质夹杂因本征应变 ε_{ij}^* 所引起,因而异质夹杂的应力满足:

$$\lambda_f \left(\varepsilon_{kk}^0 + \varepsilon_{kk}^c\right) \delta_{ij} + 2\mu_f \left(\varepsilon_{ij}^0 + \varepsilon_{ij}^c\right) = \lambda \left(\varepsilon_{kk}^0 + \varepsilon_{kk}^c - \varepsilon_{kk}^*\right) \delta_{ij} + 2\mu \left(\varepsilon_{ij}^0 + \varepsilon_{ij}^c - \varepsilon_{ij}^*\right) \tag{1-12}$$

ε_{ij}^* 与 ε_{ij}^c 之间满足 Eshelby 关系,这样就可以解得 ε_{ij}^* 与 ε_{ij}^c,从而根据复合材料的宏观参量,即平均应变为

$$\langle \varepsilon_{ij} \rangle = \frac{1}{V} \int_V \left(\varepsilon_{ij}^0 + \varepsilon_{ij}^c\right) \mathrm{d}v = \varepsilon_{ij}^0 + V_f \varepsilon_{ij}^* \tag{1-13}$$

对应的平均应力为

$$\langle \sigma_{ij} \rangle = \sigma_{ij} \tag{1-14}$$

通过平均应力与平均应变两者之间的关系,就可以确定复合材料的材料参量。

(3) 稀疏方法

稀疏方法适用于颗粒体积含量比较小的情况,其忽略了颗粒与颗粒之间的相互影响。假设复合材料代表单元边界受到均匀应变边界条件 $\bar{\varepsilon}$,在计算某一颗粒内应变时,稀疏模型认为该颗粒周围的其他颗粒不存在,即代表单元只含有一个颗粒,在边界上作用宏观应变 $\bar{\varepsilon}$,这样多颗粒夹杂问题就可以转换成单颗粒夹杂问题求解。

假设复合材料代表单元内有 N 类夹杂,第 r 类夹杂的模量和体积分数分别用 C_r 和 V_r 表示,基体的模量用 C_0 表示,则对第 r 相夹杂有

$$\langle \varepsilon \rangle_r = [I + P_r (C_r - C_0)]^{-1} \bar{\varepsilon} = B_r \bar{\varepsilon} \tag{1-15}$$

其中 B_r 是利用稀疏方法得到的集中系数张量。利用稀疏方法对复合材料有效模量的预测为

$$\begin{aligned}\bar{C} &= C_0 + \sum_{r=1}^{N-1} V_r (C_r - C_0) [I + P_r (C_r - C_0)]^{-1} \\ &= C_0 + \sum_{r=1}^{N-1} V_r \left[(C_r - C_0)^{-1} + P_r\right]^{-1}\end{aligned} \tag{1-16}$$

对于球形颗粒,P 张量可以表示为 $P_1 = (3K_p, 2G_p)$,利用稀疏方法可得颗粒增强复合材料的体积和剪切模量为

$$\bar{K} = K_0 + \frac{K_1 - K_0}{1 + 9K_p (K_1 - K_0)} V_1 \tag{1-17}$$

$$\bar{G} = G_0 + \frac{G_1 - G_0}{1 + 4G_p (G_1 - G_0)} V_1 \tag{1-18}$$

其中,$K_p = \dfrac{1}{3(4G_0 + 3K_0)}$,$G_p = \dfrac{3(2G_0 + K_0)}{10G_0(4G_0 + 3K_0)}$,$K_r$ 和 G_r 分别为第 r 类夹杂的体积和剪切模量。

(4) 自洽方法 (self-consistent method)

自洽方法是将每类夹杂放置于待求的复合材料中作为基体来建立局部化关系,复合材料远场受应变 $\bar{\varepsilon}$ 作用,其有效模量 $\bar{C}$ 为待求的未知量。利用单夹杂问题的解,则可得到第 r 类夹杂的平均应变与宏观应变之间的关系为

$$\langle \varepsilon \rangle_r = \left[I + \bar{P}_r (C_r - \bar{C})\right]^{-1} \bar{\varepsilon} = B_r \bar{\varepsilon} \tag{1-19}$$

其中,$\bar{P}_r$ 为 r 类夹杂作为复合材料基体时的 P 张量,与夹杂形状及待求的复合材料模量 $\bar{C}$ 有关。复合材料的有效模量可表示为

$$\bar{C} = C_0 + \sum_{r=1}^{N-1} V_r (C_r - C_0) \left[I + \bar{P}_r (C_r - \bar{C})\right]^{-1} \tag{1-20}$$

上式给出了求解复合材料有效模量的隐式方程。

考虑复合材料由各向同性的球形颗粒和基体构成。对于球形颗粒有 $\bar{P}_1 = (3\bar{K}_p, 2\bar{G}_p)$,其中,$\bar{K}_p = \dfrac{1}{3(4\bar{G} + 3\bar{K})}$,$\bar{G}_p = \dfrac{3(2\bar{G} + \bar{K})}{10\bar{G}(4\bar{G} + 3\bar{K})}$。利用自洽法可得

$$\bar{K} = K_0 + \frac{K_1 - K_0}{1 + 9\bar{K}_p (K_1 - \bar{K})} V_1 \tag{1-21}$$

$$\bar{G} = G_0 + \frac{G_1 - G_0}{1 + 4\bar{G}_p(G_1 - \bar{G})}V_1 \tag{1-22}$$

求解上述方程即估计复合材料的模量。

在自洽方法的基础上，又发展了广义自洽方法，即认为夹杂周围应具有一层基体，将夹杂和这层基体构成的构型放置于未知待求的复合材料中作为基体材料建立局部化关系。该种方法能较好地反映夹杂和基体的微结构基本特征，所得到的计算结果比较准确，但由于该种方法求解比较困难和复杂，目前只有球状颗粒和长纤维夹杂的单夹杂问题存在精确的解析解表达式，一般结合有限元分析方法使用。

(5) Mori-Tanaka 方法

Mori-Tanaka 方法认为对于复合材料代表单元，由于其他夹杂的存在，具体作用在某个夹杂周围的应变将不同于远场作用的宏观应变 $\bar{\varepsilon}$。因此，该方法在将多夹杂问题转化成单夹杂问题时，单夹杂问题中远场作用的应变为复合材料基体的平均应变 $\langle\varepsilon\rangle_0$，其本身即为未知待求的量。根据单夹杂问题的求解方法，可得对第 r 相夹杂的平均应变为

$$\langle\varepsilon\rangle_r = [\bm{I} + \bm{P}_r(\bm{C}_r - \bm{C}_0)]^{-1}\langle\varepsilon\rangle_0 \tag{1-23}$$

根据 $\bar{\varepsilon} = \sum_{r=0}^{N-1} V_r\langle\varepsilon\rangle_r = V_0\langle\varepsilon\rangle_0 + \sum_{r=1}^{N-1} V_r\langle\varepsilon\rangle_r$，可解得复合材料基体的平均应变为

$$\langle\varepsilon\rangle_0 = \left\{V_0\bm{I} + \sum_{r=1}^{N-1} V_r[\bm{I} + \bm{P}_r(\bm{C}_r - \bm{C}_0)]^{-1}\right\}^{-1}\bar{\varepsilon} \tag{1-24}$$

联立 (1-23) 式、(1-24) 式，即得到 Mori-Tanaka 方法的局部化关系：

$$\langle\varepsilon\rangle_r = \bm{T}_r\left[V_0\bm{I} + \sum_{r=1}^{N-1} V_r\bm{T}_r\right]^{-1}\bar{\varepsilon} \tag{1-25}$$

其中，$\bm{T}_r = [\bm{I} + \bm{P}_r(\bm{C}_r - \bm{C}_0)]^{-1}$。利用 Mori-Tanaka 方法对复合材料有效模量的估算可表示为

$$\begin{aligned}\bar{\bm{C}} &= \bm{C}_0 + \sum_{r=1}^{N-1} V_r(\bm{C}_r - \bm{C}_0)\bm{T}_r\left[V_0\bm{I} + \sum_{r=1}^{N-1} V_r\bm{T}_r\right]^{-1} \\ &= \bm{C}_0 + \sum_{r=1}^{N-1} V_r\left[(\bm{C}_r - \bm{C}_0)^{-1} + V_0\bm{P}_r\right]^{-1}\end{aligned} \tag{1-26}$$

Mori-Tanaka 方法直接给出了复合材料模量的显式表达式，并考虑了夹杂间的相互影响，被广泛用于复合材料有效模量的估算。本书主要采用 Mori-Tanaka 方法对颗粒增强钛基复合材料力学行为进行了理论分析，详细内容见 4.3.3 节。

上面介绍的稀疏方法、自洽法和 Mori-Tanaka 方法均是在 Eshelby 等效夹杂理论的基础上发展而来，类似的还有微分等效介质法以及利用变分原理求上下限等多种理论。但是，这些理论得到的都是稀疏解，仅适用于颗粒相体积分数比较少的情况，而且大多没有考虑颗粒间的相互作用，即使 Mori-Tanaka 理论也仅仅考虑的是其他颗粒对代表单元内颗粒的综合作用。后来 Zhu、Chen 和 Sun 等在考虑成对颗粒相互作用的基础上建立了一个新的理论框架，可以较好地预测增强相体积分数较大时的情况，感兴趣的读者可以自行查阅文献研究。

界面作为影响颗粒增强钛基复合材料力学性能的重要方面，是关系复合材料中载荷的传递、裂纹的扩展和材料的破坏的重要因素，也是细观力学界研究的重点，已经提出了许多描述界面力学性能的理论模型，总体上界面模型可以分为两类：一是数学界面模型 (interface model)，一是界面相模型 (interphase model)。

界面模型假定界面是没有厚度但具有不同于基体和粒子力学性质的物质。这类模型有很多种，例如切向滑动模型、线弹簧界面模型、粘聚力模型和非线性模型等。这些界面模型一般采用特定的假设作为界面条件，界面条件中一般包括一些未知参数。在界面模型中，以不完善界面模型和线弹簧界面模型最具代表性。所谓不完善界面是指界面处存在位移和应力间断量；线弹簧界面模型是指应力在界面处连续而位移有间断量，并且切向和法向位移的间断量分别与切向应力及法向应力成正比。

界面相模型包含了位于夹杂和基体之间的界面相，其中界面相是具有一定厚度并且力学性能不同于基体和夹杂的物质，界面相的弹性常数可以是均匀的也可以是非均匀的，基体与界面相、界面相与夹杂之间的界面是完好粘结。随着材料学家对复合材料的研究的深入，发现夹杂周围的界面相根据加工工艺的不同而不同，并且对复合材料整体的性能会有很大的影响。目前这类模型对分析具有均匀和非均匀界面相的功能梯度复合材料很重要，近年已被众多研究者所关注。

1.7.3 宏细观结合力学理论研究

颗粒增强钛基复合材料作为一种整体的结构材料，我们十分关心它的整体宏观特性，但是由于其特殊的多尺度结构，任何一个微小的裂纹或者任何一处增强颗粒的脱粘或破碎都可能发展成为整个材料的破坏。Becker 等指出："尽管任务 (力学要求) 需求是从最高的层面上提出来的，失效却起源于最底层。"实际上初始损伤，如微裂纹和微孔洞，能在材料内较低的微结构层次上产生，但是损伤却涉及多个层次，发展最终可能导致整个平台的失效。对于复合材料这种多层次的力学行为，已有的宏观力学模型使我们不能很好地预见材料内部的结构损伤，难以反映深层次的物理机制；而纯细观力学过多地注重颗粒增强复合材料基本量的静态预测，也难于较准确地预测材料整体的变化趋势。在此基础上，如何建立材料微观结构与材料宏观力学性能的关系成了揭示颗粒增强复合材料的力学响应规律的关键。损伤断裂力学从创建之日起，就被赋予了联系微损伤到材料宏观断裂的最有效果的方法，特别是它能够很好地将细观力学方法借鉴过来，逐渐形成兼具细观和宏观的有效力学理论。

损伤力学的发展是由冶金学家预计高温蠕变构件的持久强度问题时开创的，在 20 世纪 60 年代后期，固体力学家开始涉及这一研究领域，其开创性工作包括 McClintock 对长柱孔洞和 Rice 与 Tracey 对球形孔洞的解。随后 Budiansky 与 O'Connell 对脆性损伤地质材料中弥散分布的微裂纹群进行了自洽细观力学分析，勾勒出延性和脆性材料细观损伤分析的雏形。

目前损伤力学主要包括三个大的分支：传统的宏观损伤理论，以连续介质热力学和连续介质力学为基础，着重考察损伤对材料宏观力学性能的影响以及材料和结构损伤演化的宏观规律，而不考虑损伤的物理背景和材料内部的微结构变化；细观损伤理论，以细观力学为基础，从材料的细观损伤出发，采用带有损伤的代表性体积单元，对细观结构变化的力学过程加以研究，并通过直接分析方法或一定的平均化方法，将非均质的细观结构性能转化为宏观材料性能；统计损伤理论，以统计物理理论为基础，利用概率密度描述材料微损伤的随机位置和相对构型等因素，建立微裂纹形核扩展的统计损伤描述。应该说这三种方法并不是割裂的，目前各国力学研究者较多致力于将这三种方法结合起来进行综合的研究。

比如通过场变换分析 (transformation field analysis) 和弱界面模型来表示非均质材料中的损伤演化，局部脱粘引起的应力由本征应变引起的残余应力来描述，整体和局部应力和应变率由热力学不可逆过程推导，可以本构方程的框架，并在脱粘过程采用 Weibull 分布模型描述。也可以通过建立考虑界面弱化的弹塑性多尺度损伤模型，来预测颗粒增强韧性基体复合材料的有效弹塑性行为和多尺度损伤演化。弹塑性多尺度损伤演化模型可以基于整体平均和本征应变的细观推导。含界面损伤的椭圆形夹杂的 Eshelby 张量用来描述粒子部分弱化界面，基于 Weibull 概率分布的多尺度损伤模型用来描述连续的复合材料界面弱化的演化。这是一种十分有效的描述弹塑性多尺度损伤的模型。也有相关学者建立了颗粒增强复合材料界面脱粘演化的损伤演化本构模型，分析了基体塑性和粒子尺寸对变形和损伤的影响。颗粒增强复合材料的增量损伤模型是将 Mori-Tanaka 平均应力场理论扩展到考虑粒子尺寸 Nan-Clarke 简单模型建立起来的。针对粒子的尺寸分布建立了概率分布，变形的粒子尺寸效应是以引入位错滑移塑性到应力–应变关系中来产生的，损伤的粒子尺寸效应是以引入临界面能到颗粒和界面脱粘关系中来产生的。

国内的相关研究工作者运用细观损伤力学理论，从动态损伤压缩载荷下陶瓷材料翼型裂纹的产生和扩展的损伤机理出发，建立了弹脆性动态损伤本构模型，给出相应的损伤演化方程。假设裂纹成核满足 Weibull 分布，讨论了成核分布参数、原始缺陷尺寸对材料动态断裂应力、断裂应变的影响。同时可以基于 Mori-Tanaka 理论和 Eshelby 等效夹杂理论推导了含微裂纹的混凝土柔度张量，并且通过微裂纹的统计形核和统计扩展规律建立混凝土损伤本构。

1.8 颗粒增强复合材料数值计算研究现状

颗粒增强复合材料是典型的多尺度耦合问题，Glimm 等指出：多尺度耦合现象是客观世界复杂性的主要特征，表现为在不同的空间尺度上存在不同的物理机制，并且互相关联，整体决定系统的行为特性。现代科技要求设计更精确可靠，预测更及时准确，迫使我们必须更加重视小尺度对于整体性质的影响。Borst 指出："多尺度、多物理和不连续成为计算材料学中的挑战。"多尺度问题的研究成为现代科学研究最活跃也最具挑战的研究领域，期刊 *Computer Methods in Applied Mechanics and Engineering* 2008 年第 197 期，专门介绍了近期的多尺度研究的新成果，编者在卷首这样说："计算机模拟对于了解这些过程 (多尺度现象)，以及后续的设计和控制都十分关键。"

目前对于材料多尺度计算问题的解决方法，归结起来主要有三种思路：

第一种是从材料的最低层次，利用量子力学开始算起。2008 年，*Science* 第 321 期 Emily A.Carter 写了一篇综述文章，指出量子力学模型提供一个不依赖于实验数据而直接模拟材料特性的发展前景，但同时他也指出，量子力学模型目前还存在很多缺陷，比如计算消耗巨大，材料一般都是由大量的晶胞组成，每个晶胞具有数十个原子，常用的 post-Hartree-Fock 量子化学法计算规模是 $O(N^5)$，量子 Monte Carlo 模拟方法的计算规模虽然是 $O(N^3)$，但是具有一个很大的前置因子；而且对于很多涉及更高尺度性质的材料，量子力学也无法模拟，例如金属的塑性，以及多晶材料和非均质材料。

第二种思路就是连接不同层次的物理机制 (量子力学、分子力学 (MM)、连续介质力学) 进行整体分析，这种思路是当前处理多尺度问题比较常用的方向，研究的重点在于如何将各种物理模型很好地结合起来，国内外学者就此提出了很多材料模型。杨卫和郭增才提出的 MD-MPM-HS 跨尺度计算模式，即在关键区域采用分子动力学 (MD) 模拟，而在非关键区域采用连续介质力学模拟，在连接区域采用材料点方法，即把材料点看作原子并把其排列在实际晶格位置。王崇愚等提出混合能量密度方法，利用能量密度泛函理论来解决量子力学和分子动力学同连续介质力学的连接。美国布朗大学 Shilkrot 等结合准连续性方法和连续断裂模型离散断层方法提出了一种原子/连续模型处理固体中的缺陷。美国西北大学的 Belytschko 等提出连接量子力学、分子力学和连续介质力学的整体框架，在不同的区域之间建立一个连接区域，该区域的哈密顿函数为相邻两区域的哈密顿函数的线性组合，其兼容性利用拉格朗端子来处理。

第三种思路就是采用连续介质力学模型，利用有限元网格加密技术等，将问题在几何尺度上加密分析。Feyel 发展了多尺度有限元方法 FE2 来解决非均质材料，获得了比以前粗网格分析更好的结果。美国伊利诺伊大学厄巴纳–香槟分校的 Liu 等提出了 N 阶分子尺度的有限元方法，其计算精度与 N^2 阶的分子力学模拟相同，并且实现了与连续介质有限元方法的连接。

这三种思路在解决一定的多尺度问题时都具有其优越性，但是在计算花费上代价都很大，对于这一点，以色列学者 Brandt 指出：在解决多尺度计算问题时，"单纯地依赖于更快的计算机是不够的，新的计算数学方法很重要，特别是多尺度运算法则""粗尺度的性能依赖于细尺度的运算结果""不同区域的细尺度可以实行并行处理"。而且材料的力学性能应该是大量原子、分子、晶粒等微粒行为的宏观体现，及时了解了材料中每个分子的行为，也免不了对其进行统计平均，应该指出利用量子力学或分子动力学从材料最基层的角度出发来研究材料力学性能从方法上存在着一定的不合理性，与其最后进行统计平均，不如从开始就进行均匀化处理，平均化方法正是这种思想的体现。

平均化理论首先是由法国数学家 Murat 和 Tartar 提出的，之后经过 Sanchez-Palencia、Duvant、Benssousan 和 Oleinik 等科学家的完善，逐渐建立了以谱分解法、能量法和渐进级数法为基础的平均化理论基础，平均化方法出现之初，仅是处理周期性复合材料的夹杂问题。到目前为止，已经有了很多新的发展：Chung 等提出了分子到连续介质多尺度平均化方法，Fish 等提出了一种基于本征应变降解的平均化方法，但是其应用还是主要用来解决周期性问题。应该指出平均化理论作为一种处理多尺度问题的方法论，其应用远不止如此。

参 考 文 献

[1] 肯尼思，克雷德. 金属基复合材料. 温仲元，等译. 北京：国防工业出版社，1982

[2] Clyne T W, Withers P J. An Introduction to Metal Matrix Composite. Cambridge: Cambridge University Press, 1993

[3] Gray H R, Ginty C A. NASA's high temperature engine materials program for civil aeronautics. JOM, 1992, 44(5): 12

[4] Zhang Y G, et al. Investigation Report, 1994

[5] Eylon D, Funishiro S. Journal of Metals, 1984: 55

[6] 曾汉民. 高技术新材料要览. 北京：中国科学技术出版社，1993

[7] 朱峰，李宝成，张杰，等. Ti 的新家族——钛基复合材料的发展与前景. 世界有色金

属，2002，6：9–13

[8] Hunt M. MMCs for exotic needs. Compos Mater Sci, 1992, 104(4): 53–62

[9] Fang Q, Sidky P S, Hocking G M. Cracking behaviors and stress release in titanium matrix composites. Mat. Sci. Eng., 2000, 288A: 142–147

[10] Connell S J, Zok F W. Measurement of the cyclic bridging law in titanium matrix composite and its application to simulating crack growth. Acta Mater, 1997, 45(12): 5203–5212

[11] 曾立英, 邓炬, 白保良, 等. 连续纤维增强钛基复合材料的研究概况. 稀有金属材料与工程，2000, 29(3): 68–72

[12] 吴引江, 周廉, 兰涛. 钛在汽车工业上的开发与应用. 金属世界, 2000, 6: 23–26

[13] 毛小南. 颗粒增强钛基复合材料在汽车工业上的应用. 钛工业进展, 2000, 35(2): 5–12

[14] Luo G Z, Zeng Q P, Deng J. The research and development of TMCs. Science and Technology, 1996: 2704–2713

[15] Abkowitz S M, Paul F. Weihrauch et al. P/M titanium matrix composite: from war to fun & games. Science and Technology, 1996: 2722–2731

[16] George R, Kashyap K T, Rahul R, et al. Strengthening in carbon nanotube/aluminium (CNT/Al) composites. Scripta Materialia, 2005, 53(10): 1159–1163

[17] Wang L, Choi H, Myoung J M, et al. Mechanical alloying of multi-walled carbon nanotubes and aluminium powders for the preparation of carbon/metal composites. Carbon, 2009, 47(15): 3427–3433

[18] Kondoh K, Fukuda H, Umeda J, et al. Microstructural and mechanical analysis of carbon nanotube reinforced magnesium alloy powder composites. Materials Science & Engineering A, 2010, 527(16/17): 4103–4108

[19] Daoush W M, Lim B K, Mo C B, et al. Electrical and mechanical properties of carbon nanotube reinforced copper nanocomposites fabricated by electroless deposition process. Materials Science & Engineering A, 2009, 513-514(11): 247–253

[20] Kondoh K, Threrujirapapong T, Imai H, et al. Characteristics of powder metallurgy pure titanium matrix composite reinforced with multi-wall carbon nanotubes. Composites Science & Technology, 2009, 69(7/8): 1077–1081

[21] Feng X, Sui J, Feng Y, et al. Preparation and elevated temperature compressive properties of multi-walled carbon nanotube reinforced Ti composites. Materials Science & Engineering A, 2010, 527(6): 1586–1589

[22] 孙永君. 碳纳米管增强钛基复合材料的制备及性能研究. 北京: 北京理工大学学位论文, 2015

[23] Duan H, Han Y, Lu W, et al. Configuration design and fabrication of laminated titanium matrix composites. Materials & Design, 2016, 99: 219–224

[24] 罗国珍. 钛基复合材料的研究与发展. 稀有金属材料与工程, 1997, 26(3): 1–7

[25] Hughes D. Textron unit makes reinforced titanium. Aviation Week & Space Technology, 1988, 129(22): 91
[26] Chesnutt J C. Titanium aluminides for advanced aircraft engineers. Defence & Aerospace, 1990, 6(8): 509–511
[27] Vaccari J A. The challenges of orient express. Am Mach, 1990, 134(1): 55–57
[28] Hughes D. Textron Unit Makes Reinforced Titanium, Aviation Week & Space Technology, 1997
[29] 罗国珍，周廉，邓炬. 中国钛的研究和发展. 稀有金属材料与工程，1997, 16(5): 1–6

第 2 章　钛基复合材料的制备方法

2.1　熔　铸　法

熔铸法是指在制备时，将增强体和金属混合后熔炼并进行铸造，经过机加工制成成品。通过熔铸法制备钛基复合材料，通常具有工艺简单，成本低廉且可以直接铸造成复杂形状零件的特点。但是，钛合金基体材料和增强体在液相时的反应活性很高，并且在熔铸过程中湿润性差，增强体在基体中分布不均匀，导致目前很少通过传统熔铸法制备钛基复合材料。为了克服这些问题，近年来在原位合成熔铸法制备方面取得了一些进展，在熔铸法的基础上引入适当的反应物，通过化学反应在熔铸的过程中生成增强颗粒。由于增强体是在原位反应中合成的，避免了增强体和基体材料之间界面湿润性的问题，增强体分布均匀，从而提高了熔铸法制备的钛基复合材料的综合性能，因此，原位合成钛基复合材料的研究成为当前钛基复合材料研究领域的热点。

2.2　粉末冶金法

粉末冶金法是指将增强体和基体材料的粉末均匀混合，然后对混合物真空除气，经过压型，烧结，冷、热等静压等工序制成钛基复合材料。通过粉末冶金法制备了最早开发成功用于商业生产的颗粒增强钛基复合材料，制备的材料其室温和高温性能相比于基体材料有了明显提高。还可以通过改变增强体在零件不同区域的含量使其满足特殊用途的需要，不过制备这类特殊用途材料的工艺复杂，成本高，难以大批量生产。

相比于熔铸法，粉末冶金法由于是在低于钛熔点的温度下进行烧结的，其界面反应程度大大削弱，粒度和体积比可在较大范围内进行调整。经热等静压或烧结后，利用挤、锻、轧等加工进行进一步致密化和改善性能。粉末冶金法制备钛基复合材料目前是研究最多，具有较好发展前景的方法。

介于原位合成法的优点，将粉末冶金法和原位合成法相结合成为粉末冶金法制备钛基复合材料的一个新的发展方向。这种方法结合了两者的优点，具有很大的应用前景，目前处于起步阶段，很多方面有待研究。

2.3 机械合金化法

机械合金化法简单来说就是一种高能球磨的技术，混合粉末经过反复变形、焊合、破碎的过程，细化到纳米级粒度并具有很大的表面活性。引入了大量畸变缺陷，加强互扩散，降低激活能，使合金化的热力学与动力学过程不同于普通的固态过程，可以用于制备常规条件下难以合成的许多新型合金。结合当前热门的原位合成方法，可以制备出增强粒子非常细小的钛基复合材料。但是机械合金化方法工艺复杂，难以实现工业化的规模生产，而且钛因其活性高而在加工过程中非常容易氧化，阻碍了该方法在制备钛基复合材料上的应用。

2.4 自蔓延高温合成法

自蔓延高温合成法是苏联科学家于 1967 年首次提出的，利用放热反应使混合体系的反应自持进行，用以生成金属陶瓷和金属间化合物。该方法是近几年才被用于制备复合材料，目前仍处于起步探索阶段。自蔓延高温合成法具有生产过程简单、反应迅速、反应温度高等特点，但也正因如此，其反应难以控制，产物的孔隙率较高，需要采取致密化处理，通常可采用的致密化措施有动态压实和热等静压方法。自蔓延高温合成法已被用于制备 TiB/Ti、TiB+TiC/Ti、SiC/TiAl、Al_2O_3/TiAl 等颗粒增强钛基复合材料等。

在自蔓延高温合成法与原位合成法结合的领域中，印度科学家提出了利用反应 $5Ti+B_4C \longrightarrow 4TiB+TiC$，原位制备 (TiB+TiC) 增强钛基复合材料，所得的复合材料性能与基体合金相比有了明显的改善，并且实现了微结构的可设计性，界面没有污染，第二相分布均匀。

2.5 XD^{TM} 法

XD^{TM} 法属于原位合成法的一种，是由美国 Martain Marietta 实验室开发的用于制备金属基复合材料的方法。该方法将生成增强体的粉末和基体粉末混合，在高于基体熔点而低于增强体熔点的条件下加热，使两种粉末发生放热反应，在基体中生成亚显微增强体。原位合成避免了在增强体和基体界面处生成弱化结合的氧化物，有效改善了复合材料性能，目前该方法已经用于制备几种钛基或钛铝合金基复合材料，增强体包括硼化物、氮化物和碳化物，生成的增强体形状不同，有颗粒状、片状或者晶须状。该方法有望成为一种具有很大发展前景的加工方法。

2.6 反应热压法

反应热压法 (RHP) 是由 Ma 等在 XD 方法的基础上提出的，该方法将原位合成增强体过程中的反应放热与随后进行的对多孔复合材料产物的热压实相结合，通过一步处理完成制备致密钛基复合材料的过程。制备时，将生成增强体的两种粉末与基体钛合金粉末按一定比例混合均匀并冷压至一定的密度，将混合体加热至高温并保持一段时间，随后冷却并进行热压处理，在此过程中会生成相对密度为 1 的原位合成钛基复合材料，然后可以对生成的复合材料进行加工和成型。通过该方法制备的 TiB_2 增强体颗粒度大概在 $0.1\sim 5\mu m$，为了细化增强体颗粒，通过反应体系 TiO_2-Al-B 来制备混合增强的钛基复合材料。反应如下所示：

$$3TiO_2 + 4Al + 6B \longrightarrow 2Al_2O_3 + 3TiB_2$$

通过该反应，可以制备出混合增强的钛基复合材料，增强体的粒度平均处于 $0.31\mu m$。

2.7 燃烧辅助铸造法

燃烧辅助铸造法 (CAC) 同时也称为燃烧辅助合成法 (CAS)，是将燃烧合成与传统的铸造冶金方法相结合用来原位合成钛基复合材料的一种方法。首先将一定化学计量数的反应粉末搅合均匀，然后压实成球形，再将压实的球与钛合金基体一起熔化并且通过石墨模具铸造成型。复合材料中的陶瓷增强体在熔化过程中通过反应物之间的放热反应原位生成。

Ranganath 等通过燃烧辅助合成法成功制备了 (TiB+TiC)/Ti 复合材料。他们将压实的 Ti 和 B_4C 球与一定比例的钛合金一起混合在一个水冷的铜坩埚中，采用无损耗真空电弧法将其熔化，他们认为化学反应如下进行：

$$5Ti + B_4C \longrightarrow 4TiB + TiC$$

钛合金基体中的 TiB 和 TiC 陶瓷增强体通过熔化状态下的 Ti 和 B_4C 放热反应而原位生成。从现有的文献来看，这样的方法已经分别用于通过 Ti-C 原位合成 TiC/Ti，通过 Ti-B 原位合成 TiB/Ti 和通过 Ti-B_4C 原位合成 (TiB+TiC)/Ti 的工作中。

2.8 直接反应合成法 (DRS)

直接反映合成法 (DRS) 是将反应粉末或者压实后的反应粉末直接加入到熔融金属中，陶瓷增强体通过反应物之间或者反应物与熔融金属之间的放热反应直接原位生成。对于钛基复合材料,可将增强体粉末 B_2O_3 和 C 以一定比例加入熔融钛合金中,通过下面的反应过程原位生成 TiC 和 TiB_2 陶瓷增强体:

$$Ti + C \longrightarrow TiC$$

$$Ti + B_2O_3 + 3C \longrightarrow TiB_2 + 3CO$$

通过该方法可以得到一定相对密度的钛基复合材料,增强体原位生成,不会造成界面污染而影响界面结合强度,该方法同时也应用于铝基和铜基复合材料的原位合成中。

2.9 熔化辅助合成法

熔化辅助合成法 (FAS) 又称为混合盐反应法,是由伦敦 Scandinavian Metallurgical 公司开发用于制备铝基复合材料的一种方法,该方法的主要思想是将含有增强体元素的 F 盐加入搅拌中的熔融基体金属中,通过放热反应原位生成增强体,同时在反应结束后停止搅拌并去除含有 F 盐产物的金属块,将余下的复合材料通过模具铸造成型。这种方法中的增强体含量主要是由熔融金属的粘性决定。

2.10 反应自发渗透法

反应自发渗透法 (RSI) 通过同步渗透和多孔固体反应生成优质、热力学稳定的陶瓷增强相。先将反应物的混合粉末放置于坩埚中并在松散层的上方放置钛合金的金属锭,然后将整体放入炉中,然后将其加热到所需温度并维持一段特定的时间,这一过程用来通过混合粉末 (TiN-B, Ti(Nb, Ta, Hf)-B_4C) 原位生成增强体 (TiB_2, NbB_2, TaB_2, HfB_2),该方法可以用来较好地制备高陶瓷含量的钛基复合材料。

2.11 直接金属/熔体氧化法

直接金属/熔体氧化法 (DIMOX) 是由美国的 Lanxide 公司开发用以合成柔性金属-陶瓷复合材料的一种方法,广泛用于制备增强陶瓷和金属。

将熔融金属在逐渐升高的温度下氧化,反应产物从原始金属的背面向外生长,液体通过曲折的微观通道输运到达于氧气接触的交界面,从而保持反应的进行和氧化物的生长,当金属的供应枯竭或是反应被抑制屏障层阻止后,氧化物的生长停止。最终的反应产物是内部相连的且缝隙被金属填充的氧化物网络结构。然后通过将填充金属置于反应通道上来加速生长过程,这样通过氧化反应,陶瓷被熔融金属连续渗透。陶瓷缝隙中熔融金属的高温反应生成了一种混合了氧化物陶瓷和未反应金属的复合材料。氧化物总是从初始的金属陶瓷界面处连续向外生长的，同时金属可以通过氧化反应生成的良好的微观通道供给到金属-气体反应界面处。最后生成一种增强体陶瓷在基体中内部相连的复合材料。

2.12 反应挤压铸造法

反应挤压铸造法 (RSC) 起初是由 Fukunaga 开发用来原位合成氧化铝增强复合材料的。首先增强体材料的粉末放置在冲模中，然后注入熔融金属，以较低的速度进行挤压来原位生成增强体。在他们的研究中曾提到，用这种方法很难生成结构良好的金属间化合物复合材料。

近年来，有人通过对合成材料的热处理而成功合成了结构良好的金属间化合物和氧化铝混合增强复合材料，使得这一方法在金属间化合物复合材料合成领域得到了有效的发展。

2.13 气-液合成技术法

气-液合成技术法 (VLS) 是通过气体与液相金属反应生成增强体，并除去反应生成气体，将混合有增强体的液相金属溶液固化，得到复合材料。通常将含有增强体元素的合金在真空条件下熔融，并通以保护气体，在一定温度下，通入含有增强体元素的反应气体，在一定温度下保持一定的时间，保证气体与合金充分反应，并且除去反应生成的气体，固化后可以得到颗粒度较小的颗粒增强复合材料。例如，可将 Ti 熔融金属与 N_2 反应如下：

$$2Ti + N_2 \longrightarrow 2TiN$$

反应完全后可得到 TiN 增强钛基复合材料。

2.14 快速凝固法

快速凝固法 (RSP) 结合了传统的铸造冶金方法和快速凝固化技术来原位合成复合材料。事实证明，在对 Ti-B 和 Ti-Si 合金进行快速凝固化处理过程中，高的冷却速率对制备含有高体积分数增强体的钛基复合材料是非常有效的。这些增强体颗粒通过固化直接在 Ti-B 或者 Ti-Si 合金中原位合成。通过 RSP 方法合成钛基复合材料时，首先通过等离子体电弧熔化离心雾化技术制备含有 B 和 Si 的钛合金快速固化粉末，粉末在挤压罐中挤压，真空除气，然后密封，再将挤压罐置于 1338K 温度下挤压，长度为 4μm、长宽比为 5~10 的针状的 TiB 晶须和尺度为 1μm 的 $TiSi_2$ 粒子在合金中原位生成。

2.15 放电等离子烧结技术

放电等离子烧结技术 (SPS) 是近年来发展起来的一种新型的快速烧结技术, 有的文献中也称其为等离子活化烧结或等离子辅助烧结。放电等离子烧结技术将等离子活化、热压、电阻加热融为一体, 所以它具有升温速度很快, 烧结时间较短, 晶粒均匀, 烧结体的微观组织结构易于控制, 获得致密度高、性能好的材料等特点。放电等离子烧结过程中充分利用了脉冲能、放电脉冲压力以及焦耳热产生的瞬时高温场, 在实现优质高效和低耗低成本材料的制备方面具有重要的意义。快速升温的特点使其可作为有效手段来制备细晶材料。

与传统的热压烧结 (HP) 相比较可以发现 SPS 工艺与其有相似之处, 那就是二者都是在电流产生的焦耳热和同时施加的压力作用下促使烧结致密化过程进行的。但如果进行仔细比较, 就会发现 SPS 与传统热压的加热方式截然不同。SPS 利用通-断直流脉冲电流并加压来进行直接烧结。通-断式直流脉冲电流的作用主要是产生放电等离子体、放电冲击压力、焦耳热及电场扩散。

脉冲电流在 SPS 过程中拥有非常重要的作用, 当粉体颗粒间的温度快速升高后, 热扩散导致晶粒间结合处迅速冷却, 施加脉冲电压可以在观察烧结过程的同时高精度地控制所加的能量, 电场的作用也因为离子的高速迁移而造成了高速扩散。放电点 (局部高温源) 可以通过重复施加开关电压实现在压实颗粒间移动而布满整个样品, 这样就使得样品均匀地发热以节约能源。能使高能脉冲集中在晶粒结合处是 SPS 过程不同于其他烧结过程的一个主要特点。

SPS 过程中, 当在晶粒间的空隙处放电时, 会瞬间产生高达上千度的局部高温, 这会引起晶粒表面的蒸发和熔化, 并在晶粒接触点处产生"颈部"。热量会立即从发热中心传递至晶粒表面并向四周扩散, 所以所产生的颈部会快速冷却, 由于颈部的蒸气压低于其他部位, 因而气相物质会凝聚在颈部形成物质的蒸发-凝固传递。SPS 过程的另一个特点是其蒸发-凝固的物质传递要比通常的烧结方法强得多。此外, 在 SPS 过程中, 晶粒表面容易产生活化, 从而促进了物质间通过表面扩散的传递, 晶粒由于受到脉冲电流加热和垂直单向压力的作用, 体扩散、晶界扩散都得到了加强, 烧结致密化的进程得到加速, 因此采用比较低的温度及比较短的时间就能够获得高质量的烧结体。

2.16 增材制造技术法

增材制造 (additive manufacturing, AM) 技术是采用材料逐渐累加的方法制造实体零件的技术, 也称为快速原型制造 (rapid prototyping)、三维打印 (3D

2.16 增材制造技术法

printing)、实体自由制造 (solid free-form fabrication) 技术等。增材制造技术主要基于离散–堆积原理,由零件三维数据驱动直接制造零件。近二十年来,增材制造技术得到了快速发展。用于金属材料制备的增材制造技术主要包括电子束快速熔融技术 (EBM)、选择性激光熔融技术 (SLM)、选择性激光烧结技术 (SLS) 等。和传统制备工艺相比,增材制造技术大大减少了加工工序,缩短了加工周期,材料利用率也大幅提高,并能加工任意复杂形状的试件。目前已有一些学者对 SLM 技术制备钛基复合材料进行了相关研究。其主要加工原理即将基体钛合金粉末和增强相粉末均匀混合,然后利用激光束对其加热至熔融然后固化,即得到所需的钛基复合材料。Vrancken 等研究表明,采用 SLM 技术制备的 Ti-6Al-4V-ELI+Mo 钛基复合材料内部增强相分布均匀,而且经过热处理的材料拉伸性能比传统工艺制备 β 钛合金要好。Attar 等发现该种方法制备的 Ti-TiB 复合材料密实度高达 99.5% 以上,而且材料的硬度、屈服应力和抗压强度都比同样方法的纯钛要高。图 2-1 给出了该种方法制备的 Ti-TiB 复合材料的微观组织结构。

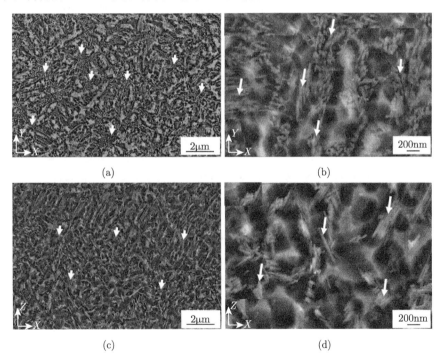

图 2-1　SLM 方法制备 Ti-TiB 复合材料的 SEM 图片

(a)、(b) 截面图;(c)、(d) 纵切面图;白色箭头代表 TiB 颗粒,呈现为针状

除了上述提到的方法之外,还有直接还原法、接触反应合成法、反应喷射沉积法等在各种不同类型的复合材料合成领域有着广泛的应用。

2.17 金属注射成形法制备 Ti-6Al-4V

钛合金种类众多,其中以 Ti-6Al-4V 研制时间早,使用范围广,最具有代表性。其制备方法早期都是以熔炼铸造、锻造为主,成本高、加工困难。到了后来,粉末冶金的方法开始广泛用于钛合金的制备,大大缩短了流程,简化了工艺,降低了成本。到了 20 世纪 70 年代末,金属粉末注射成形方法作为粉末冶金方法的一个分支出现后,美国和日本等国家开始大批量生产低成本的 Ti-6Al-4V 材料,为钛合金进入民用领域开辟了新途径。

金属注射成形的基本过程是:先将金属粉末与一定比例的粘结剂混炼成均匀的喂料并制成颗粒,然后在注射成形机上注射成形,再通过脱脂烧结获得最终产品,烧结之后的产品可以根据使用需要决定是否进行后续加工。

与传统粉末冶金相比,金属注射成形对原料粉末要求更高,粉末的选择要有利于混炼、金属注射、脱脂和烧结,对注射成形原料粉末的具体要求包括粉末形状、粒度、粒度组成、比面积等。理想粉末的粒度应在 2~8μm,粒度组成较宽或较窄,松装密度在 40% 左右,振实密度在 50% 以上,粉末形状近球形,长径比为 1.2~1.5,自然坡度角介于 50°~60°。

粘结剂的加入可以在注射时赋予粉末良好的流动性,使其能够成形形状复杂的零件。因此粘结剂的选择和脱除是金属注射成形工艺的技术核心。不同的金属注射成形工艺主要体现在粘结剂的成分和脱除方式的差异。理想的粘结剂应当具有以下特点:熔点低,固化性好,室温下具有较高的强度,粘度低且随温度变化小,流动性好,对应变率不敏感;与粉末不发生化学反应,与粉末润湿性好,对颗粒具有毛细吸力,粘附性强;热分解温度范围宽,其分解产物无毒,无腐蚀性,低残留或无残留,混炼和成形过程中无分解;低成本,易获取,安全无污染,不易挥发,可循环加热保持性质不变,导热性良好,热膨胀系数小,分子链短,各向同性。

混炼是指一定温度下在混炼装置中将金属粉末以及熔化的粘结剂进行混合搅拌均匀化得到均匀喂料的过程,目前常用的混炼装置有:双螺杆挤出机,单螺杆挤出机,柱塞式挤出机,Z 形叶片混料器,双行星混料器和双偏叶轮混料器。制粒的目的是进一步均匀混合喂料并将均匀混合的喂料制成小颗粒,以便进行注射成形,并且回收的浇口料、流道料、注射出的废品 (脱脂前),都可以通过制粒再回收利用。常用的制粒设备是单螺杆挤出机。

注射成形过程是注塑机加热喂料并对其施压使其充满模腔获得所需形状试样的过程。影响注射成形的因素有很多,如果控制不当会产生肉眼不可见的裂缝、空隙、凹陷等缺陷,导致最终生产出次品。对注射成形过程中产生缺陷的控制应从两方面考虑：一是成形工艺参数的设定（注射速度、注射时间、注射压力、注射时的剪切速率）；二是喂料在模腔中的流动行为，因为该方法制备的多是形状复杂并且精度要求高的异形件，喂料在模腔中的流动行为涉及模具设计方面的问题，包括浇口位置、流道的形状和长度、排气槽的设置与分布、流道和浇道的设计以及模腔压力分布等。因此在模具设计与制造中，必须对喂料的流变性质、模腔内温度和残余应力分布进行详细的分析。

脱脂是采用物理、化学的方法将注射胚中的有机粘结剂溶解或者裂解，从注射胚种脱除的过程。烧结前必须把注射胚中的粘结剂脱除干净，否则烧结过程中有机粘结剂中的某些聚合物会发生降解和热分解，从而产生大量气体，在注射胚中产生很大的压力，导致注射胚中产生空隙和裂缝。脱脂过程是注射成形工艺中比较困难的一部分，一般的工艺要求是在不增加缺陷的基础上尽快脱除粘结剂，并将胚体中的碳含量控制在允许范围内。脱脂的方式因粘结剂不同而不同，可分为热分解和溶剂萃取两大类，各种工艺的脱脂技术各有特点，主要的脱脂技术有热脱脂、溶剂脱脂、催化脱脂、虹吸脱脂等。热脱脂依靠粘结剂的热蒸发、热分解或兼有两者，简单易行，但是脱脂时间较长，产品易变形；溶剂脱脂利用化学溶剂将粘结剂中的可溶性组元萃取排出，脱脂变形小，脱脂较快，但设备投资大，对工作环境有影响；催化脱脂是在气相物质催化下，粘结剂在固态就可分解排除，脱脂变形小，脱脂速度快，但设备复杂且污染环境；虹吸脱脂是指成形胚与多孔体接触，利用多孔体的毛细管力进行脱脂的方法，脱脂速度快，但脱脂过程中成形胚易与多孔体粘结且成本高，因此实际应用较少。脱脂后胚体内有大量的空隙，胚体会变得非常脆弱，因此将脱脂的最后阶段跟烧结结合，在达到烧结温度前的加热阶段将粘结剂完全脱除。

烧结是注射成形工艺的最后一道工序，通过烧结使产品致密化并使产品性质均匀一致。烧结条件（温度、时间、气氛、升降温速度等）影响产品的性能和精度。由于之前采用了大量的粘结剂，烧结时收缩非常大，线收缩率一般能够达到 12%~18%，因此变形控制和尺寸精度控制至关重要，对于高活性的钛及钛合金来说，气氛中哪怕存在极其微量的氧和水汽都是不允许的，因此烧结 Ti-6Al-4V 的过程需要用经过严格脱水和净化的氢气，最好是在真空或惰性气氛中进行。

参 考 文 献

[1] 张二林, 朱兆军, 曾松岩. 自生颗粒增强钛基复合材料的研究进展. 稀有金属, 1999, 23(6): 436–441

[2] 陆盘金, 周盛年. 国外连续纤维增强钛基复合材料的研究与发展. 航空制造工程, 1994, (16)：35–37

[3] 梁振锋, 罗锴, 丁燕. 颗粒增强钛基复合材料的研究与发展. 钛工业进展, 1998, (5): 28–34

[4] 肖平安, 曲选辉, 雷长明, 等. 高温钛合金和颗粒增强钛基复合材料的研究和发展. 稀有金属材料与工程, 2001, 30(3): 161–165

[5] 赵永庆, 周廉, Vassel A. SiC 连续纤维增强钛基复合材料的研究. 稀有金属材料与工程, 2003, 32(3): 161–163

[6] Tjong S C, Ma Z Y. Microstructural and mechanical characteristics of in situ metal matrix composite. Material Science and Engineering, 2000, 29: 49–113

[7] Konitzer D G, Loretto M H. Interfacial interactions in Titanium-based metal matrix composites. Materials Science and Engineering, 1989, 107A: 217–223

[8] Loretto M H, Ronitzer P G. The effect of matrix reinforcement reaction on tracture in Ti-6Al-4V base composites. Metall Trans., 1990, 21A: 1579–1587

[9] 曾泉浦, 毛小南, 陆锋. 颗粒强化钛基复合材料的断裂特征. 稀有金属材料与工程, 1993, 22(1): 17–22

[10] 曾泉浦, 毛小南. TP-650 钛基复合材料中的界面. 稀有金属材料与工程, 1997, 26(2): 8–11

[11] 毛小南, 张廷杰. TiC 颗粒增强钛基复合材料中的形变. 稀有金属材料与工程, 2001, 30(4): 245–248

[12] 张廷杰, 曾泉浦. TiC 颗粒增强钛基复合材料中的高温拉伸性能. 稀有金属材料与工程, 2001, 30(2): 85–87

[13] 毛小南, 周廉, 周义刚. TP-650 颗粒增强钛基复合材料中的性能与组织特征. 稀有金属材料与工程, 2004, 33(6): 620–623

[14] 陈立东, 王士维. 脉冲电流烧结的现状与展望. 陶瓷学报, 2001, 22(3):204–207

[15] 罗锡裕. 放电等离子烧结材料的最新进展. 粉末冶金工业, 2001, 11(6):7–16

[16] 张久兴, 刘科高, 周美玲. 放电等离子烧结技术的发展和应用. 粉末冶金技术, 2002, 20(3): 129–134

[17] Tabrizi S G, Babakhani A, Sajjadi S A, et al. Microstructural aspects of in-situ TiB reinforced Ti-6Al-4V composite processed by spark plasma sintering. Transactions of Nonferrous Metals Society of China, 2015, 25(5): 1460–1467

[18] Kwon D H, Huynh K X, Nguyen T D, et al. Mechanical behavior of TiB_2 nanoparticles reinforced Cu matrix composites synthesized by in-situ processing. Eco-mater Process Des Ⅶ Material Science Forμm, 2006, 510/511: 346–349

[19] 王丽芬. TiB-Ti/TC_4 层状复合材料的制备及性能研究. 北京: 北京理工大学学位论文, 2015

[20] 奚正平, 汤慧萍. 烧结金属多孔材料. 北京: 冶金工业出版社, 2009

[21] Almeida A, Gupta D, Loable C, et al. Laser-assisted synthesis of Ti-Mo alloys for biomedical applications. Materials Science & Engineering C, 2012, 32(5): 1190–1195

[22] Vrancken B, Thijs L, Kruth J P, et al. Microstructure and mechanical properties of a novel β titanium metallic composite by selective laser melting. Acta Materialia, 2014, 68(15): 150–158

[23] Attar H, Bönisch M, Calin M, et al. Selective laser melting of in situ titanium-titanium boride composites: Processing, microstructure and mechanical properties. Acta Materialia, 2014, 76(9): 13–22

[24] Kaneko Y, Ameyama K, Saito K, et al. Injection molding of Ti powder. Journal of the Japan Society of Powder & Powder Metallurgy, 1988, 35(7): 646–650

第 3 章 钛基复合材料的界面及微观结构

3.1 钛基复合材料界面的定义

由于钛基复合材料是由化学和物理性质不同的钛合金基体与增强体 (如 TiB、TiC 等) 以微观或宏观的形式复合而成的多相材料,因此必然存在着异种材料的接触面,此接触面就是界面。界面是钛基复合材料极为重要的微结构,其结构和性能直接影响着钛基复合材料的性能。首先,界面是钛合金基体与增强体之间的结合处,基体分子与增强体分子在界面形成原子作用力。其次,由于界面的化学、物理等性质和结构既不同于钛合金基体又与增强体相异,因此在加工、使用和处理时,对钛基复合材料的化学、物理性能起着非常重要的作用。最后,界面作为从钛合金基体向增强体传递载荷的媒介或过渡带,对钛基复合材料的力学性能起着决定性的作用。钛基复合材料在成型过程中,其钛合金基体与增强体之间会发生不同的相互作用和界面反应,形成各种结构的界面,因此,对钛基复合材料界面的形成过程、界面结合、界面层性质以及界面层应力传递行为对宏观力学性能的影响规律进行深入研究并进行有效的控制,是获取高性能复合材料的关键。

钛基复合材料中的界面指的是钛合金基体与增强体之间化学成分有显著变化的、构成彼此结合的、能起载荷传递作用的微小区域。界面很小,为几纳米到几微米,是一个微小区域或一个带或层,其厚度不均匀,又称为界面层或界面相。界面的范围包括钛合金基体与增强体的部分原始接触面、基体与增强体的相互扩散层、增强体上的表面涂层、基体和增强体上的氧化物以及它们之间的反应产物等。从化学成分上来说,除了钛合金基体、增强体以及涂层中的化学元素以外,还有基体中的杂质和由环境转来的杂质。这些成分或重新组合成新的化合物、或以原始状态直接存在。所以说,界面上的相结构和化学成分还是很复杂的。由于元素的晶体结构、浓度、密度、原子的配位、线膨胀系数以及弹性模量等材料的特性,在界面处表现为不连续性,而这种不连续性可能是渐变的,也可能是突变的。对于一个给定的钛基复合材料的界面,其所涉及的这种不连续性可以是一种,也可以是多种。

综上所述,钛基复合材料的界面有以下特点:

(1) 相结构变化明显,并且十分复杂。

(2) 化学成分变化显著,组成复杂。不仅包括钛合金基体、增强体以及涂层的元素,还包括杂质元素和环境杂质元素等。

(3) 是一个区域 (厚度范围从几纳米到几微米), 并且厚度不均匀。
(4) 有些特性具有不连续性。

3.2　钛基复合材料界面的特征

钛基复合材料的基体以钛合金为主, 其具有较高的融化温度。所以, 钛基复合材料的制备需要在高温下进行, 这样钛合金基体与增强体在高温下进行复合时易发生不同程度的界面反应, 钛合金基体在冷却、凝固和热处理过程中还会发生元素的扩散、偏聚、相变、固溶等。这些均会使钛基复合材料界面区的结构变得复杂。

钛基复合材料界面的结构和性能对复合材料中的应力和应变的分布, 载荷传递, 热膨胀性能和断裂过程都起着非常重要的作用。对于钛基复合材料, 深入研究界面反应规律、界面微结构和性能对复合材料性能的影响, 界面结构性能的稳定性, 以及界面结构和性能的优化与控制等, 都是钛基复合材料发展的重要内容。

3.2.1　钛基复合材料界面的效应

在钛基复合材料中, 其界面主要有以下效应:

(1) 传递效应——界面传递载荷 (如力、热等), 即将外部载荷由基体传递到增强体, 起到基体和增强体之间的桥梁作用。

(2) 阻断效应——合适的界面可以有效地阻止裂纹扩展、中断材料破坏、减缓应力集中。

(3) 不连续效应——在界面上会产生物理性能的不连续性以及界面摩擦出现的现象, 如电感应性、耐热性、尺寸稳定性等。

(4) 散射和吸收效应——各种波如光波、声波、冲击波、热弹性波等在界面将会产生散射和吸收, 如透光性、隔音性、耐冲击性和隔热性等。

(5) 诱导效应——一种物质 (一般指增强体) 的表面结构使另一种物质 (一般指钛合金基体) 的结构由于诱导作用发生改变, 从而产生一些现象, 如低膨胀性、强弹性、耐热性和耐冲击性等。

界面上所产生的这些效应, 是任何一种单体材料所不具备的特性, 其对钛基复合材料具有十分重要的影响。钛基复合材料界面的界面效应不仅与钛合金基体和增强体材料的结构、形态、物理、化学等性质密切相关, 而且与界面的结合状态、形态、界面周围的结构等物理、化学性能密切相关, 并且还与钛合金基体和增强体之间直接或间接的化学反应相关, 以及与钛合金基体的杂质、环境介质、增强体的表面处理、制造工艺等都有紧密关系。

因为界面的尺寸很小并且其厚度不均匀, 化学成分与结构比较复杂, 并且力学环境也很复杂, 因此对于界面的厚度、结合强度、应力状态还没有直接和准确的定量分析方法，对于界面的成分和相结构也很难进行全面的分析，所以，时至今日对钛基复合材料界面的认识还是很不充分，更没有通用的模型来建立完整的结论。但由于界面的重要性，大量的研究者仍被吸引致力于认识界面的工作。

3.2.2 钛基复合材料界面的结合机制

对于一般的复合材料来说，其界面的结合力分为三类：机械结合力、物理结合力和化学结合力。

所谓机械结合力指的就是摩擦力，它决定于增强体的比表面和粗糙度以及基体的收缩，比表面和粗糙度越大，基体收缩就越大，摩擦力也就越大。这种机械结合力存在于所有复合材料中。

所谓物理结合力指的是范德瓦耳斯力和氢键，这种物理结合力也是存在于所有复合材料中。

所谓化学结合力指的是化学键，这种化学结合力在钛基复合材料中具有十分重要的作用。

依据界面结合力产生的方式，钛基复合材料的界面结合形式可以分为以下几种。

(1) 机械结合。钛合金基体与增强体之间仅依靠纯粹的粗糙表面相互嵌入作用进行连接，称为机械结合。事实上，纯粹的机械结合 (无任何化学作用) 是不存在的，因为材料中总有范德瓦耳斯力存在，所以机械结合更确切地讲是机械结合占优势的一种结合。大多数情况下都是机械结合与反应结合并存的一种混合结合。机械结合存在于所有复合材料中，因此钛基复合材料中自然存在着机械结合这种结合形式。

(2) 溶解与润湿结合。在钛基复合材料的制造过程中，钛合金基体与增强体之间首先发生润湿 (润湿角 < 90°)，然后相互溶解，所形成的结合方式称为溶解与润湿结合。这种结合是靠原子范围内电子的相互作用产生的，意味着组分进入原子尺度的接触。增强体表面吸附的气体和污染物都会妪碍这种结合的形成，因此有必要进行预处理，以除去吸附的气体和污染膜。

(3) 反应结合。钛合金基体与增强体之间发生化学反应，在界面上形成一种新的化合物，这种结合形式称为反应结合。这是钛基复合材料中最复杂、最重要的结合形式。反应结合受扩散控制，能够发生反应的元素或化合物，只有通过相互接触和相互扩散才能发生化学反应。扩散不仅包括反应物质在组分物质中的扩散，还包括在反应物质中的扩散。但是不能笼统地认为钛合金基体与增强体产生的反应都会产生反应结合，只有在反应后能产生界面结合的体系才算是反应结合，如果因为工艺参数控制不当，没有采取相应的措施，以致在界面上生成过量的脆性反应产物，造成界面弱化，像这一类不能提供有实用价值的结合，不仅不能称为反应结合，反而应称为反应阻碍结合。因此在反应结合中必须严格控制界面反应产物的数量。

(4) 交换反应结合。由于钛合金基体含有两种或两种以上元素，其与增强体之间，除了在界面上发生化学反应形成化合物以外，在钛合金基体、增强体以及反应物之间还会发生元素交换，所产生的结合称为交换反应结合。交换反应结合的典型代表就是钛合金 (如 Ti-8Al-1V-1Mo)–硼系复合材料。

硼与钛的界面首先发生反应：

$$\mathrm{Ti(Al)} + 2\mathrm{B} \longrightarrow (\mathrm{Ti, Al})\mathrm{B}_2 \tag{3-1}$$

然后发生交换反应：

$$(\mathrm{Ti, Al})\mathrm{B}_2 + \mathrm{Ti} \longrightarrow \mathrm{TiB}_2 + \mathrm{Ti(Al)} \tag{3-2}$$

即首先形成 $(\mathrm{Ti,Al})\mathrm{B}_2$，后来因为 Ti 与 B 的亲和力大于 Al 与 B 的亲和力，$(\mathrm{Ti,Al})\mathrm{B}_2$ 中的 Al 被 Ti 置换出来，再扩散到钛合金基体中。所以在界面附近的钛合金基体中有 Al 的聚集，从而构成了额外的扩散阻挡层，降低了反应速度。

(5) 混合结合。界面既存在着机械结合又存在着化学结合的结合形式称为混合结合，这种结合是最普遍的结合形式之一，因为对于实际的钛基复合材料中经常同时存在几种结合形式。

3.2.3 钛基复合材料界面的分类及界面模型

在分析钛基复合材料的界面类型之前，首先了解一下金属基复合材料的界面分类。一般来说，可将金属基复合材料的界面分为 Ⅰ、Ⅱ、Ⅲ 三种类型。Ⅰ 型界面表示基体与增强体既不溶解也不反应；Ⅱ 型界面表示基体与增强体之间可以溶解但不反应；Ⅲ 型界面表示基体与增强体之间发生反应并形成化合物。Ⅰ 型界面相对而言是比较平整的，且只有分子层厚度，界面除了原组成物质外，基本上不再含有其他物质；Ⅱ 型界面为原组成物质构成的犬牙交错的溶解扩散界面，基体的元素可能在界面上聚集或者贫化；Ⅲ 型界面则有亚微级左右的界面反应层。但是，各类界面之间是没有严格界限的，对于同样组成的物质在不同条件下或不同组成的物质在相同的条件下均可以构成不同类型的界面。对于钛基复合材料来说，其钛合金基体与增强体之间发生了化学反应而且形成了新的化合物，因此很明显地钛基复合材料的界面属于Ⅲ型界面，但是，应当指出，任何复合材料体系的界面类型并不是一成不变的，它随着基体合金的成分以及增强体表面处理工艺和复合材料的复合工艺方法与工艺参数而改变。

为了在钛基复合材料的界面研究中突出主要矛盾，忽略各种复杂的非本质因素，更好地了解界面区域中最具影响的因素与性能以及它们之间的关系，有必要建立复合材料的界面模型。通过在界面模型中调整界面区域最具影响的因素与性能用以控制钛合金基体与增强体之间的结合途径，从而为在钛基复合材料体系匹配和工艺过程中通过控制界面来保证材料性能提供了参考。

在早期的研究中，将复合材料的界面抽象为：界面处无反应、无溶解，界面厚度为零，复合材料的性能与界面无关；后来，假设界面强度大于基体的强度，即强界面理论。强界面理论认为：基体的强度是最弱的，基体所产生的塑性变形使纤维至纤维的载荷传递得以实现。复合材料的强度由增强体的强度来控制。用来预测复合材料力学性能的混合物定律就是依据强界面理论来导出的，因此，对于类型不同的界面，其相应的界面模型也不一样。上文已经指出，对于钛基复合材料来说，其界面属于Ⅲ型界面，因此本书就重点对Ⅲ型复合材料的界面理论模型进行讨论。Ⅲ型界面理论模型认为复合材料的界面具有既不同于基体又不同于增强体的性能，它是具有一定厚度的界面带，界面带可能是由元素扩散、溶解造成，也可能是由反应造成。

Ⅲ型界面对复合材料的性能有显著的影响，钛基复合材料界面的横向破坏就是典型的Ⅲ型界面破坏。Ⅲ型界面控制着复合材料的十类性能：基体抗拉强度 (σ_m)、增强体抗拉强度 (σ_f)、反应物抗拉强度 (σ_r)、基体/反应物界面抗拉强度 (σ_{mi})、增强体/反应物界面抗拉强度 (σ_{fi})、基体抗剪强度 (τ_m)、增强体抗剪强度 (τ_f)、反应物抗剪强度 (τ_r)、基体/反应物界面抗剪强度 (τ_{mi})、增强体/反应物界面抗剪强度 (τ_{fi})，如图 3-1 所示。

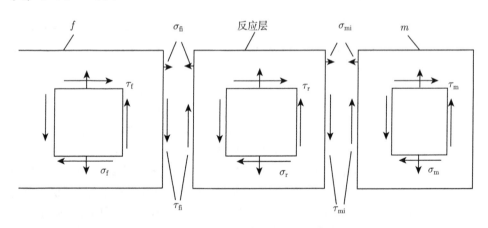

图 3-1　Ⅲ型界面控制钛基复合材料性能的各项强度对应的应力方向

反应物抗拉强度 σ_r 是界面的最重要的性能。反应物的强度和弹性模量与钛合金基体以及增强体的强度和弹性模量是有很大不同的。一般说来，反应物的断裂应变小于增强体的断裂应变。在反应物中，裂纹的来源主要有两种：一种是反应物在生长过程中产生的裂纹，即反应物的固有裂纹；另一种是在钛基复合材料承受载荷时先于增强体出现的裂纹。反应物裂纹的长度对于钛基复合材料性能的影响是与反应物的厚度直接相关的,一般地,反应物裂纹的长度等于反应物的厚度。当有少量反应时,即反应物的厚度小于 500nm 时,反应物在钛基复合材料受力过程中产生的裂纹长度较小,反应带裂纹所引起的应力集中没有增强体固有裂纹所引起的应力集中大,此时,钛基复合材料的强度是由增强体中的裂纹来控制的;当进行中反应时,即反应物的厚度在 500~1000nm 时,钛基复合材料的强度逐步开始受反应物中的裂纹所控制,增强体会在出现一定应变后发生破坏;当有大量反应时,即反应物的厚度在 1000~2000nm 时,反应带中出现的裂纹会致使增强体发生破坏,此时,钛基复合材料的性能主要是由反应物中的裂纹所控制的。

综上所述,对于属于III型界面的钛基复合材料而言,判断反应物裂纹是否对钛基复合材料的性能产生影响,主要是看反应物的厚度。我们可以认为,在钛基复合材料的界面中存在一个反应物的临界厚度,低于临界厚度时,钛基复合材料的纵向抗拉强度基本上不受反应物裂纹的影响;当高于临界厚度时,反应带裂纹将会导致钛基复合材料性能的下降。对反应物临界厚度的影响主要有以下几个因素:

(1) 钛合金基体的弹性极限。如果钛合金基体的弹性极限较高,则要经历较高的弹性段,裂纹开口就比较困难,那么此时反应物的临界厚度较大,也就是允许的裂纹要长一些。

(2) 增强体的塑性。如果增强体是脆性的,则反应物中裂纹尖端造成的应力集中很容易使增强体断裂,此时界面反应物临界厚度就变小;如果增强体具有一定程度的塑性,则反应物裂纹尖端所引起的应力集中将会使增强体发生一定程度的塑性变形,从而使应力集中程度降低不致引起增强体断裂,此时临界厚度就变大。

3.2.4 钛基复合材料界面微观结构及界面反应

在钛基复合材料中,由于钛合金基体与增强体在类型、晶体结构、组成成分、物理化学性质等方面都有很大差别,并且在高温制备过程中伴随着元素的扩散、偏聚、相互反应等,从而形成复杂的界面结构。钛基复合材料的界面区包含了钛合金基体与增强体的接触连接面、增强体的表面涂层作用区、钛合金基体与增强体相互作用生成的反应物和析出相、近界面的高密度位错区以及元素的扩散和偏聚层等。

界面区微结构和特性对钛基复合材料的宏观性能起着十分关键的作用。如果能够清晰地认识界面区、微结构、界面反应物、界面相组成、界面区的元素分布以及这些界面微结构与钛合金基体相、增强体相结构的关系等,那么对制备和应用钛基复合材料无疑具有十分重要的意义。

国内外许多学者利用扫描电镜、透射电镜、分析电镜、光电子能谱仪、能量损失谱仪等现代材料分析手段,对钛基复合材料界面微结构进行了深入的研究工作,并取得了重要进展。对钛基复合材料的界面微结构与组成成分、制备工艺的关系进行了相当多的研究。

1. 有界面反应物的界面微结构

钛基复合材料在制备过程中均会发生不同程度的界面反应。轻微的界面反应能够有效地改善钛合金基体与增强体的浸润和结合，对钛基复合材料的性能是有利的；但是严重的界面反应将会造成增强体的损伤以及会形成脆性的界面相，对钛基复合材料的性能是十分有害的。界面反应一般都是在局部区域中进行的，生成的反应物多为粒状、棒状或片状的，不会同时在钛合金基体与增强体的界面上形成层状物，只有严重的界面反应才可能会生成界面反应层。

SiC 增强体与 Ti 合金基体在高温下易发生反应形成脆性的界面相。如果在 SiC 增强体表面制备富 C 涂层可减缓反应。但是如果这个反应控制不好最终将会损伤增强体，使复合材料的力学性能下降。图 3-2 给出了 SiC/Ti-6Al-4V 复合材料典型

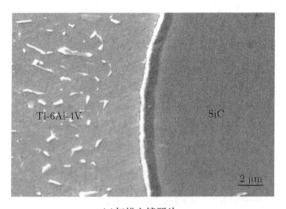

(a)扫描电镜照片

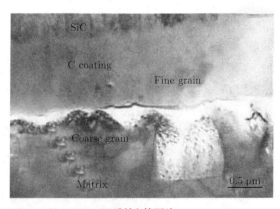

(b)透射电镜照片

图 3-2　SiC/Ti-6Al-4V 复合材料界面区的微观结构

3.2 钛基复合材料界面的特征

界面的微结构。从图 3-2(a) 可观察到,在 Ti-6Al-4V 基体与增强体之间形成了一定厚度的反应层,层界相对比较平滑。界面区域从钛合金基体至增强体由以下几个部分组成:基体区、反应层、残余 C 层和 SiC 增强体。图 3-2(b) 为反应区域的 TEM 照片,钛合金基体与增强体之间的反应物清晰可见,靠近 C 涂层的是晶粒细小的反应物,其宽度为 160nm,晶粒的尺寸在 10~15nm。靠近钛合金基体的是晶粒比较粗大的反应物,晶粒尺寸为 0.3~0.8μm。对反应层产物进行电子衍射和 EDS 分析表明:晶粒细小部分由 (Ti,V)C 组成,晶粒粗大部分由 TiC 组成。

2. 有元素偏聚和析出相的界面微结构

对钛基复合材料来说,一般的基体选用钛合金而不选用纯金属钛。由于钛合金基体中含有多种合金元素来强化合金基体。有些合金元素可以与基体合金中的钛反应生成金属化合物析出相。因为增强体的表面具有吸附作用,则钛合金基体中的合金元素会在增强体的表面富集,为在界面区生成析出相创造了有利条件。

3. 增强体与钛合金基体直接进行原子结合的界面微结构

这种界面微结构是由增强体与钛合金基体直接进行原子结合,界面平直、清洁,界面上既无反应物也无析出相。

4. 其他类型的界面结构

在钛基复合材料的钛合金基体中,不同的合金元素在高温制备过程中将会发生元素的扩散、吸附和偏聚,会在界面区形成合金元素的浓度梯度层。这些合金元素的浓度梯度的厚度、大小与元素的性质、制备过程中的温度以及时间都有密切关系。如在 PTMP 工艺制备的 TiC 颗粒增强钛基复合材料中,TiC 颗粒与基体合金具有良好的结合,并且结合界面很窄,在光学显微镜下难以区分,但使用 SEM 和 TEM 观察却能清晰地显示。图 3-3 为 TiC 颗粒及周围界面层的 SEM 和 TEM 照片,从图中可以观察到,TiC 颗粒原始的不规则棱角消失,边缘变得光滑,呈球形化趋势,TiC 颗粒中心与边缘具有明显的衬度区别,颗粒周围存在一层连续的环形亮带,此环形亮带为钛合金基体与 TiC 颗粒反应的界面层,此外,界面上无其他反应物,界面比较干净。对界面反应层化学成分进行俄歇分析,结果表明,从 TiC 颗粒中心到邻近钛合金基体的 C 浓度存在明显的递减趋势,TiC 发生了降解反应,C 原子向钛合金基体中扩散;在 TiC 颗粒中也发现了 Nb 和 Mo,表明钛合金基体中的 Nb 和 Mo 也存在一个反向的扩散过程。由于 TiC 颗粒的降解反应,在颗粒周围形成了非化学计量的界面层,界面层满足 Ti(Nb,Mo)$_3$C 的组成。以上说明,钛合金基体与 TiC 颗粒的反应伴随着 C 原子的扩散过程,界面层不可能是单一的结构,而是 C 浓度的梯度变化层。从图 3-4 能够看到:在不同的热处理制

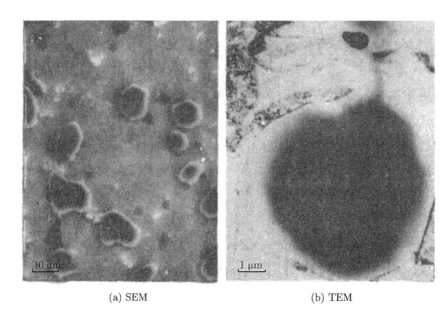

(a) SEM (b) TEM

图 3-3 TiC/Ti-15S 复合材料的 SEM 和 TEM 照片

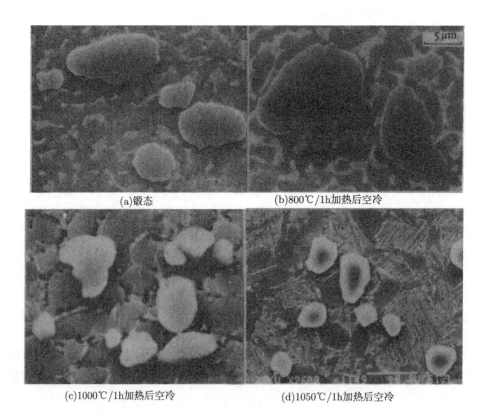

(a)锻态 (b)800℃/1h加热后空冷

(c)1000℃/1h加热后空冷 (d)1050℃/1h加热后空冷

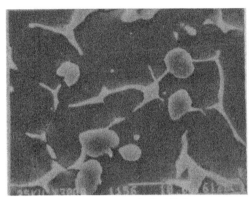

(e) 1050℃/1h加热后炉冷

图 3-4 TiC/Ti-15S 复合材料在不同热处理制度下的界面状态

度下，界面反应层的厚度也是不相同的。在锻造状态下（图 3-4(a)），界面层厚度为 0.5~1μm；在 800℃/1h 退火后，界面层厚度基本无变化（图 3-4(b)）；热处理温度超过 950℃时，界面反应速度加快，界面厚度明显增大，在 1000℃/1h 空冷的界面层厚度为 2~4μm(图 3-4(c))；在 1050℃/1h 空冷的情况下界面层厚度为 2.5~5μm(图 3-4(d))。热处理温度超过 1000℃，1~2μm 的 TiC 颗粒几乎完成了降解反应，此时衬度较暗的颗粒中心已经观察不到了，俄歇分析显示整个颗粒的组成趋于一致。高温处理能得到较厚的界面层，但是高温下的缓冷可以使界面层厚度明显减薄，如图 3-4(e) 所示的是 1050℃/1h 炉冷试样的 SEM 照片，界面层厚度只有 0.2~0.5μm，与相同温度下的空冷试样相比，界面层减薄了一个数量级。

由于钛基复合材料的制备方法和组成体系的不同，其界面结构比较复杂。即使是同一种复合材料也存在不同类型的界面结构，既有界面反应产物的界面结构，也有钛合金基体与增强体直接原子结合的平直、清洁界面结构，还有析出相或析出物的界面结构等。

5. 钛基复合材料的界面反应

对于钛基复合材料的制备，均需要在超过基体合金的熔点或接近基体合金熔点的高温下进行，因此基体合金与增强体就不可避免地发生不同程度的界面反应和元素扩散作用，形成复杂的界面结构，这些界面结构和特性对于钛基复合材料的制备、应用和发展都具有非常重要的影响。而界面反应和反应的程度决定了界面结构和界面特性，主要表现在：第一，增强了钛合金基体与增强体的界面结合强度，界面结合的强度对于钛基复合材料的内残余应力、应力分布以及断裂过程都会产生重要影响，进而直接影响钛基复合材料的性能；第二，界面反应会产生脆性的界面反应物，这些界面反应物在增强体表面上呈块状、片状等各种形状，反应严重时会在增强体表面上形成脆性层;第三,严重的界面反应可能造成增强体损伤以及改变基体成分。除了界面反应外,在加热和冷却过程中还可能发生元素的偏聚和析出相等,这些析出的脆性相可与增强体相连接,可能导致脆性断裂。

综上所述,界面反应可按反应程度分为三类:第一类为弱界面反应,这类界面反应轻微,没有增强体的损伤,没有大量的界面反应产物。界面的结合强度适中,可以有效地传递载荷以及阻止裂纹向增强体扩展。此类界面对钛基复合材料内部的应力分布起到重要的调节作用,在钛基复合材料的制备过程中我们希望这类界面反应的发生。第二类界面反应为中等程度界面反应,这类界面反应会产生界面反应物,但是这些界面反应物还不至于损伤到增强体,界面结合的强度明显增加,这类界面反应会造成增强体的低应力破坏,因此在钛基复合材料的制备过程中应尽力避免此类界面反应。第三类为强界面反应,这类反应会产生大量的界面反应物,形成聚集的脆性相和脆性层,造成增强体的严重损伤,使钛基复合材料的性能急剧下降,因此在钛基复合材料的制备过程中若发生这类界面反应将不会制备出有用的材料。

钛基复合材料的界面反应程度主要取决于钛基复合材料组分的性质、工艺方法和参数,在钛基复合材料的制备过程中,严格控制制备温度和高温下的停留时间是制备高性能材料的关键。

为了减少钛基复合材料的界面反应,目前主要采用三种方法:①选用与钛相容性较好的增强体;②基体合金化;③改进制造工艺技术。在选用增强体方面,增强体性质不同,其界面复合性有显著差别。基体合金化不但可以降低界面反应,还可以固溶强化基体,不同的合金和粒子反应的程度也不同。起初人们主要用 Ti-6Al-4V、Ti-6242、IMI834、Ti1100 等作基材,复合效果不很理想,于是纷纷利用添加低活性元素如 MO、Fe、Nb、V 等研制出低活性基材。在钛基复合材料的制备方面,开始用的是粉末冶金法和熔铸法直接复合,发现效果不是很理想,随后开发出一系列新的复合工艺,如 XD^{TM} 法、原位生成法等,使复合效果极大提高。

3.2.5 钛基复合材料界面的稳定性

钛基复合材料的主要应用领域是在高温环境下,因此对钛基复合材料的界面要求是在允许的高温环境下,长时间保持界面的稳定。如果某种复合材料的原始性能很好,但在高温环境下使用过程中界面发生变化使性能下降,则这种复合材料就没有实际的使用价值。钛基复合材料的界面不稳定性因素主要有两大类:物理不稳定因素和化学不稳定因素。

1. 物理不稳定因素

物理不稳定因素主要表现为钛合金基体与增强体之间在使用的高温环境下发

生溶解以及溶解再析出现象。在界面上的溶解再析出过程可使增强体的聚集形貌和结构发生变化，对复合材料的性能产生极大影响。

2. 化学不稳定因素

化学不稳定因素主要是钛基复合材料在制造、加工和使用过程中发生的界面化学作用，包括界面反应、交换反应和暂稳态界面的变化等几种现象。

发生界面反应时，会生成化合物，绝大多数化合物相对于钛基复合材料中常用的增强体更脆，当受到一定外荷作用下首先在化合物中产生裂纹，当化合物的厚度超过一定值后，钛基复合材料的性能将会降低。另外，化合物的生成也可能对增强体本身的性能有所影响，因此化合物是一种十分有害的因素，务必消除或抑制。钛合金基体与增强体的化学反应可能发生在增强体一侧，也可能发生在钛合金基体一侧，还可能是在两个接触面上同时发生。

交换反应不稳定因素主要发生在基体为合金时，其过程可分为两步：第一步为增强体与合金生成化合物，此化合物中暂时包含了合金中的所有元素；第二步为根据热力学规律，增强体元素总是优先与合金中的某一元素发生反应，因此原先生成的化合物中的其他元素将与邻近钛合金中的这一元素发生交换反应直至达到平衡。选择适当的基体成分可以降低交换反应的速度。多种钛合金与硼的复合材料中存在着这种不稳定因素。不过。交换反应有时候是有益的，如钛合金-硼复合材料，那些不能和硼生成化合物的元素在界面附近的富集，提供了硼向基体扩散的额外的阻挡层，从而减慢了反应速度。

暂稳态界面发生变化的主要原因是原来的氧化膜由于机械作用、球化、溶解等受到破坏，逐步由准Ⅰ类界面向Ⅲ类界面转变，这也是很危险的。保持氧化膜的不破坏是消除这类不稳定因素的有效方法。

3.2.6 钛基复合材料界面的力学特性

用作钛基复合材料的增强体在泊松比和弹性模量上与基体相比有很大的差别，因此在弹性范围内，即使在纵向载荷作用下，界面上除了轴向应力外，还会产生径向应力和环向应力；另外，由于增强体与基体的热膨胀系数也不匹配，在界面上将产生残余应力，有时候残余应力会超过基体的屈服强度，这种基体与增强体的力学不相容性会严重影响钛基复合材料的性能。

为了简化对钛基复合材料界面的力学性能的分析，特提出下列假设：①钛基复合材料中各组分的化学成分是不连续的，因此，各组分的力学性能在界面处互不相同，各自独立，在组分之间力学性能无过渡状态；②其界面或是完全结合（界面强度大于基体强度），或是充分不结合（界面不能承受拉力或剪力），不考虑可能存在的中间状态（弱结合状态）；③等应变（在钛基复合材料的同一处，界面、基体和增强体的应变相同）；④增强体颗粒或纤维整列良好。

1. 连续纤维（颗粒）增强钛基复合材料界面的力学环境

根据基体和增强体的同轴圆柱模型，当柱芯为基体，外壳为增强体时，同轴圆柱体代表高增强体体积分数的复合材料。当两者互换时，代表低增强体体积分数的复合材料。

当钛基复合材料在纵向载荷作用时，若增强体与基体粘结良好，它们同时发生变形，但由于它们的弹性模量不相同将会产生横向应力。当基体发生塑性变形时，随着变形程度的增加，横向应力迅速增大，可达轴向应力的40%。如果增强体发生塑性变形，则横向应力有了约束或阻止塑性增强体产生颈缩的作用，可使钛基复合材料的强度有所提高。总的来说，纵向载荷作用下界面上的横向应力还是不大的。

当钛基复合材料在横向载荷作用时，界面的应力状态比在纵向载荷时复杂，其大小和方向与增强体的排列方式、体积分数、基体与增强体的性能有关。

2. 非连续纤维（颗粒）增强钛基复合材料界面的力学环境

在一定的纵向外加载荷作用下，非连续增强体和基体同时发生弹性变形，此时，增强体对与之相邻区域的基体的变形产生约束，造成基体的弹性变形不均匀；界面剪切应力和增强体拉伸应力在增强体长度方向上呈不均匀分布。根据基本假设，非连续增强体两端正应力为零；在增强体中部，正应力达到最大值。当增强体长度与直径之比等于临界增强体长度与直径之比时，在非连续增强体中点的最大正应力可能会达到增强体的断裂强度，增强体将在中点被拉断，当增强体长度与直径之比大于临界增强体长度与直径之比时，非连续增强体两端的正应力由零逐渐升高，从端部至增强体临界长度的一半处达到最大值，并在终端保持此应力值。界面剪切应力在增强体两端最大，向中心逐渐减小，两端的剪切应力方向相反，在增强体中部剪切应力为零。

另外，泊松比、增强体端距、增强体端距与间距之比以及基体剪切的塑性变形都会影响非连续增强体界面的应力状态。在纵向载荷作用下，非连续增强体钛基复合材料的界面除承受轴向、径向、切向正应力外，还要承受较大的剪切应力。因此，非连续增强体增强钛基复合材料的界面应力环境还是比较复杂的。

3. 界面残余应力

钛基复合材料的界面残余应力是由变形、温度和相变而引起的，分别被称为形变残余应力、热残余应力和相变残余应力，它们对材料的性能有不同的影响：①形变残余应力。由于钛基复合材料的各组分的屈服强度不同，在外力作用下，各组分会发生不均匀的塑性流变，将产生形变残余应力。如果形变残余应力与热应力的方向相反，则可以抵消或消除热残余应力的影响。当钛基复合材料中存在着残余热应力时,在拉伸前沿增强体的长度方向进行预应变可以显著改善复合材料的性能。另外,对钛基复合材料进行横向轧制后,钛合金基体将产生加工硬化,也可以改善复合材料的性能。②热残余应力。由于钛基复合材料中各组分的线膨胀系数不同,因而在制造过程中的高温降至室温时,其收缩也不相同,从而在界面处会产生热残余应力。热残余应力对界面和复合材料的性能有显著影响。如果热残余应力为拉伸,则会使界面结合减弱;如果热残余应力为压缩,则界面结合将会加强;因为冷却过程产生热残余应力,其纵向热残余应力居于"自平衡体系",有的组分受压缩,相邻的另一种组分受拉伸,并且常伴有界面剪切,其中拉伸和剪切热残余应力将导致界面结合减弱并最终使复合材料的性能减弱。③相变残余应力。钛基复合材料中的一个组分发生相变引起体积变化的同时,将会受到另一个组分的约束,从而产生相变残余应力。钛基复合材料中的相变残余应力与金属材料的相变残余应力类似。

4. 界面对钛基复合材料力学性能的影响

界面结合强度对钛基复合材料的各种性能有非常显著的影响,界面结合适中的复合材料的抗弯强度高,材料的弯曲刚度也很高。界面结合强度对钛基复合材料的冲击性能有很大影响。增强体从基体中拔出再与基体脱粘后,不同的位移造成的相对摩擦都会吸收冲击能量,而且界面结合还会影响基体与增强体的变形能力。三种类型的钛基复合材料冲击断裂过程如图 3-5 所示:①弱界面结合的复合材料。具有较大的冲击能量,但冲击载荷低,刚性差,整体抗冲击性能差。②适中界面结合的复合材料。冲击载荷和冲击能量都比较大,此时冲击具有韧性破坏特征。界面既能使增强体和基体脱粘,使增强体产生大量的拔出和相互摩擦,提高材料的塑性能量吸收,又能有效传递载荷,使增强体充分发挥高强度高模量的性能,提高了抗冲击

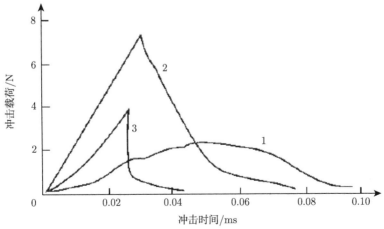

图 3-5 三种类型复合材料的典型冲击载荷-时间关系曲线

1-弱界面结合;2-适中界面结合;3-强界面结合

能力。③强界面结合的复合材料。这种复合材料明显呈脆性破坏的特征,冲击性能较差。

如果界面结合适中,则在复合材料的拉伸破坏区内会出现增强体与基体之间的脱粘以及增强体的轻微拔出现象,此时增强体发挥了拉伸增强作用;而在压缩破坏区内会出现明显的增强体受压崩断现象,此时增强体充分发挥了高的抗压强度和刚度的特性。由于增强体的抗压强度和刚度比其抗拉强度和刚度要大,因此,这种适中的界面结合对提高复合材料的弯曲性能更为有利。如果界面结合是强界面结合,则其复合材料的弯曲性能最差,在受载荷的情况下一旦在边缘处产生断裂,便迅速穿过界面扩展,从而造成复合材料的脆性弯曲破坏。

3.2.7 钛基复合材料的界面设计

为了得到性能优异且能满足各种需要的钛基复合材料,需要有一个合适的界面,使基体与增强体之间具有良好的物理化学和力学上的相容性。很多有应用前景的钛基复合材料的基体和增强体之间是靠化学反应,在界面上生成一定的化合物形成结合,但这些化合物一般很脆,在外载荷作用下容易产生裂纹,若化合物达到一定厚度,裂纹会立即向增强体中扩展,造成增强体的断裂从而使复合材料整体发生破坏,因此应当严格控制化合物的数量。有的钛基复合材料中基体对增强体的润湿性不好,必须设法加以改善。由于增强体与钛合金基体的弹性模量和泊松比存在很大的差异,这会使界面的力学环境复杂化,在最简单的纵向载荷下界面上产生的横向应力往往对复合材料的整体性能有害。另外,由于钛基复合材料中的各组分的线膨胀系数不相同,在复合材料中还将产生热残余应力,此残余应力与增强体和基体的线膨胀系数之差成正比,一般的热残余应力也是有害的。当然,界面的结合强弱对复合材料的整体性能影响也是显著的,如果界面结合过强,会使复合材料很快发生整体破坏。

为了解决这些问题必须对界面进行优化,并采用相应的措施达到最终的目的。界面优化的目标是:形成能有效传递载荷、调节应力分布、阻止裂纹扩展的稳定的界面结构。如对增强体的便面进行涂层处理、对基体进行合金化、优化制备工艺方法和参数等都只能解决一个或若干个问题,并且这些问题本身就存在着相互矛盾的方面。

理想的、能够解决上述所有问题的界面,应该是从成分及性能上由增强体向基体逐步过渡的区域;它能够提供增强体与基体之间适当的结合以便有效传递载荷;能阻碍基体与增强体过分的化学反应,避免生成过量的有害的脆性化合物;通过控制工艺参数达到合适的界面结合强度,满足各种性能的需要。如果过渡层是由脆性化合物组成的,则此过渡层不能太厚,它应是界面允许的脆性化合物层的一部分,过渡层与基体接触的外层应能被液态基体很好地湿润。增强体上的梯度涂层能够满足上述多种功能的要求。理论上可以对钛基复合材料的体系设计各自有效的多功能梯度涂层,有些已经在实验室中实施。这种设计的实质是连续改变增强体和基体的组成和结构,使其内部的界面消失,从而得到功能相应于组成和结构的变化而缓变的非均质材料,减小或克服结合部位的性能不匹配因素。

但梯度复合涂层工艺复杂、成本很高、实现起来困难。自生复合是获得理想界面结合的有效方法,将偏晶、共晶合金通过定向凝固制成自生复合材料,可以获得热力学相容性很好的界面。综上所述,由于钛基复合材料界面研究的难度很大,目前还没有形成复合材料界面设计的统一的理论体系,对于不同的载荷,其界面要求也有很大的差异,目前只能利用现有的经验进行钛基复合材料的界面设计。根据载荷类型,钛基复合材料的界面结合强度应遵循的规则如下:当横向应力较大时,需要强界面结合;当承受拉伸载荷时,需要适中界面结合;当承受疲劳载荷或温度交变载荷时,应当是适中偏强界面结合;当要求低强度、高刚度时,应当是强界面结合;而当承受冲击载荷时,则需要适中偏弱界面结合,晶须、颗粒增强钛基复合材料一般需要的是强界面结合。依据上述这些原则,选择适当的表面处理工艺、匹配体系和制备工艺与参数,可以制备出满足使用要求的复合材料。

3.3 钛基复合材料界面的表征

由于钛基复合材料界面的研究历史较短,目前各国尚未取得一致的评价标准,大多沿用了与组成钛合金基体金属评价相近的方法对钛基复合材料进行评价,但是钛基复合材料的界面毕竟与钛合金基体材料有着较大的差异,其评价标准和方法也应该有很大变化,因此近年来钛基复合材料界面的评价成为钛基复合材料的一个重要课题。随着新工艺及新的检测技术的发展,钛基复合材料界面的表征和评价也势必会有更先进、精度更高的方法出现。

3.3.1 钛基复合材料的界面组织结构表征

钛基复合材料的界面状态的表征主要有以下几个方面:界面结合状态(机械结合、化学结合、物理结合)、界面层厚度、界面相(晶体结构、形貌、化学组成、数量等)、界面层的缺陷等。由于界面层厚度很小,除了强界面反应使界面层厚度较大时可用光学金相来研究界面层厚度外,上述的所有特征都采用电子显微镜来进行分析。

1. 界面结合状态

钛基复合材料的界面结合类型有三种,这三类结合可以有高分辨电镜(HREM)区分出来,其中化学结合比较明显,有明显的反应物和界面层,机械结合界面最窄。

同时应该注意到，HREM 要求试样很薄，一般采用离子剪薄法制备，并要求界面平行于入射束方向，界面两侧的晶体均处于高分辨结构相的取向，这样才可得到界面原子排列的直观图像。

2. 界面层厚度

通常仅对化学反应结合的界面才测定界面层厚度，以便验证界面化学反应动力学特征。当界面层很薄时，采用电子显微镜来测定，一般采用的是离子溅射薄层及微区成分分析 (EELS) 相结合的测定方法，当界面层很厚时 (如反应剧烈的 TiB_2 层)，可以采用光学金相法来测定。

3. 界面相

界面相有多种来源，如钛合金基体与增强体的反应物、增强体与涂层的反应物、涂层与钛合金基体的反应物、钛合金基体的第二相在界面上的沉淀析出等。这些界面相的分析可利用 TEM 的选区电子衍射技术先分析不同界面相的晶体结构，再结合电子探针显微分析仪 (EPMA) 或 EELS 测定出各界面相的化学成分，以此可鉴别出界面产物的类型，如果要测定各界面产物的相对量，则可采用 X 射线衍射 (XRD) 方法进行测定。

4. 界面缺陷

界面缺陷指靠近界面一侧的钛合金基体中的位错分布情况，利用 HREM 可直接观察到位错形貌，可利用 TEM 衍衬理论来分析位错分布。

综上所述，表征界面的参数很多，界面特性复杂，需要采用不同的设备分别进行研究，再进行综合分析才能得到比较完整的界面信息。现今，随着科学技术的发展已研究出一种集多种分析功能于一体的电子显微镜，称为分析电镜 (ATEM)。这种电镜虽然也是透射式电镜，但除了能进行形貌观察、晶体缺陷、结构测定等研究以外，还能进行相分析、测定微区化学成分，因此可作为钛基复合材料界面研究的强有力工具。表面力学显微镜 (IFM) 是问世不久的复合材料界面微观力学性能测试仪，该仪器可直接测试两种材料的接触间的力的信息。

3.3.2 钛基复合材料的界面强度的表征

钛合金基体与增强体间界面结合强度对钛基复合材料的性能具有重要的影响，因此界面强度的定量表征一直是钛基复合材料研究领域中非常重要的课题。目前，测试钛基复合材料的界面强度方法主要有微观法、宏观法和模型法。

1. 微观法

微观法是指直接在钛基复合材料中测试界面强度的一种方法，主要包括顶出

3.3 钛基复合材料界面的表征

法 (压脱法) 和界面微脱粘法两种：①顶出法 (压脱法)。界面强度原位测试仪的基本结构如图 3-6 所示，通过记录顶出过程中载荷和位移的变化，获得最大顶出力，以计算出界面剪切强度。顶出试样的厚度是影响测试结果的重要因素，试样太薄则制样困难，试样太厚会导致增强体破坏或根本顶不出来，因此试样的厚薄直接影响界面的受力行为，所以试样厚度是否合理是顶出实验的关键。②界面微脱粘法。这种方法的原理是在显微镜下用金刚石探针对钛基复合材料中选定的单个增强体端部施加轴向载荷，使这个增强体端部在一定深度内与周围的钛合金基体脱粘，记录脱粘发生时的压力；建立以该增强体中心为对称轴的钛合金基体、增强体及钛基复合材料的微观力学模型；进行有限元分析并输入钛合金基体、增强体及钛基复合材料的弹性参数和增强体的尺寸、钛合金基体的厚度和微脱粘力，从而计算出无限靠近增强体周围表面的钛合金基体中的最大剪切应力，也就是钛合金基体与增强体间界面的剪切强度。

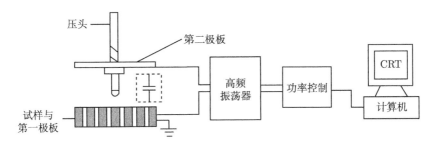

图 3-6 顶出法界面强度原位测试仪

2. 宏观法

宏观法是以钛基复合材料的宏观性能来评价界面结合强度，包括短梁剪切 (层间剪切)、横向或 45° 偏轴拉伸、导槽剪切、圆筒扭转等对界面强度比较敏感的性能试验，宏观实验方法如图 3-7 所示。这类实验都是钛合金基体、界面甚至增强体共同破坏的钛基复合材料宏观实验，测得的强度都依赖于钛合金基体、增强体的体积百分含量、分布以及性质，所以此种方法不适用于定量测试，无法得出独立的界面强度值，仅适用于定性比较，因此又称为间接法。

3. 模型法

为了克服宏观法中增强体众多、断裂模式复杂、不容易测定钛基复合材料界面强度的缺点，通常采用特意制备的模型试样来进行测试，这种方法称为模型法。常用的三种模型试验如下：①滴球测试法。此方法是将用作钛基复合材料的钛合金基体的金属熔化后滴在用作增强体的材料板上，待固结成球状后分别对固体球和底板反向施力,可以测得界面抗剪强度。此法适用于钛合金基体与增强相润湿性中等的体系。②夹层平盘测试法。此种方法所用样品是由一层钛合金基体材料与两层增强体材料结合形成的一种阶层平盘,钛合金基体材料被夹于两层增强体材料之间,在平盘的侧面上、下层加一个剪切力偶,可以用来测定界面的抗剪强度;在平盘上、下垂直方向施加拉伸载荷可测定出界面抗拉强度。应当注意,在上述两种实验中,应保证破坏发生在界面上数据才是有效的。③棒杆或增强体拔出测试法。将单个增强体或由增强体制成的棒杆复合在圆柱形钛合金基体材料中,沿轴线方向试件拉伸载荷,将增强体拉断或从圆柱中拔出。根据剪滞模型即可求出钛基复合材料的抗剪强度。上述三种模型法可以直接测定出钛基复合材料的界面强度,称为直接法,但是上述方法有两个明显的缺点:第一,试样制备困难,试验的操作难度较大;第二,模型试样与真实的钛基复合材料在几何相似性、物理相似性和力学相似性方面都有差异,所以应用这些方法所测定的数值与真实材料中的界面强度有较大差异。

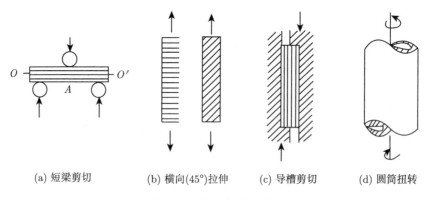

(a) 短梁剪切　　(b) 横向(45°)拉伸　　(c) 导槽剪切　　(d) 圆筒扭转

图 3-7　宏观实验方法

3.3.3　钛基复合材料的界面区位错分布

钛基复合材料中界面区靠近钛合金基体一侧的位错分布是界面表征的主要内容,对其的研究有助于了解钛基复合材料的强化机制。为了能更清晰地显示出位错分布的特征并便于定量测定位错密度,采用弱束成像效果较好。在过去人们一直认为钛基复合材料强度的提高是由位错使钛合金基体强化所致,而且在很多实验中也观察到了在增强体周围具有较高的位错密度。后来人们发现,钛合金基体中的亚晶尺寸减小也是钛基复合材料强化的另一个非常重要的原因,不过位错强化仍然是钛基复合材料强化的重要机制。能够预料,以后对钛基复合材料界面区位错分布的观察重点将会转到研究位错产生和发展的影响因素上来,并且会从定性研究发展到定量研究。如果可能,将会采用高压电镜观察较厚的薄膜试样,以便最大程度地真实反映位错密度的大小。另一方面,对钛基复合材料强化机制的研究也从只考虑位错密度变化所引起的强化发展到全面考察钛合金基体中组织变化所引起的一些强化,表明人们在钛基复合材料的强化机制的认识上了一个新台阶。

3.3.4 钛基复合材料的界面残余应力的测试

钛基复合材料中残余应力可能来自三个方面:由复合后冷却过程中内、外冷却速度不同引起的热残余应力,在冷却过程中发生相变引起的相变残余应力和由增强体和钛合金基体的线膨胀系数不同引起的微观残余应力,其中热残余应力是钛基复合材料的本质。目前人们对残余应力进行了大量的理论分析和实验测试工作,残余应力的测定方法大致可分为应力敏感物理性能法、应力松弛法和衍射法三类。

1. 应力敏感物理性能法

残余应力的存在,会影响到钛基复合材料的一些性质,如磁性、声波速度、比容等,测量这些物理性质的变化可以反馈出残余应力的分布和大小。例如,可以利用超声波在材料中的传播速度与施加在试样上的应力所具有的特定关系,测量出超声波通过一定尺寸的试样所需要的时间,就可以求出残余应力,这种方法称为超声波法。这样的物理性能法属于非破坏测试方法,但是在测试中接收的物理信号是由整体测试的材料所贡献的,因此反推出来的结果是整个受测试材料的平均残余应力,没有办法测试出这些残余应力的分布特性。

2. 应力松弛法(释放法)

这类方法包括钻孔、开槽、剥层、网格、切割、脆漆钻孔、光弹涂层钻孔等。它们的基本原理是:用机械或腐蚀方法把含有残余应力的试样中的一部分分离掉,则残余应力将被释放掉一部分,试样中的残余应力发生重新分布,引起试样变形。若果把这种变形量测量出来,然后利用线弹性力学理论进行处理,就可以推算出原有的残余应力场。这种方法的关键是测量应力释放后的变形,现在主要有以下办法:①在试样表面涂上一层能粘接牢固的脆性涂层,应力释放后试样发生变形会使涂层发生破裂。根据涂层裂纹的形态可以推测应力的性质和方向,但是不能得到应力的定量值。②在试样的有关部位贴应变片,测试残余应力释放前后的应变量。③在试样表面上贴光栅薄膜,利用变形时在偏振光下呈现的光干涉条纹,则可以通过光弹性理论求出应变值。

应力松弛法有以下几个特点:①需开槽、钻孔、切割等,属于破坏测试方法;②变形都是在表面测量的,所以说测出的残余应力应该是表面残余应力;③由于破坏方法切除的部分不是很小,因此测量的残余应力属于宏观残余应力;④对板、球、管、杆等形状简单的试样比较有效。当残余应力为对称分布时，其处理方法会更方便一些，如果试样形状复杂或者应力梯度很陡，测试误差将会加大。

  3. 衍射法

  衍射法的基本原理是当晶体受弹性应变时，晶面间距发生改变，使衍射线条发生位移，根据衍射线条的位移量，可以反推出应变数值，然后利用弹性理论计算出应力的大小。利用衍射法测量钛基复合材料中的残余应力，包括 X 射线衍射法和中子衍射法，这两种方法的试验原理基本相同，都是通过测量钛基复合材料的基体或增强体晶面间距及衍射角的变化来确定残余应力，但以测量钛合金基体的晶面间距及衍射角变化较为常见，那是由于钛基复合材料中钛合金基体含量较多，其衍射峰就较强，并且钛合金基体的弹性模量远小于增强体，残余应力所造成钛合金基体晶面间距及衍射角变化更明显，因此残余应力的测量也就较高。①X 射线应力测量方法原理简单，射源的来源经济又方便，但是穿透力弱，仅可以测量钛基复合材料表层区域的残余应力。不过可以利用 X 射线穿透力弱的特点，使用 X 射线衍射方法并结合剥层技术，能够测量出钛基复合材料中残余应力的宏观分布。②中子衍射应力测量方法穿透能力强，可以用来测量钛基复合材料中的内部残余应力，可以排除表面应力松弛效应对测量结果的影响。不过中子测量方法也有不足之处，例如，中子源的获得比较困难、试验成本较高；中子衍射的区域大，测量小试样时会产生较大的误差；并且中子衍射只能测量钛基复合材料整个厚度范围内的平均残余应力，无法确定残余应力的宏观分布状态。

3.4 TiC/Ti 复合材料的制备及微观结构

  本节以郭继伟等对 TiC 颗粒增强钛基复合材料的研究、毛小南对 TiC 颗粒增强钛基复合材料内应力的研究、张二林等对自生 TiC 增强钛基复合材料微观组织研究为例，介绍三组不同的 TiC 增强钛基复合材料的制备以及它们的微观结构。

3.4.1 TiC/Ti 复合材料的制备

  熔铸法和粉末冶金法是制备 TiC 增强钛基复合材料最常用的方法，其中，熔铸法制备 TiC 颗粒增强钛基复合材料，具有工艺简单、成本低以及易于制备复杂零件等优点，为进一步克服钛合金和增强体 TiC 在液相的高反应活性以及钛和钛合金在熔铸中遇到的问题 (如润湿性差、TiC 分布不均匀等)，研究人员在熔铸过程中引入适当的反应物，即通过反应得到 TiC 强化的钛基复合材料，从而大幅度提高了材料的综合性能。对粉末冶金制备 TiC 颗粒增强钛基复合材料的研究最多，近年来是采用将粉末冶金法与原位合成方法结合的方法进行制备，其具体工艺为：

3.4 TiC/Ti 复合材料的制备及微观结构

首先将基体粉末、石墨粉等混合均匀，然后真空除气，再进行模压成型和冷、热等静压成型等工序，获得有预定外形的坯锭，最后真空烧结，炉冷后即可获得原位自生钛基复合材料。Jiang 等用该法制备了 TiC 颗粒增强的 Ti-6Al-4V 钛基复合材料。该方法结合了 TiC 粒子原位合成和粉末冶金加工工艺的优势，有较广的应用前景，但工艺较复杂，对设备的要求高，难以制备大型零件和实现批量化生产。

在对熔铸法制备 TiC 颗粒增强钛基复合材料的研究中发现，TiC 颗粒是合金的熔炼过程中重新生核长大的，其形态与原材料中碳的存在形式无关。因此采用直接加入 TiC 粉的方法，同时为保证合金成分的准确性，制备过程中 TiC 粉与纯钛粉混合均匀后，冷压成一致密的块状再熔炼，则可既保证成分的准确性，又简化了制备工艺。本书其中一组材料的制备过程如下：原材料采用 TiC 粉 (99.0%，5~10μm)、高纯钛粉 (99.2%，45μm)、高纯铝 (99.99%)、碳黑 (99.8%，< 0.05μm)、一级海绵钛，在钨极磁控水冷铜坩埚非自耗电弧炉熔炼，为使化学成分均匀，每个铸锭均经过 3 次熔炼，每次的熔炼量为 40g。实验时采用两种工艺制备 TiC 颗粒增强钛基复合材料，工艺一是直接用碳黑、纯铝、海绵钛熔配合金，工艺二是用 TiC 粉和钛粉干混均匀后用 30kN 压力机，冷压成致密度为 50%~60%，尺寸为 ϕ10mm×10mm 的块样，再与海绵钛、纯铝熔配合金，合金设计成分及实际成分如表 3-1 所示。另一组利用预处理熔铸法以及真空自耗电弧熔炼制备出名义成分为 Ti-6Al-4V+7(wt%)TiC(T64)，Ti-3Al-2.5V+7(wt%)TiC(T32)，Ti-6Al-2.5Sn-4Zr-0.5Mo-1Nb-0.45Si+3(wt%)TiC(T650) 复合材料的铸锭。第三组为将钛粉 (纯度 99.2%，粒度 45μm)、铝粉 (纯度 99.6%，粒度 29μm) 和碳黑 (纯度 99.8%，粒度 0.05μm) 按一定的配比干混 24h，冷压成致密度为 50%~60% 的预制块，将其置于真空反应炉中加热使之反应生成 Al/TiC 合金。再将这种合金与海绵钛在真空水冷铜坩埚非自耗电弧炉中熔化，采用电磁场搅拌，每次的熔炼量为 30g。每个试样经过 3 次翻转。试样的化学成分列于表 3-2。

表 3-1　第一组试样的设计成分和实际成分　　　　　(单位：wt%)

试样		设计成分			化学分析成分			
		Al	C	Ti	Al	C	O	Ti
制备法 1	1	6.0	1.0	剩余	5.52	0.86	0.28	剩余
	2	6.0	2.0	剩余	5.87	1.78	0.34	剩余
制备法 2	3	6.0	0	剩余	5.81		0.32	剩余
	4	6.0	1.0	剩余	5.83	0.97	0.31	剩余
	5	6.0	2.0	剩余	5.65	1.94	0.35	剩余

表 3-2　第三组试样的化学成分　　　　　　　　　　(单位: wt%)

成分	C	O	Al	Ti
Ti-6Al-2C	1.78	0.32	5.22	剩余
Ti-13Al-2C	1.90	0.31	13.49	剩余
Ti-25Al-2C	1.98	0.33	26.82	剩余
Ti-35Al-2C	1.89	0.31	34.62	剩余

3.4.2　TiC/Ti 复合材料的相分析和微观结构

依据实验研究结果，第一组由两种工艺制备的合格的 TiC/Ti-6Al 复合材料，其微观组织基本一致，只是在材料成分准确性的控制方面存在一定差距。图 3-8 为两种工艺制备试样的 SEM 照片，可见增强相颗粒均匀地分布在基体中。图 3-9 为材料的 XRD 分析结果，材料均由 Ti 和 TiC 组成，说明两种工艺均可制备出 TiC 颗粒增强钛基复合材料。而且由表 3-1 可见两种工艺制备的材料铝元素烧损量基本一致，且实际值基本接近于设计值，但碳含量相差较大，工艺二的碳损失少，接近设计值，而工艺一中碳的烧损量大。其原因主要在于碳黑粒度细，海绵钛的吸附作用也有限，操作过程中容易损失部分碳黑，从而造成碳浓度的偏差。工艺一中直接加碳黑时，熔炼过程中产生大量黑烟，真空熔炼室被熏黑，而工艺二中加 TiC 时无此现象，证明直接加碳黑时确实存在碳的燃烧损失。

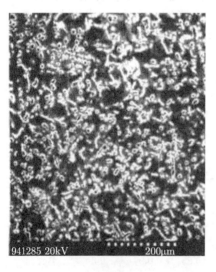
(a) 工艺一

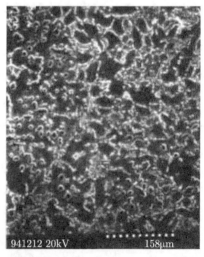
(b) 工艺二

图 3-8　TiC/Ti-6Al-2C 合金中 TiC 分布

3.4 TiC/Ti 复合材料的制备及微观结构

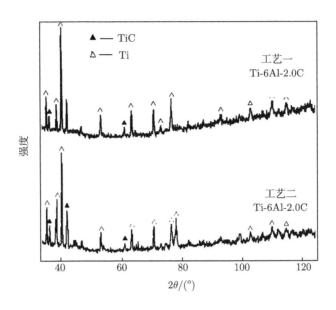

图 3-9 复合材料的 XRD 谱

图 3-10 为用工艺二制备的复合材料铸态组织,可见复合材料中 TiC 增强相常见形态为树枝状 (图 3-10(a)、(c)) 和短棒状 (图 3-10(b)、(d)),短棒状的长度多为 4~10μm,直径为 2~3μm,枝晶的一次轴长为 40~150μm。其中短棒状 TiC 为共晶体中 TiC,而枝晶状 TiC 为初生 TiC。初生 TiC 在过冷熔体中自由生长,因此易长成枝晶状,而共晶体中 TiC 的体积分数很低,容易生长成棒状。材料中 TiC 除了

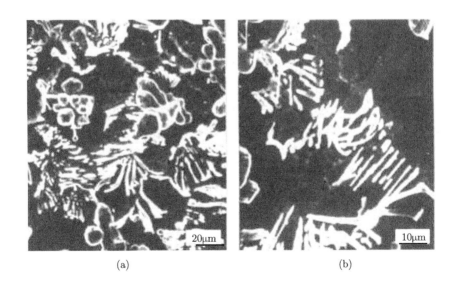

(a)   (b)

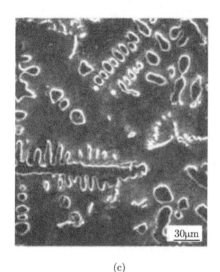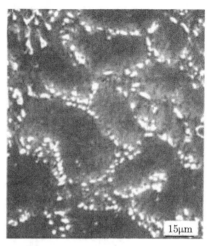

(c) (d)

图 3-10 复合材料的微观组织

(a)、(c) 树枝状 TiC；(b)、(d) 短棒状 TiC

图 3-10 所示的两种形态外还存在很多分布在晶界上的细小颗粒，如图 3-11 所示。对微观组织的 TEM 研究也表明，存在较多尺寸为 0.3~1.0μm 的细小颗粒，形状多为规则形态，多数呈三角晶界分布特征。图 3-12 所示为细小颗粒 TEM 图 (图 3-12(a)) 及微区衍射斑点 (图 3-12(b))，此颗粒为 TiC[−1−1 2] 晶带轴的衍射斑。小尺寸的 TiC 颗粒 (0.2~0.6μm) 与基体间界面很干净见不到反应层。另外，基体中存在大量的位错线，并且位错线上存在析出物 (图 3-12(c))，复合材料中晶粒尺寸仅为微米级 (图 3-12(c))，而未加 TiC 颗粒的 Ti-6Al 基体晶粒尺寸为 500~2000μm。这些析出物对位错有钉扎作用，能增加位错运动的阻力，同时晶粒的显著细化也会增加位错运动的阻力。这些均有利于材料性能的提高。

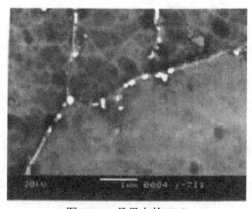

图 3-11 晶界上的 TiC

3.4 TiC/Ti 复合材料的制备及微观结构

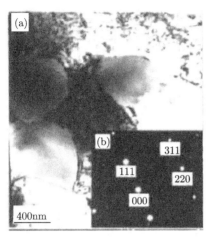
(a) 细小TiC颗粒；(b) 微区衍射斑点

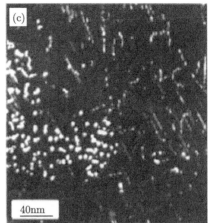
(c) 位错线上的析出物

(d) TiC颗粒与基体的界面

图 3-12 透射电镜观察的复合材料微观组织

图 3-13 显示的是第二组实验中的 T64 试样在 750℃/1.5hAC，T650 试样在 1050℃/2hAC 后的微观组织形貌，从图中可见 TiC 颗粒均匀地分布在 α+β 型的钛合金基体中，该图显示出在不同的热处理制度下，基体的组织形貌变化和常规钛合金相似，图 3-13(b) 中展示出 TiC 的平均粒度在 10μm，表面光滑，呈球态。相同的组织形貌同样在 T32 中可以看到。

图 3-14 显示的是 T32、T64 和 T650 在热处理前即加工状态下的 X 射线衍射光谱，从图中所显示的三种材料的衍射峰可知，在基体中除了 Ti-α 相和少量的 β

相以外，没有新相在热加工过程中形成。依据 TiC、Ti-α、Ti-β 衍射峰的强度，应用公式

$$V_i(\%) = \frac{\sum_{j=1}^{n} I_i^y}{\sum_{y=1}^{n} I_j} \tag{3-3}$$

计算出的三种相的体积百分含量列于表 3-3 中。

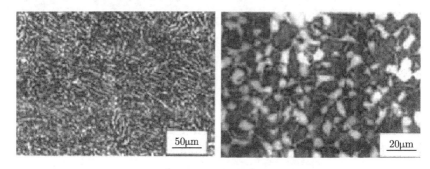

(a) 750℃/1.5hAC   (b) 1050℃/2hAC

图 3-13 T64 和 T650 的光学显微组织

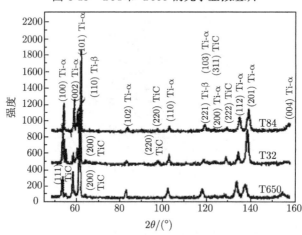

图 3-14 T64、T32 和 T650 在热处理前的 X 射线衍射光谱

表 3-3 T64、T32 和 T650 加工后 TiC、Ti-α、Ti-β 的体积百分比 （单位：vol%）

Specimen	α	β	TiC
T64	90.1	2.6	7.3
T32	92	<1	7.2
T650	96	<1	3.1

3.4 TiC/Ti 复合材料的制备及微观结构

图 3-15 显示的是第三组实验中的 Ti-6Al-2C 复合材料的 XRD 结果,从图中可见 Ti-6Al-2C 复合材料由基体 Ti 和 TiC 两相组成。其他合金的分析结果列于表 3-4。可以看出,Al 含量为 25% 时,除 Ti 基体和 TiC 以外,还有 Ti_3Al 新相生成。Al 含量为 35% 时,基体相为 α_2-Ti_3Al 和 γ-TiAl 两相。根据实验数据计算出的 Ti-6Al-2C 中 TiC 晶格常数为 0.43149nm,略小于标准值 0.43283nm,表明 TiC 颗粒的 X 射线衍射峰存在偏移。

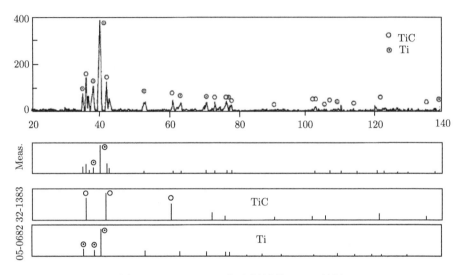

图 3-15 Ti-6Al-2C 复合材料的 XRD 结果

表 3-4 另外几种复合材料的 XRD 分析结果

组分	各相成分
Ti-13Al-2C	Ti, TiC
Ti-25Al-2C	Ti, Ti_3Al, TiC
Ti-35Al-2C	Ti_3Al, TiAl, TiC

图 3-16 为 Ti-6Al-2C 复合材料的微观组织,从图中看以看出,在基体中分布着两种形态的析出相:一种为树枝状,另一种呈细小的点状。由测量的树枝相和基体的显微硬度值与 TiC 和 Ti-6Al-4V 合金的显微硬度值比较,并且结合 XRD 分析结果可以断定,两种不同形态的析出相都是 TiC 颗粒。从图 3-16(c) 和 (d) 还可以看出,点状 TiC 颗粒分布在晶界和三角晶界处。图 3-17(a) 显示出具有清晰二次和三次枝晶轴的发达的 TiC 相。而在图 3-16 观察到的点状 TiC 却多呈圆棒状,部分呈片状,如图 3-17(b) 所示。

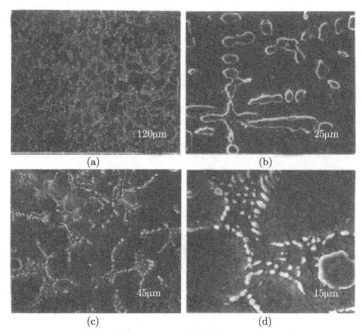

图 3-16　Ti-6Al-2C 复合材料的微观组织 (SEM)

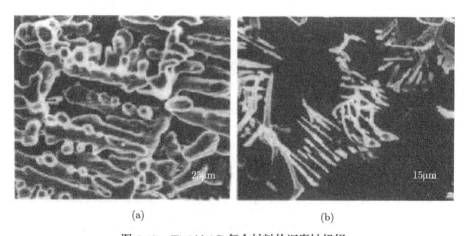

图 3-17　Ti-6Al-2C 复合材料的深腐蚀组织

3.4.3　凝固过程对复合材料微观结构的影响

对于第一组直接用碳黑和海绵钛制备复合材料时，原材料在加热过程中通过自蔓延高温合成反应，钛和碳反应形成 TiC，形成的 TiC 溶解于钛熔体中并在凝固过程中重新生核和长大，形成颗粒状或枝晶状 TiC。工艺二中直接加 TiC 粉时也发生 TiC 的溶解和重新析出。图 3-18 所示为原材料中 TiC 的 SEM 像及 XRD

3.4 TiC/Ti 复合材料的制备及微观结构

谱,与复合材料中 TiC 相比颗粒形态完全不同,原材料中的 TiC 为细小球状,直径为 2~3μm,而复合材料的 TiC 形态为发达的枝晶状或短棒状。图 3-18(b) 与图 3-9 及 TiC 标准衍射谱相比,也存在差异。原材料中 TiC 的 XRD 谱与标准谱接近,但 Ti-6Al-2C 合金中 TiC 衍射峰明显右移,晶格常数变小。表明复合材料中的 TiC 不是原材料中所加的 TiC,而是合金凝固过程中自生的。从 Ti-C 相图可知,熔炼温度超过 1648℃(含碳量超过共晶点时,此温度也随液相线升高) 时,以单相存在,即所加的 TiC 会溶解到钛合金中。证明上述分析是正确的。

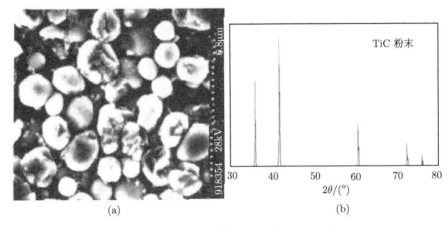

图 3-18 TiC 粉的 SEM 像和 XRD 谱

而对于第三组制备的 TiC/Ti 复合材料,在 Ti-Al-C 三元相图中,Ti-6Al-2C 的成分点在液相面处于 TiC 和液相区;在 1300℃等温截面上处于 β-Ti 相和 TiC 两相区,因此可以判断,其结晶过程为

$$L \longrightarrow L + TiC_{primary}$$

$$L \longrightarrow \beta\text{-}Ti + TiC_{eutectic} \qquad (3\text{-}4)$$

$$\beta\text{-}Ti\text{-} \longrightarrow \alpha\text{-}Ti$$

室温组织应为初生 TiC 和 TiC 与 α-Ti 的共晶体。TiC 为面心立方结构,(1 1 1) 晶面为密排面,根据液固界面结构判据

$$\alpha = \frac{\Delta H^0}{\kappa T_m} \cdot \frac{\eta}{\gamma} \qquad (3\text{-}5)$$

式中,ΔH^0 为结晶潜热;κ 为玻尔兹曼常量;T_m 为熔点 (K);η 为表面层的配位数;γ 为配位数。可知当 $\alpha \leqslant 2$ 时,固液界面为粗糙界面,其生长方式将以连续生长方式为主。TiC 的 α 的计算值最大为 1.87,小于 2,表明 TiC 固液界面为粗糙

界面，其生长方式以连续生长方式为主。所以结晶界面一旦出现局部凸出生长，由于前沿存在较大的过冷度，凸出将继续生长到合金液中，并且在其两侧进一步生长出二次晶臂以至三次臂，所以初生的 TiC 为树枝晶组织。当合金液的温度降至共晶温度时，共晶反应生成 β-Ti 和 TiC 共晶组织，基体相 (Ti) 为金属相，因此它们的生长形式是金属–金属型，即粗糙–粗糙界面，其组织形态多为层片状纤维状 (棒状)。当二相中的某一相的体积分数小于 30% 时，则共晶中的该相以棒状生长界面能最低，有利于生成棒状共晶组织。在 Ti-6Al-2C 中的共晶生长中，共晶 TiC 的体积分数约为 10vol%，小于 30vol%，因此在本实验中所获得的共晶组织为棒状共晶组织。

当 Al 含量为 13% 时，材料中 TiC 的形貌与含 6%Al 时的基本相同，仍为粗大的、发达的树枝状或细小的短棒状 TiC，但 TiC 枝晶尺寸有所减小。Al 含量达到 25% 时，TiC 的二次和三次枝晶臂已消失，一次枝晶臂也变短 (图 3-19(a)、(b))。当 Al 含量达到 35% 时，树枝状 TiC 完全消失，只有短棒状或薄片状的 TiC(图 3-19(c)、(d))。由此可见，随着 Al 含量的增加，TiC 形貌由发达的树枝状变为不发达的树枝状，又变为短棒状或薄片状。

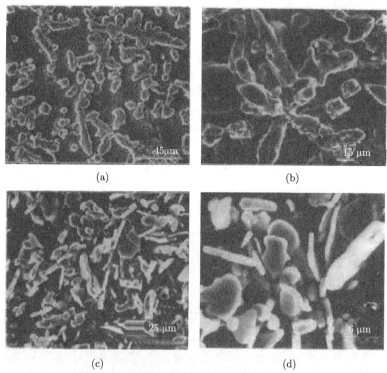

图 3-19　Al 含量不同时复合材料的显微组织
(a)、(b)25%Al；(c)、(d)35%Al

3.4 TiC/Ti 复合材料的制备及微观结构

在 Ti-Al-C 三元相图中，尽管 Al 含量为 13%时的成分在 1000℃的等温截面中处于 TiC、α-Ti 和 P 相 (Ti_3AlC_{1-x}) 三相区，室温组织应为 TiC、α-Ti 和 P 相 (Ti_3AlC_{1-x})，但是 Ti_3AlC_{1-x} 为不稳定相，又因为冷却快，实际获得的合金的相组成仍为 TiC 和 α-Ti。当 Al 含量为 25%时，在 1300℃的等温截面处于 Ti 和 H(Ti_2AlC_{1-x}) 两相区，在 1000℃的等温截面中处于 TiAl、Ti_3Al 和 H(Ti_2AlC_{1-x}) 三相区。当 Al 含量升高到 35%时，在 1300℃和 1000℃等温截面上都处于 TiAl 和 H 两相区，因此相组成分别为 TiC、TiAl、Ti_3Al 和 H(Ti_2AlC_{1-x}) 三相以及 TiAl 和 H 两相。然而实验获得的复合材料的基体组织却分别为 α-Ti、Ti_3Al 和 TiAl、Ti_3Al，其原因可能仍然是冷却速度快造成非平衡凝固，不过此时已无共晶 TiC 析出。从以上的分析可知，在材料的凝固过程中初生 TiC 的凝固界面前沿会产生 Al 原子的富积。当富积的 Al 原子达到一定浓度时，将阻碍 TiC 枝晶的生长，并且随着 Al 含量的增加，元素在界面前沿形成的富积就越严重，对 TiC 枝晶生长的阻碍作用也更为强烈，造成 TiC 形貌随着 Al 含量的增加由发达的树枝晶转为不发达的树枝晶以至短棒状或片状的组织。另外，由于复合材料的冷却速度较快，所有材料的实际组织在不同程度上偏离平衡凝固组织。

3.4.4 Cr、Mo 和 TiC 组分对复合材料微观结构的影响

本小节以 Qi 等对铸造 TiC 增强钛基复合材料的研究为例，介绍基体材料中的 Cr、Mo 和 TiC 增强相组分对复合材料微观结构的影响。表 3-5 给出了研究所用的 5 组钛基复合材料所用的基体成分和增强相组分。

表 3-5 几种钛基复合材料的基体成分和增强相组分

名称	基体成分	TiC 体积分数/vol%
TMC1	Ti-6Al-3Sn-3.5Zr-1.5Mo	10
TMC2	Ti-6Al-3Sn-9Zr-1.5Mo	10
TMC3	Ti-6Al-3Sn-3.5Zr-0.4Mo	10
TMC4	Ti-6Al-3Sn-3.5Zr-0.4Mo	20
TMC5	Ti-6Al-3Sn-9Zr-0.4Mo	20

图 3-20 为五种钛基复合材料的微观组织结构。可以看出，增强相在材料内部分布均匀，但在某些局部区域存在 TiC 颗粒聚集。通过图像分析发现，五种钛基复合材料内的 TiC 体积分数分别为 9.6vol%、9.4vol%、10.7vol%、19.2vol%和 21.4vol%，与设计值较为吻合。对于 TMC1(图 3-20(a))，TiC 颗粒呈现两种形态：等轴或近似等轴以及细杆和颗粒状。等轴或近似等轴状的 TiC 颗粒为初生 TiC，细杆及颗粒状为结晶 TiC 颗粒，通过共晶反应 L⟶ β-Ti + $TiC_{eutectic}$ 形成，其中初生 TiC 体积分数约为 5.6vol%。基体材料呈现为编织形的层状结构，其中 α 相片状结构的宽度约为 1.4μm。

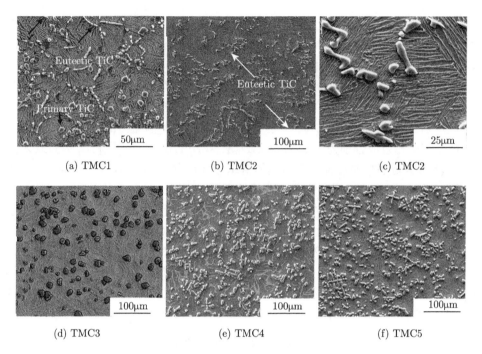

图 3-20　五种钛基复合材料的微观组织 SEM 照片

从图 3-20(b) 可以看出，当基体中的 Zr 含量增加至 9%时，TiC 特征发生了明显的变化。TMC2 中几乎没有初生 TiC，结晶 TiC 主要为细杆状和条状。由此可见，基体中 Zr 元素的增加能促进结晶 TiC 的析出。TMC2 的基体特征 (图 3-20(c)) 与 TMC1 类似，其中 α 相片状结构的宽度约为 1.3μm，说明基体中 Zr 元素对基体细观组织没有明显的影响。根据 Ti-Zr 的二元相图可知，Zr 元素可以无限地溶入 Ti 基体，Zr 元素的溶解能降低钛合金的液相温度，从而导致固液界面前沿过冷度的退化，过冷度的降低不利于初生 TiC 的生长。当熔化温度低于结晶温度时，结晶 TiC 将会析出，即 TMC2 促进了结晶 TiC 的析出。

TMC3 中的增强相主要为初生 TiC，其呈现为等轴或近乎等轴状 (图 3-20(d))。这种复合材料的基体相依旧为层状结构，但是 α 相片状结构的取向杂乱无章。跟 TMC1 相比，初生相 TiC 的体积分数和 α 相片状结构的尺寸都随着 Mo 元素含量的降低而增加，这说明 Mo 元素对复合材料基体的微观组织和 TiC 的形状有显著的影响。

对于 TMC4 复合材料，绝大多数 TiC 颗粒为等轴或近乎等轴状，另外一些 TiC 颗粒表现为树突状 (图 3-20(e))。可以看出，这种复合材料的基体相呈现出一定程度的层状结构，但没有表现出聚集现象。研究指出，高含量的 TiC 颗粒不利于平行于特定晶界面 α 相的生长。TMC5 复合材料的基本微观组织 (图 3-20(f)) 和

TMC4 类似，但是 TMC5 中的颗粒尺寸要明显小于 TMC4。导致这一变化的原因是 Zr 元素含量的增加，限制了初生相 TiC 的生长。

3.5 TiB/Ti 复合材料的制备及微观结构

本节以蔡海斌等对原位合成 TiB 增强钛基复合材料的研究、李九霄对 (TiB+La_2O_3) 增强高温钛基复合材料的研究为例，介绍两组不同的 TiB/Ti 复合材料的制备以及它们的微观结构。

3.5.1 TiB/Ti 复合材料的制备

本节中第一组 TiB/Ti 复合材料的制备选用的原材料是纯钛粉末和 TiB_2 粉末，纯钛粉末粒度为 200 目，纯度 >99.0%，TiB_2 陶瓷粉末的平均粒度为 5.6μm，Ti 粉末和 TiB_2 粉末的形貌如图 3-21 所示，从图中可以看出，纯钛粉末颗粒呈近似球状，而 TiB_2 粉末颗粒呈片状。

(a) 纯钛粉末   (b) TiB_2陶瓷粉末

图 3-21 纯钛粉末和 TiB_2 陶瓷粉末的 SEM 照片

本试验的研究目标材料成分为 10vol% TiB/Ti 复合材料。配制混合粉末共 1000g，其中纯钛粉 939.5g，TiB_2 粉 60.5g。首先将纯钛粉末与 TiB_2 陶瓷粉末进行机械混合，然后在氩气保护气氛下进行球磨，球磨机转速为 200r·min^{-1}，球料比为 20:1，球磨时间为 10h；球磨完成后将粉末进行冷压，压力为 400MPa；随后对冷压坯进行真空烧结，取 5 个试样分别在 900℃、1000℃、1100℃、1200℃、1300℃下进行真空烧结，并且在每个烧结温度下均保温 1.5h，烧结过程中真空度始终控制在 10^{-3}Pa 左右。

第二组复合材料为 TiB 和 La_2O_3 增强的钛基复合材料，采用原位自生法制备，以下面的反应式为基础：

$$12Ti + 2LaB_6 + 3[O] =\!=\!= 12TiB + La_2O_3 \tag{3-6}$$

在钛的熔点以下，式 (3-6) 反应的标准吉布斯自由能 ΔG 为负值，热力学上可行，式 (3-6) 反应的标准反应焓 ΔH 也为负值，说明式 (3-6) 反应时放出大量的热。以往的研究表明，增强体和稀土元素添加过多都会对复合材料的性能不利，本次研究的增强体体积百分含量为：La_2O_3=0.528vol%，TiB=1.26vol%。为了保证材料化学成分的均匀，材料在真空自耗电弧炉中进行了三次熔炼。材料为合金加 LaB_6，合金成分：Ti-6.6Al-4.6Sn-4.6Zr-0.9Nb-1.0Mo-0.32Si；反应式 (3-6) 在熔炼过程中发生。

3.5.2　TiB/Ti 复合材料的相分析和微观结构

在大多数研究者用熔铸法制备的钛基复合材料中，TiB 主要以针状或晶须状存在，个别情况下呈棒状或其他形态，纵横比很大，端面呈六边形或其他多边形。用粉末冶金方法制备的钛复合材料中，TiB 晶须为长针状，经热压变形后 TiB 晶须在基体内沿挤压方向均匀排列，有的 TiB 晶须在热压缩时转动和折断。通过快速凝固和预先固化热处理可得到等轴状 TiB。用燃烧合成法制备时可通过热力学计算选择非化学计量比的等轴状 TiB。用 PHIP 法制备的钛复合材料中，TiB 呈板状。图 3-22 为熔铸法制备的钛基复合材料中，硼化物的存在方式及典型形态。图 3-22(a) 和 (b) 为复合材料中的共晶 TiB 和初生 TiB 形态，图 3-22(c) 和 (d) 为复合材料中细棒状 TiB_2 和块状 TiB_2。影响硼化物存在形式的最大因素为含铝量，其次为含碳量。

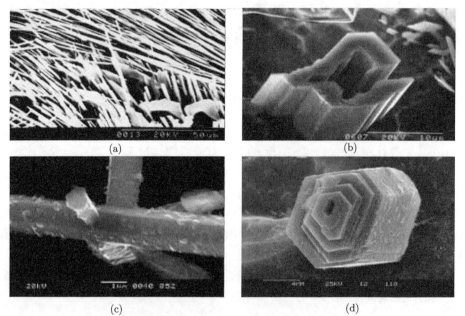

图 3-22　用熔铸法制备的复合材料中硼化物的组成及形态

3.5 TiB/Ti 复合材料的制备及微观结构

对于本节中第一组制备的复合材料，采用 NEOPHOT-2 型金相显微镜观察复合材料的显微组织，采用 PHILIPS(Xpert MRD)X 射线衍射仪检测分析烧结过程中增强颗粒 TiB 的生成情况，在 JEOL-2000FX 透射电镜上观察复合材料的显微组织。

图 3-23 对比了 10h 球磨粉末和经 1300℃真空烧结后试样的 XRD 图谱。从图中可以看出，球磨态粉末中只包括基体 Ti 和 TiB_2 陶瓷粉末的衍射峰，没有发现 TiB，这表明在球磨过程中不会发生反应生成 TiB；随后将该球磨粉末真空烧结至 1300℃后，TiB_2 的衍射峰完全消失，出现了明显的 TiB 的衍射峰。这表明在真空烧结加热的过程中，TiB_2 陶瓷粉末与基体钛在高温 1300℃下发生原位反应，TiB_2 完全反应生成增强相 TiB。

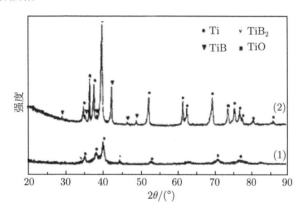

图 3-23 10h 球磨粉末 (1) 和经 1300℃烧结后 (2) 试样的 XRD 图谱

图 3-24 比较了不同温度真空烧结后试样的 XRD 图谱结果。从图中可以看出，900℃烧结后衍射图谱中已基本没有 TiB_2 的衍射峰，相反，出现了 TiB 的衍射峰，这说明 900℃时 TiB_2 与 Ti 已经发生反应了；随着烧结温度的升高，从衍射图谱中观测不到 TiB 衍射峰强弱的变化；当温度升高到 1300℃后，TiB 衍射峰的强度明显提高。这表明 1300℃可使 TiB_2 发生完全反应。此外，从图中可见，衍射图中有少量的 TiO 峰，这与原材料在制备过程中的氧化有关。

图 3-25 为经过 10h 球磨后混合粉末和混合粉末经过 1300℃真空烧结后的金相照片。从图中可见在经过机械球磨 10h 后，加入的 TiB_2 陶瓷粉末在基体钛粉末中分布均匀；球磨粉末经过冷压成型、1300℃真空烧结后，材料中发生原位反应生成了 TiB 晶须 (图中箭头所指)，TiB 晶须增强体细小，在基体中分布均匀，图中右下角处较长的晶须尺寸约为 60μm。图 3-26 为经过 1300℃真空烧结后复合材料的 TEM 照片，从图 3-26(a) 中可以看出，晶须直径约为 0.5μm，对其进行选区电子衍射分析 (图 3-26(b))，判定该晶须为增强相 TiB；图 3-26(c) 为基体电子衍射花样，

根据衍射结果,判定基体为 Ti。由此可见,通过原位反应生成的增强相 TiB 呈晶须状,增强相与基体界面平整、干净,无明显的反应产物。

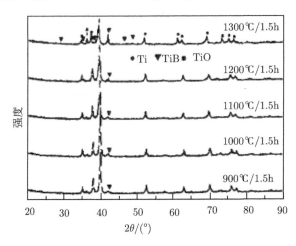

图 3-24　不同烧结温度下试样的 XRD 图谱

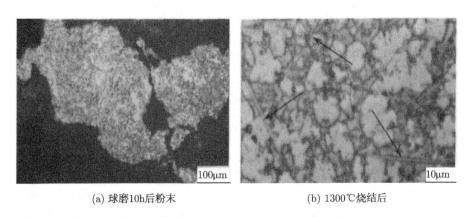

(a) 球磨10h后粉末　　　　　(b) 1300℃烧结后

图 3-25　球磨 10h 后粉末与 1300℃烧结后试样的金相照片

(a)TEM照片　　　　(b) TiB衍射花样　　　　(c) Ti基体衍射花样

图 3-26　1300℃真空烧结后 TiB/Ti 复合材料的 TEM 照片

3.5 TiB/Ti 复合材料的制备及微观结构

对于制备的第二组钛基复合材料,利用日本理学 Rogaku D/max 2550V 全自动 X 射线衍射仪检测复合材料铸锭的相组成;利用莱卡 Leica(MEF4A/M) 光学金相显微镜观察复合材料铸锭的组织以及加工过程中的组织变化;利用 JEM200-CX 透射电子显微镜观察增强体的微结构。

图 3-27 为制备的复合材料在制备完成后铸态试样的 X 射线衍射图谱。从图中只观察到 α 相与两种增强体 TiB 和 La_2O_3 的衍射峰,没有观察到 LaB_6 和 TiB_2 的衍射峰,说明反应物与基体合金中过量的 Ti 完全反应生产了所需要的增强体。成功制备出了所设计的钛基复合材料。

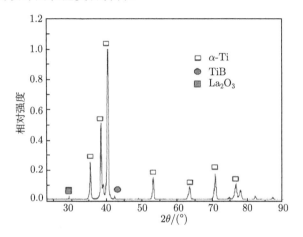

图 3-27 复合材料铸锭的 X 射线衍射图

图 3-28 为复合材料铸锭纵截面的显微组织,取自纵截面的边缘、直径的 1/4 处和中心位置,分别示于图 3-28(a)~(c)。从多个显微组织观察得出,复合材料铸态组织为粗大的魏氏组织,且组织均匀,增强体 TiB 短纤维长径比较大,无方向性随机分布,分布均匀。图 3-29 为复合材料热加工后的显微组织。经过在 β 相区三个不同温度等温快锻和 α+β 两相区一次等温快锻到 ϕ170mm 以后,α 相变得粗短,并沿加工方向流动。再次在 α+β 两相区等温快锻到 ϕ70mm 后,α 相变得更粗大。热加工过程中,增强体 TiB 短纤维断裂长径比变小,并向加工方向旋转,最终沿加工方向排列。

图 3-30 为复合材料热加工后的增强体透射电镜照片。图 3-30(a) 为热加工后 La_2O_3 颗粒的透射电镜照片,La_2O_3 为颗粒状,直径 200~500nm。由于在 β 钛中稀土元素的固溶度大大高于在 α 钛中的固溶度,纳米级的稀土氧化物颗粒会在凝固过程中析出,在基体中弥散分布,在几何学上大多数稀土氧化物是对称的晶体结构,当稀土元素含量较小时,稀土氧化物一般为球状。图 3-30(b) 为热加工后 TiB 的透射电镜照片,TiB 为长条状,这是因为 TiB 是横截面为六边形的 B27 结构,其

沿 [0 1 0] 晶向的生长速度远高于沿其他晶面的，故 TiB 长径比高，呈细长状。从图 3-30 中观察到增强体 TiB 短纤维或 La_2O_3 颗粒与基体界面都很清晰、洁净。

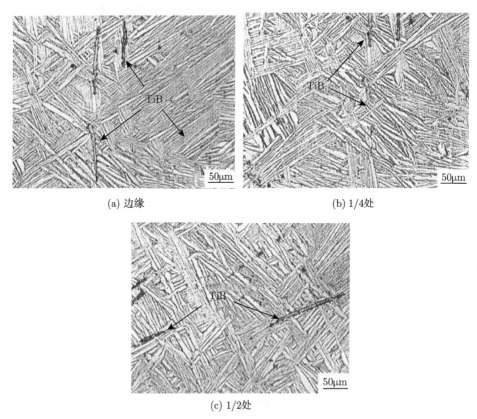

图 3-28　复合材料铸锭纵截面的显微组织

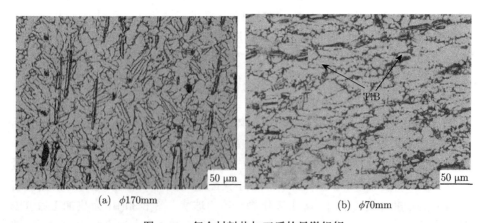

图 3-29　复合材料热加工后的显微组织

3.6 (TiB+TiC)/Ti 复合材料的制备及微观结构

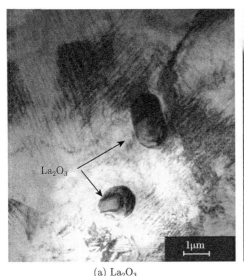

(a) La$_2$O$_3$ (b) TiB

图 3-30 复合材料热加工后的增强体透射电镜照片

3.6 (TiB+TiC)/Ti 复合材料的制备及微观结构

本节以吴芳对 (TiB+TiC) 增强高温钛基复合材料的研究、周鹏对粉末冶金原位自生 (TiB+TiC)/Ti-6Al-4V 复合材料的研究为例，介绍两组 (TiB+TiC)/Ti 复合材料的制备以及它们的微观结构。

3.6.1 (TiB+TiC)/Ti 复合材料的制备

本节中第一组 (TiB+TiC)/Ti 复合材料的制作流程如下：根据熔炼时钛合金与 B$_4$C 粉、碳粉原位反应制备 TiC 和 TiB 混合增强高温钛基复合材料。首先根据所需复合材料的体积分数和原位反应时的反应方程计算所需原材料的质量，用非自耗电极电弧炉熔炼制备不同体积分数的钮扣锭。根据钮扣锭组织及性能分析结果，确定某一体积分数的复合材料，利用水冷铜坩埚真空感应凝壳熔炼炉 (ISM) 制备大尺寸的 (TiC+TiB) 增强高温钛基复合材料铸锭。分析 (TiC+TiB) 增强高温钛基复合材料铸态的组织。选用的基体材料为近 α 型的高温钛合金，其名义成分为 Ti-6Al-3Sn-4Zr-0.7Mo-0.3Si-0.3Y，其中 Al 为 α 稳定化元素，Mo、Si 为 β 稳定元素，Zr 和 Sn 为中性元素，并添加了少量的稀土元素 Y。选用海绵钛纯度可达到 99.9%。铝、锡、锆、硅的纯度都可达到 99.9%。Y 和 Mo 以 Al-Y 和 Al-Mo 中间合金的形式加入。增强体生成元素由碳化硼粉和碳黑粉提供。反应式如下：

$$Ti + C = TiC \tag{3-7}$$

$$5Ti + B_4C = TiC + 4TiB \tag{3-8}$$

首先将碳化硼粉、碳黑粉、硅粉压制成圆块,再将其与海绵钛,高纯铝、硅、锡,Al-Y 和 Al-Mo 中间合金放入非自耗电弧炉中熔化。熔炼前需要将熔炼炉内抽真空,一般抽至小于 6×10^{-3}Pa,并充入一定量的氩气进行保护。为确保制得的复合材料增强相与基体分布均匀,采用交流电磁搅拌,并使用机械手臂翻转使材料多次熔化,制成 (TiC+TiB) 增强钛基复合材料钮扣锭,每个钮扣锭质量约为 60g。分别制得 0.5vol%、1vol%、2.5vol%、5vol%、7.5vol%、10vol% 的钮扣锭。不同体积分数的钮扣锭要确保熔炼过程中的熔化时间、所能达到的电流强度及采用的冷却方式都一样。钮扣锭用于初步分析复合材料的组织,从而优化增强体的体积分数。第二步,采用 ISM 制备大尺寸的 (TiC+TiB) 增强钛基复合材料铸锭。水冷铜坩埚感应炉熔炼时,感应圈产生的磁场穿过坩埚在原材料中产生感应热进行熔化,该磁场对液态的金属熔池起搅拌作用,提高了感应熔炼的效率,使金属熔体成分均匀,也避免了杂质的污染。为了防止一些合金元素在熔炼过程中的挥发从而改变材料的成分配比,对 Zr、Sn、Al 进行 6%~8% 的质量补偿。通过 ISM 熔炼可浇注制得大尺寸 (TiC+TiB) 增强高温钛基复合材料铸锭。为减小感应熔炼凝固过程中形成的成分偏析,对 TiB 和 TiC 混合增强高温钛基复合材料铸锭在 800°C下进行了 24h 的均匀化退火处理。

本节中第二组 (TiB+TiC)/Ti 复合材料所采用的实验原料均为高纯粉末,包括:金属灰色的纯 Ti 粉和 Ti64 粉,黑色的 B_4C 和石墨粉。其中纯 Ti 粉和 Ti64 粉由气体雾化法制得,球形率和松装密度高、流动性好、氧含量低。B_4C 和石墨粉末的微观形貌如图 3-31 所示,粉末原料的性能参数如表 3-6 所示。

 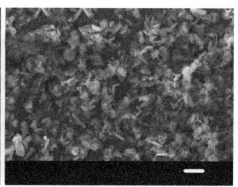

(a) B_4C粉末 (b) 石墨粉末

图 3-31 粉末原料的显微形貌

3.6 (TiB+TiC)/Ti 复合材料的制备及微观结构

表 3-6 粉末原料的性能参数

粉末	平均尺寸/μm	纯度/%	含氧量/wt%	粉末形状
Ti	45~75	>99.4	0.3	Spherical
Ti64	45~75	>99.6	0.19	Spherical
B_4C	5~10	99		Spherical
C	5~7	98.5		Spherical

材料制备步骤如下：

(1) 备料。将原料 B_4C 粉末和石磨粉末置于烘箱中，在 423K 温度下进行烘干处理。

(2) 混料。纯 Ti 粉和 Ti64 粉为真空包装，为防止其被氧化，在隔绝空气的情况下称量。分别将各种原料粉末按设计的质量配比进行称量并简单混合。混料方法采用湿法机械球磨，将混合粉末置于玛瑙球磨罐中，在球磨罐中加入丙酮直至覆盖混合原料，再充入保护气体 Ar，在球磨机上进行球磨混合。球料比 (质量比) 约为 2:1，球磨时间为 24h。混料完成后，完全除去丙酮，真空包装混合原料。

(3) 热压。将混合粉末装入真空热压炉模具中，采用的热压炉为 HZK-25 型真空热压炉，其真空度为 1.33Pa，最高工作温度可达 2000℃，最大压力为 15t。模具为圆柱状，底面直径为 60mm，高度可调节。本研究中设计的样品理论高度为 20mm。烧结工艺参数如下：压强 50MPa，最高温度为 1200℃，升温速率为 $10℃·min^{-1}$，保温时间初步选择 1h 和 3h，通过微观分析来判断原料是否反应充分，以及所制备的复合材料是否理想。烧结束后，减压并随炉冷却。

(4) 锻造和热处理。为消除热压过程中产生的孔隙等缺陷，优化微观组织结构，对材料进行热锻。锻造设备为湖州机床厂的 YA32-315 液压机，公称力为 315T。锻造温度为 1000℃，材料变形量在 50% 以上。然后再对材料进行退火处理，以消除锻造应力，细化晶粒，提高材料性能。

(5) 样品制备与测试。按标准对材料进行线切割，再进行各种表征分析。

3.6.2 (TiB+TiC)/Ti 复合材料的相分析和微观结构

对于本节中制备的第一组复合材料，采用 D/max-B 型 X 射线衍射仪对 (TiC+TiB) 增强高温钛基复合材料进行物相分析。试样尺寸为 $\phi15mm×2mm$ 圆片或 $10mm×10mm×2mm$ 方块，用水砂纸磨到 1000 目。实验条件为：电压 40kV，电流 40mA，使用 Cu 靶，衍射范围 20°~100°，步长 0.02，每步 0.5s。采用 OLYMPUS-TH3 光学显微镜观察 (TiC+TiB) 增强高温钛基复合材料的金相组织。试样用水砂纸磨到 2000 目，采用 Cr_2O_3 水溶液进行抛光，用 Kroll 溶液 ($5\%HNO_3+3\%HF+92\%H_2O$) 腐蚀试样表面，腐蚀时间为 10~15s。采用 S-4700 型扫描电镜观察 (TiC+TiB) 增强高温钛基复合材料的二次电子相 (SEM) 和背散射电子相 (BSE)，并用其

进行能谱 (EDS) 分析,试样的制备方法与金相试样相同。

图 3-32 为本研究中采用非自耗电极电弧熔炼制备的不同体积分数的 TiC 和 TiB 混合增强钛基复合材料 X 射线衍射图谱。从图中可以看到,只有 Ti、TiC 和 TiB 三相存在,无 B_4C、TiB_2 等其他相的衍射峰出现。体积分数小于 2.5vol%时 TiC 和 TiB 的衍射峰基本看不到。随着增强体体积分数的增加,TiC 和 TiB 的衍射强度也有所增强。XRD 的结果表明,可以利用非自耗电极电弧熔炼制备 (TiB+TiC) 增强高温钛基复合材料。

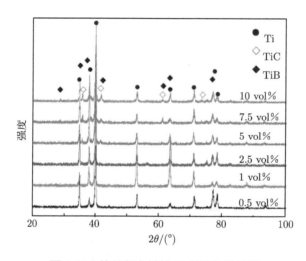

图 3-32　钛基复合材料 X 射线衍射图谱

图 3-33 为熔铸法制备的不同体积分数的复合材料 SEM 组织照片。由图可以看出增强体较为均匀地分布在基体上。增强体的形态有等轴状或近似等轴状、针状、棒状及树枝晶状。熔铸法制备钛基复合材料时,增强体的形态取决于凝固过程和增强体的晶体结构。有研究指出,TiB 为 B27 有序斜方结构,原子结合强度具有高度的非对称性,形核与长大时,优先沿着 [0 1 0] 方向生长,所以形成针状或棒状,而 TiC 为有序面心立方结构,碳的原子和钛的原子空间上呈中心对称,原子间的自由结合能表现出很高的各向同性,导致 TiC 在形核时在各个方向上的生长速度都一样,故形成一种呈中心对称的结构,形态上表现为等轴或近似等轴状,由 Ti-C 二元相图可知,C 的含量较高时,液相线比较陡,此时比较容易形成成分过冷,使得 TiC 长成树枝晶状。由图 3-32 可知 TiB 的尺寸大小不一,长度最小的只有 10μm,最长的可达到 50μm,直径约为 2μm,长径比为 5~25。随着增强体体积含量的增加,复合材料中 TiC 的形态发生了变化。在增强体体积分数小于 5vol%的复合材料中,TiC 主要呈现等轴或近等轴状的颗粒,7.5vol%复合材料中,部分 TiC 呈现出树枝状,体积分数为 10vol%时,增强体 TiC 枝晶变得更加粗大。

3.6 (TiB+TiC)/Ti 复合材料的制备及微观结构

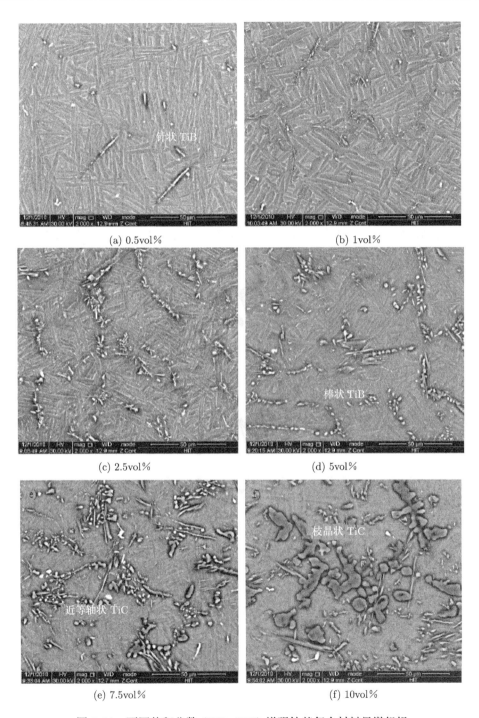

图 3-33 不同体积分数 (TiB+TiC) 增强钛基复合材料显微组织

选取 2.5vol%和 7.5vol%(TiC+TiB) 增强钛基复合材料进行能谱分析，能谱分析结果如图 3-34 和表 3-7 所示。A、C 点碳的含量较高，为颗粒状和树枝晶状的 TiC。B、C 点硼的含量相对较高，所以是棒状和针状的 TiB。从图中也可见 TiC 和 TiB 界面处洁净，无其他产物生成。

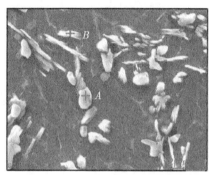
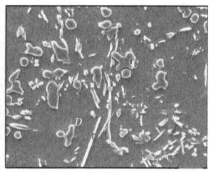

(a) 2.5vol%　　　　　　　　　　(b) 7.5vol%

图 3-34　不同体积分数 (TiB+TiC) 增强钛基复合材料能谱分析

表 3-7　不同位置的元素成分　　　　　　　　(单位: at%)

位置点	Ti	Al	C	B
A	82.57	2.24	12.77	2.42
B	81.47	3.73	3.31	12.69
C	88.56	1.09	9.65	0.69
D	86.13	2.56	2.51	8.79

图 3-35 为不同体积分数复合材料金相组织照片。由图可见增强体较为均匀地分布在基体中，复合材料的基体为具有网篮特征的 α+β 层片状组织，其中白色层片为 α 相，夹在 α 相中间的黑色窄条为 β 相，增强体既有在晶界处生成的也有在晶内生成的。TiC 和 TiB 增强体一定程度上限制了基体中的 α+β 层片的生长，所以随着增强体体积分数的增加，层片的长度有所变短，层片宽度也有一定的减小。

对于本节制备的第二组复合材料，用线切割切取少量材料，用水磨砂纸和金相砂纸磨平，然后用日本理学 RogakuD/max 2550V 全自动 X 射线衍射仪对材料进行物相分析。测试条件为：采用 Cu 靶 Ka 辐射 (λ=0.154)，电压 40kV，电流 150mA，石墨单色器滤波，采用步进方式扫描，步长为 0.02°，扫描角度取 20°～80°。金相试样首先在金相预磨机上水磨，依照从粗到细的原则，一直用到 1000#Al_2O_3 水磨砂纸，然后在金相砂纸上从 1# 到 5# 进行细磨；最后在高速抛光机上抛光，使用的

3.6 (TiB+TiC)/Ti 复合材料的制备及微观结构

是 Cr_2O_3 磨料和水的悬浊液。腐蚀剂选用氢氟酸、硝酸和水的混合溶液,浓度和腐蚀时间随材料的不同而变化。金相组织观测在莱卡 Leica(MEF4/M) 金相显微镜上进行。微观组织形貌分析以及微区成分分析利用配有能谱仪 EDAX 的场发射扫描电子显微镜 (SEM,FEI SIRION 200) 和电子探针 (INCA OXFORD) 进行观察。试样使用的是金相试样,为了更清楚地观察增强体形貌,适当增加了腐蚀时间。

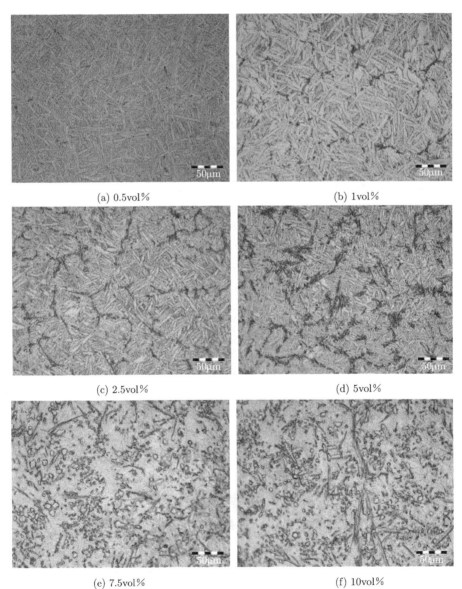

图 3-35 不同体积分数复合材料显微组织

通过粉末冶金方法制备了 Ti64 基体合金和两种不同含量增强相的 (TiB+TiC)/Ti-6Al-4V 钛基复合材料，对三种材料进行 XRD 分析，其相组成结果如图 3-36 所示。由图中可知：Ti-6Al-4V 基体中有 Ti 和 Ti_3Al 相存在，其中 Ti_3Al 相是由原料中的 Ti 和 Al 在反应中形成的合金相；在所制备的复合材料中 (TMC1 和 TMC2) 只有 Ti、Ti_3Al、TiB 和 TiC 四种相存在，没有其他的相存在。两种复合材料的衍射峰的区别是其强度随增强体体积分数的增加而增强。由此可知，在复合材料的热压过程中发生了反应：

$$8Ti + B_4C + 3C = 4TiB + 4TiC \tag{3-9}$$

初始反应物石墨和 B_4C 的衍射峰消失而生成了 TiB 和 TiC 相，这说明利用热压法在所选的工艺条件下制备不同体积分数的原位自生 TiB 和 TiC 增强的钛基复合材料是一种切实可行的方法。同时，当增强体含量增加时，基体衍射峰的相对强度降低，而其半高宽增大。在同一衍射角 θ 的位置上，当晶粒尺寸 d 变小时，衍射峰的半高宽 D 则相应地变大，说明基体衍射峰宽化的原因是晶粒细化。通过比较可以看出，增强体含量分别为 10%(TMC2)、5%(TMC1)、0(Matrix) 的 Ti 相的衍射峰半高宽递减，这说明在粉末冶金原位自生钛基复合材料中，生成的 TiB 和 TiC 陶瓷颗粒相阻碍了晶粒的长大，从而使基体晶粒细化。

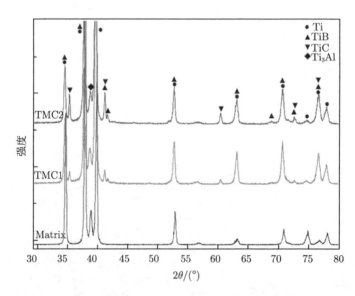

图 3-36　钛合金基体与钛基复合材料的 XRD 图

图 3-37 为复合材料 TMC1 和 TMC2 的样品未腐蚀时的金相照片。由图可知，粉末冶金钛基复合材料是致密的，材料中几乎没有孔隙存在。原位合成的增强相和

基体界面干净，结合良好；增强体从宏观上看分布均匀 (图 3-37(a)、(c))，从局部看存在偏聚和分散两类，偏聚的增强相常交叉连接，形状和取向不规则，往往呈长条状和块状，而分散的增强相主要为等轴状、近等轴状或针尖状。增强体的体积分数增加后，偏聚的长条状和块状的增强体更多更大。

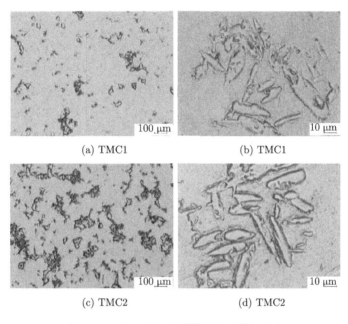

(a) TMC1　　(b) TMC1

(c) TMC2　　(d) TMC2

图 3-37　复合材料中增强相的形貌与分布

图 3-38 为钛合金基体和两种钛基复合材料的样品经过腐蚀后的金相照片。由图可知，基体为典型的网篮状组织，层片状 α 相在初生 β 相中有序排列，单个层片束取向相同，大量层片束取向多次重复。对比试样 1、2、3 的金相照片可发现，增强相加入后，基体的晶粒大小有了明显的改善，原位合成的 TiB 和 TiC 陶瓷颗粒相阻碍了基体晶粒的长大。为了得到增强体的更精细的形貌特征和分析其成分，用扫描电镜对钛基复合材料中的增强体进行了进一步观察。通过扫描电镜，可以更清楚地观察到增强体的形貌，图 3-39 为试样 2 及其增强体的场发射扫描电镜图像。其中，(a) 和 (b) 为试样 2 的 1000 倍和 2000 倍电镜图像，(c)~(f) 为试样 2 的四种增强体的微观形貌图像。由图 3-39(a) 和 (b) 可以看出，增强体的分布和形状不规则，有零散分布的，主要呈等轴状或近等轴状和针尖状 (图中的 "A" 和 "B")；也有堆聚在一起的，主要呈长条状和块状 (图中的 "C" 和 "D")。堆聚在一起的增强相往往交叉相连，形状很不规则，取向各异，且体积较大。等轴状或近等轴状的增强体 "A" 为石墨和 Ti 反应生成的 TiC；针尖状的增强体为 TiB 的典型形状，故增强相

"B"为B_4C和Ti反应生成的TiB。为了确定"C"和"D"的成分,对其进行了能谱分析。图3-40为对增强体"C""D"进行能谱分析时增强体的形貌和电子探针的位置显示。结果表明,长条状的增强体"C"和块状的"D"的成分都包含Ti、C、B三种元素。由B_4C和Ti的反应式可知,该反应的最终产物为TiB和TiC,故这两类增强体主要由B_4C和Ti反应生成的TiB和TiC混合而成。而且,其中B元素的含量多于C元素,即TiB的含量要多于TiC的含量。

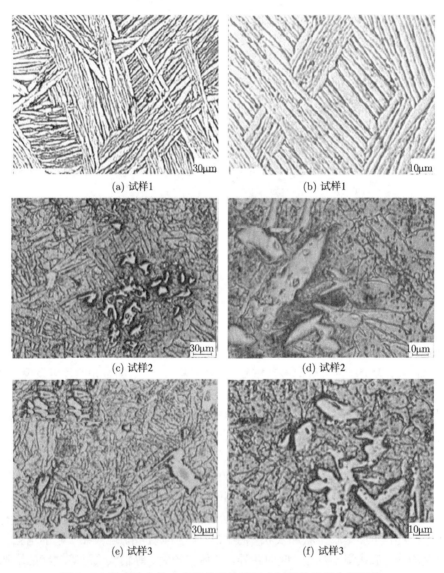

图3-38 粉末冶金钛合金基体和钛基复合材料的光学金相照片

3.6 (TiB+TiC)/Ti 复合材料的制备及微观结构

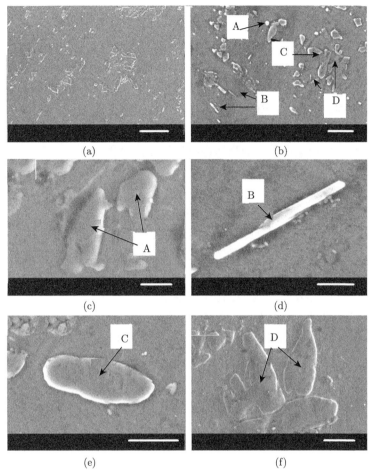

图 3-39 粉末冶金原位自生钛基复合材料的增强体的形貌

(a)、(b) 试样 2 的增强分布；(c)~(f) 各种类型的增强体的微观形貌

图 3-40 粉末冶金原位自生钛基复合材料的增强体的能谱分布图

3.6.3 (TiB+TiC)/Ti 复合材料的成型过程与增强体形成机制

增强体的形成机制与其制备时反应中的最高温度有关，一般认为有扩散机制和溶解-析出机制两种，在钛合金液相线以下制备时，生长机制为扩散机制，高于液相线则为溶解-析出机制。如放热扩散法原位制备钛基复合材料时，生长机制为扩散机制，熔铸法制备复合材料时增强体的形成机制是溶解-析出机制。

本节第一组用熔铸法制备钛基复合材料，非自耗电弧炉熔炼时基体与增强体生成元素发生反应生成增强体，增强体在随后的凝固过程中析出和长大。即熔炼时，随着温度的升高，钛合金基体将与 B_4C 粉和碳粉发生反应，生成 TiC 和 TiB 增强体，但温度升高超过钛合金的液相线时，TiC 和 TiB 将溶于液态的钛基体中，随着凝固时温度逐渐降低，TiC 和 TiB 从液态的钛合金基体中析出并长大。由 Ti-C 相图可知，1648℃时，发生共晶反应 L⟶ β-Ti +TiC，由 Ti-B 相图可知，1540℃时发生共晶反应 L⟶ β-Ti +TiB。根据 Ti-C-B 三元相图（图 3-41）可知，在 1510℃时发生三元共晶反应 L⟶ β-Ti+TiC+TiB。由此可知凝固时先析出 β-Ti、TiC 和 TiB 中的一相，继续冷却发生二元共晶反应，降到 1510℃时，发生三元共晶反应，β-Ti、TiC 和 TiB 三相同时析出。复合材料增强体的体积分数不一样，先析出的相也不一样，所以增强体的形态也有所不同。

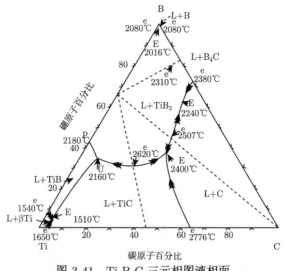

图 3-41 Ti-B-C 三元相图液相面

TiC 体积分数较小时，由于 C 含量较低，凝固时首先从液相中析出 β-Ti 相。由 TiC 的晶体结构可知，TiC 为典型的 NaCl 型有序面心立方结构，碳和钛的原子占位呈中心对称，形核时在各面的生长速率都相等，没有优先形核与长大的方向，同时由于球形表面能最低，所以 TiC 形成等轴或近似等轴状。TiC 体积分数较大

3.6 (TiB+TiC)/Ti 复合材料的制备及微观结构

时,凝固时首先从液相中析出初生 TiC,由于此时液相线比较倾斜,凝固时比较容易形成成分过冷,使得 TiC 增强体长成粗大的树枝晶状。TiB 属于斜方晶系的 B27 结构,其中 $a=0.612$nm, $b=0.306$nm, $c=0.456$nm,原子间的结合方式表现出高度的非对称性,所以 TiB 在形核与长大时,优先沿 [0 1 0] 方向生长,形成针状或棒状。

对于本节第二组使用粉末冶金方法制备的 (TiB+TiC)/Ti 复合材料,其粉末冶金热压成型过程包括充填、颗粒变形和碎裂三个阶段。在此组实验所使用的四种原料中,纯 Ti 粉和 Ti-6Al-4V 粉为球形,两者粒径较大且相近,平均粒径为 50~60μm,温度较高时有较好的塑性;石墨粉和 B_4C 粉末形状不规则,粒径较小,在 10μm 以下,高温时塑性较差。在充填和颗粒变形阶段,粉末颗粒产生重排,粒径小的石墨粉和 B_4C 粉末会被挤压到 Ti 和 Ti64 粉末的间隙里去。后来由于 Ti 和 Ti64 粉末接触面积较大,粉末间的压强降低,且产生了很大的加工硬化,难以进一步变形,被挤压的石墨粉和 B_4C 粉末首先开始碎裂,部分 Ti 和 Ti64 粉末也产生碎裂,进一步填充材料中的孔隙。Ti 与 C、B_4C 充分接触,开始发生原位反应。碳原子、硼原子和钛原子间相互扩散,合成 TiC、TiB 增强体。图 3-42 为粉末冶金原位自生钛基复合材料成型过程的示意图。

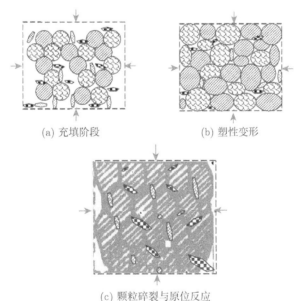

(a) 充填阶段 (b) 塑性变形

(c) 颗粒碎裂与原位反应

图 3-42 粉末冶金原位自生钛基复合材料的成型过程示意图

在钛基复合材料成型的塑性变形阶段,颗粒间的接触面积由小变大,颗粒连接的颈部变粗并形成晶界;然后晶界开始移动,晶粒开始成长;最后,晶界连成网络,初期形成的空位沿晶界扩散排出,使得材料致密化。另外,钛合金热压成型的过程中,热压温度远远超过了其中的合金元素铝的熔点 (660℃),所以铝容易液相。铝液相的形成,有利于原子和空位的扩散,可以增加材料的致密度。这个过程是粉末冶金钛基复合材料中的烧结反应,其热力学驱动力是体系界面自由能与粉体的表面自由能的差值。除高温烧结外,钛基复合材料热压成型过程中还存在 Ti 与 B_4C、C 的固相反应。由于烧结温度远低于 Ti、TiC 和 TiB 等的熔点,所以反应在固态下进行,反应机制为扩散机制。Ti 与 B_4C、C 相互扩散并反应,形成 TiB、TiC 化合物。由于一些 B_4C 和石墨粉末粒度较大,而固态扩散速率较低,所以原位反应需要一定时间才能完成。当热压时间不足时,只有外层的 B、C 与 Ti 反应了,原料颗粒中间仍有部分原子未能完成反应。而且,扩散速率低也直接导致反应产物不能分散开,所以粉末冶金钛基复合材料中存在较多大体积增强体;而 B_4C 与 Ti 反应生成的 TiB 和 TiC 也不能分开,往往混合堆聚在一起。增强体的加入,可以阻止或减缓晶界的移动和再结晶过程,并利于气孔沿晶界排出。所以,粉末冶金钛基复合材料中的晶粒尺寸要比钛合金的小。

增强体的形貌和其晶体结构密切相关,如果增强体的晶体结构为对称结构,其界面能和原子结合能具有高度的各向同性,将导致增强体以各向同性的方式生长,形成树枝状增强体;如果晶体结构为复杂结构,其原子结合强度具有高度非对称性,增强体将以非对称方式生长,形成具有高度方向性的增强体。在粉末冶金原位自生钛基复合材料中,B_4C 与 Ti 反应生成的 TiB 具有方向性。如果 B_4C 粉末颗粒细小,B 原子扩散速率较大,生成的 TiB 会呈细小的纤维状;如果 B_4C 粉末颗粒较大,TiB 有取向生长且与 TiC 混合,则容易长成长条状。TiC 具有对称的 NaCl 型晶体结构,钛原子排列成面心立方的亚点阵,而碳原子则占据八面体的间隙位置,TiC 单位晶胞无论在几何结构还是在化学键合上都是完全对称的,即不存在优先生长的晶面,形核时 TiC 在对称晶面的生长速率都相同,因此容易形成中心对称的结构,即等轴状粒子。在粉末冶金原位自生钛基复合材料中,C 和 B_4C 都会与 Ti 反应生成 TiC,它的生长没有方向性。如果 C 粉末颗粒细小,生成的 TiC 会呈细小的等轴状或者近等轴状;如果 C 粉末颗粒较大,TiC 会长成体积较大的块状。另外,TiC 也可能与 TiB 混合,生长成粗细不均匀的长条状或者使取向不同的条状增强体连接起来,这些情况在用扫描电镜观察增强体的微观形貌时都可以观察到。

参 考 文 献

[1] 赵玉涛,戴起勋,陈刚. 金属基复合材料. 北京:机械工业出版社,2007

[2] 于化顺. 金属基复合材料及其制备技术. 北京:化学工业出版社,2006

[3] 吕维洁,张荻. 原位合成钛基复合材料的制备、微结构及力学性能. 北京:高等教育出版社,2005

[4] 毛小南. TiC 颗粒增强钛基复合材料的内应力对材料机械性能的影响. 西安:西北工业大

学学位论文, 2004

[5] 郭继伟, 金云学, 吕奎龙, 等. TiC 颗粒增强钛基复合材料的制备及其微观组织. 中国有色金属学报, 2003, (1): 193–197

[6] 孔令超. 用均匀化方法研究细观粒状材料的力学性能. 北京: 北京理工大学学位论文, 2008

[7] 李伟. TiC 颗粒增强钛基复合材料力学性能研究. 北京: 北京理工大学学位论文, 2010

[8] 姜芳. 颗粒增强钛基复合材料的力学性能研究. 北京: 北京理工大学学位论文, 2006

[9] 张二林, 金云学, 曾松岩, 等. 自生 TiC 增强钛基复合材料的微观组织. 材料研究学报, 2000, 14(5): 524–530

[10] 李九霄. (TiB+La_2O_3) 增强高温钛基复合材料组织和性能研究. 上海: 上海交通大学学位论文, 2013

[11] Tanaka Y. The Sixteenth International Conference on Composite Materials. Kyoto, Japan, 2007: 1183

[12] Lu W J, Zhang D, Zhang X N, et al. Microstructure and tensile properties of in situ (TiC+TiB)/Ti6242 composites prepared by common casting technique. Materials Science and Engineering A, 2001, 311: 142–150

[13] Liu B, Liu Y, He X Y, et al. Preparation and mechanical properties of particulate-reinforced powder metallurgy titanium matrix composites. Metallurgical and Materials Transactions A, 2007, 38(11): 2825–2831

[14] Langdon T G. Grain boundary sliding revisited: developments in sliding over four decades. Journal of Materials Science, 2006, 41(3): 597–609

[15] 李月英, 彭丽华, 张驰, 等. TiB_2 颗粒增强钛基复合材料抗氧化性能. 复合材料学报, 2010, 27(2): 72–76

[16] 朱安莉, 覃业霞, 吕维洁. TiC、TiB 增强钛基复合材料的高温氧化性能及微观结构. 机械工程与自动化, 2004, (5): 39–42

[17] 李俊刚, 金云学, 李庆芬. 颗粒增强钛基复合材料的制备技术及微观组织. 稀有金属材料与工程, 2004, 33(12): 1252–1256

[18] 张珍桂. 耐热钛基复合材料 (TiB+La_2O_3)/Ti 的微结构及力学性能研究. 上海: 上海交通大学学位论文, 2010

[19] 金云学, 曾松岩, 王宏伟, 等. 硼化物颗粒增强钛基复合材料研究进展. 铸造, 2001, 50(12): 711–716

[20] Wang R N, Xi Z P, Zhao Y Q, et al. Hot deformation and processing maps of titanium matrix composite. Transactions of Nonferrous Metals Society of China, 2007, S1: 541–545

[21] Yang Z F, Lu W J, Qin J N, et al. Microstructural characterization of Nd_2O_3 in situ synthesized multiple-reinforced (TiB+ TiC+ Nd_2O_3)/Ti composites. Journal of Alloys and Compounds, 2006, 425(1): 379–383

[22] Froes F H, Suryanarayana C, Taylor P R, et al. Synthesis of advanced lightweight metals by powder metallurgy techniques. Powder Metallurgy, 1996, 39(1): 63–65

[23] Wang M, Lu W, Qin J, et al. Superplastic behavior of in situ synthesized (TiB+ TiC)/Ti matrix composite. Scripta Materialia, 2005, 53(2): 265–270

[24] Qi J Q, Chang Y, He Y Z, et al. Effect of Zr, Mo and TiC on microstructure and high-temperature tensile strength of cast titanium matrix composites. Materials & Design, 2016, 99: 421–426

[25] 蔡海斌, 樊建中, 左涛, 等. 原位合成 TiB 增强钛基复合材料的微观组织研究. 稀有金属, 2006, 30(6): 808–812

[26] 吴芳. (TiC+TiB) 增强高温钛基复合材料的组织性能研究. 哈尔滨: 哈尔滨工业大学学位论文, 2011

[27] 周鹏. 粉末冶金多元增强钛基复合材料的制备、微观结构及力学性能. 上海: 上海交通大学学位论文, 2009

[28] 卢俊强. 原位自生钛基复合材料的热氢处理研究. 上海: 上海交通大学学位论文, 2010

[29] Geng K, Lu W, Qin Y, et al. In situ preparation of titanium matrix composites reinforced with TiB whiskers and Y_2O_3 particles. Materials Research Bulletin, 2004, 39(6): 873–879

[30] Yang Z, Lu W, Qin J, et al. Microstructure and tensile properties of in situ synthesized (TiC+TiB+Nd_2O_3)/Ti-alloy composites at elevated temperature. Materials Science and Engineering: A, 2006, 425(1): 185–191

[31] Schuh C, Dunand D C. Whisker alignment of Ti-6Al-4V/TiB composites during deformation by transformation superplasticity. International Journal of Plasticity, 2001, 17(3): 317–340

[32] 于兰兰, 毛小南, 张鹏省. TiC 和 TiB 混杂增强钛基复合材料研究新进展. 钛工业进展, 2008, 25(4): 20–23

[33] 马凤仓, 吕维洁, 覃继宁, 等. 锻造对 (TiB+TiC) 增强钛基复合材料组织和高温性能的影响. 稀有金属, 2006, 30(2): 236–240

[34] 周鹏, 覃继宁, 吕维洁, 等. 粉末冶金制备原位自生钛基复合材料的显微组织和力学性能研究. 粉末冶金工业, 2009, 19(3): 11–16

[35] 吕维洁, 张小农, 张荻, 等. 石墨添加对原位合成钛基复合材料微观结构与力学性能的影响. 稀有金属材料与工程, 2000, 29(3): 153–157

[36] 李丽, 吕维洁, 卢俊强, 等. 原位合成 (TiB+TiC)/7715D 钛基复合材料的超塑性. 中国有色金属学报, 2009, 19(12): 2136–2142

[37] 吕维洁, 张小农, 张荻, 等. 原位合成 TiC 和 TiB 增强钛基复合材料的微观结构与力学性能. 中国有色金属学报, 2000, 10(2): 163–169

[38] 吕维洁, 徐栋, 覃继宁, 等. 原位合成多元增强钛基复合材料 (TiB+TiC+Y_2O_3)/Ti. 中国有色金属学报, 2005, 15(11): 1727–1732

[39] 杨志峰, 吕维洁, 盛险峰, 等. 原位合成钛基复合材料的高温力学性能. 机械工程材料, 2004, 28(3): 22–27

[40] 肖旅. 原位自生耐热钛基复合材料的高温性能研究. 上海: 上海交通大学学位论文, 2010

第4章 钛基复合材料的力学性能

钛基复合材料按其增强方式可简单地分为连续纤维增强钛基复合材料和颗粒增强钛基复合材料两大类。纤维增强钛基复合材料沿纤维方向具有高的断裂韧性和蠕变强度，可以承受较大载荷，增强效果明显，但由于其各向异性、制造技术复杂、成本较高等原因，仅应用于航空航天领域。颗粒增强钛基复合材料不仅保持了金属基复合材料高的比强度、比刚度以及中等温度下的耐热性、抗蠕变性等优点，且具有各向同性，制造方法简单，成本低，颗粒和基体之间的热膨胀系数不一致造成的匹配混乱度较小，能够采用现行的加工设备加工成材，具有优良的二次加工性能等特点，近年来已广泛应用到汽车等民用工业，并取得了一些进展，可以预计颗粒增强钛基复合材料的应用领域会更加广阔。国内外许多学者对颗粒增强钛基复合材料的力学性能进行了广泛的研究，取得了丰富的成果。

4.1 钛基复合材料的室温力学性能

在许多文献中都对颗粒增强钛基复合材料的强化机理作了阐述，根据复合材料的混合率，增强体 Ti/C、TiB、TiB_2 等的强度和弹性模量都比钛合金基体高得多，增强体的加入提高了复合材料的弹性模量。同时，与 TiC 增强体比较，TiB_2 增强体更有利于提高复合材料的弹性模量。

4.1.1 颗粒增强钛基复合材料的室温力学性能

实验所用的钛合金基体 T650 和 TiC 颗粒增强钛基复合材料 TP650 均由西北有色金属研究院自行研制并提供。基体材料是在 IMI834 的基础上做了调整，相变温度大约为 1000~1020℃左右，使用温度为 600~620℃，在高于 600℃的温度时仍具有优异的蠕变强度和抗氧化能力；增强颗粒为陶瓷 TiC 颗粒，平均粒度为 5μm，体积百分比为 3%；复合材料 TP650 采用 PTMP(pre-treatment melt process) 法制备，该复合材料中颗粒弥散分布，界面反应层稳定，其反应宽度控制在 3μm 以下，无脆性相产生，具有良好的室温塑性和 650℃以上高温强度配比。

基体合金的名义成分如表 4-1 所示。

表 4-1 TP650 基体合金元素名义成分表

合金元素	Al	Sn	Zr	Mo	Nb	Si
含量/ %	6.00	2.50	4.00	0.50	1.00	0.45

复合材料的制备工艺为：TiC 颗粒的预处理 → 真空自耗电极制备 → 真空自耗熔炼铸锭 → 开坯锻造 → 精锻或轧制 → 棒材或板。复合材料铸锭在相变点以上 50~70℃进行开坯锻造，反复拔成 75mm² 的方棒后，再在相变点以下 10~20℃进行两火次的中间锻造后成 Φ20mm 的棒材，每火次的加工变形量都在 70%以上。

基体和复合材料试样均采用简单的退火，其热处理参数为：800°/小时＋空冷。

TiC 颗粒和钛合金基体的物理和力学性能如表 4-2 所示。

表 4-2　TiC 颗粒和钛合金基体的物理和力学性能

材料	TiC 颗粒	基体 T650
密度 $\rho/(\mathrm{g/cm^3})$	4.43	4.51
杨氏模量 E/GPa	460	118
剪切模量 μ/GPa	193	43
泊松比 ν	0.188	0.35
热膨胀系数 $\alpha/\times 10^{-6}$/K	7.4~8.8	8.6

为了更好的揭示 TiC 颗粒增强钛基复合材料室温下的强化机理和应变率效应，对 TiC 颗粒增强钛基复合材料 TP-650 以及基体材料分别进行室温下准静态和动态拉伸试验。表 4-3 给出了准静态拉伸试件的加载参数和实测力学性能参数。图 4-1 是基体和复合材料 TP-650 的准静态拉伸应力应变曲线。

表 4-3　准静态拉伸试件的加载参数和实测力学性能参数

材料	加载速度/(mm/min)	应变率 $\dot{\varepsilon}$/s^{-1}	抗拉强度 σ_b/MPa	屈服强度 σ_s/MPa	杨氏模量 E/GPa
基体	0.15	1×10^{-4}	1050	980	115
	1.5	1×10^{-3}	1075	1050	116
TP-650	0.15	1×10^{-4}	1170	1100	132
	1.5	1×10^{-3}	1210	1170	131

由表 4-3 可以看出，准静态下，TiC 颗粒的加入，确实较好的强化了基体材料，使 TiC 颗粒增强钛基复合材料 TP-650 较基体材料，在两种准静态应变率下，无论是抗拉强度还是屈服强度都提高了 12%左右，杨氏模量也提高了 12%以上。

由图 4-1 可以看出，在 10^{-3}s^{-1} 和 10^{-4}s^{-1} 两种准静态应变率下，基体和复合材料 TP-650 的应力应变曲线都非常接近理想弹塑性，几乎没有应变硬化。其不同之处是基体材料有较明显的屈服，而复合材料没有明显的屈服现象。同时，基体和复合材料 TP-650 均初步表现出正的应变率敏感性，随着应变率的提高，两种材料的屈服强度和抗拉强度均有所提高，但是提高不明显。比较两种材料可以看出，复合材料 TP-650 的弹性模量、抗拉强度和屈服强度较基体的都有了提高，但延性有所降低，复合材料的断裂应变只有 6%左右。

4.1 钛基复合材料的室温力学性能

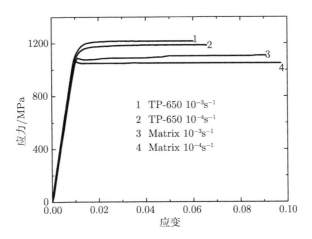

图 4-1 准静态拉伸的应力应变曲线

基体材料和复合材料 TP-650 在每个动态应变率下,都重复 5 次,选取重复较好的三次取平均,以保证较好的反映材料的整体性能。图 4-2~ 图 4-7 分别为基体材料和复合材料 TP-650 在不同应变率下的实验应力应变曲线图。

图 4-2~ 图 4-7 反映出在高应变率拉伸条件下,复合材料和基体的力学行为都具有一定的离散性,但是经平均处理之后所得的应力应变曲线基本能够反映材料的力学特性。将基体材料和复合材料 TP-650 的不同应变率下的应力应变曲线进行整理,得到图 4-8 和图 4-9。

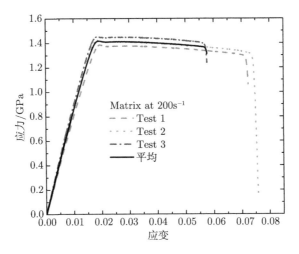

图 4-2 基体室温 $200s^{-1}$ 应力–应变曲线

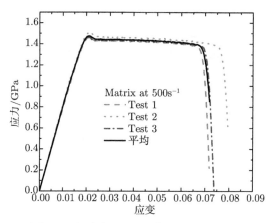

图 4-3　基体室温 $500s^{-1}$ 应力-应变曲线

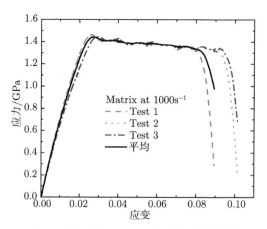

图 4-4　基体室温 $1000s^{-1}$ 应力-应变曲线

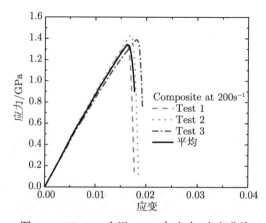

图 4-5　TP-650 室温 $200s^{-1}$ 应力-应变曲线

4.1 钛基复合材料的室温力学性能

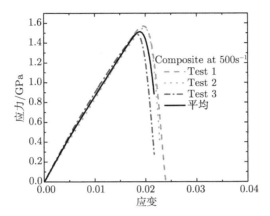

图 4-6 TP-650 室温 $500s^{-1}$ 应力–应变曲线

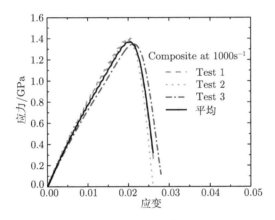

图 4-7 TP-650 室温 $1000s^{-1}$ 应力–应变曲线

图 4-8 反映了基体材料在动态冲击下的力学响应特征。基体材料的力学行为表现为准脆性,在动态冲击下,变形经历了线弹性阶段、非线弹性阶段、应力跌落阶段和应变软化阶段,分别对应于为裂纹的弹性变形、稳定扩展、失稳扩展和汇合等细观机制。高应变率下,基体材料存在绝热软化效应,并且这种效应与应变率存在正相关关系,应变率越高绝热效应越明显,表现在应力应变曲线上就是应力跌落阶段的跌落斜率越大,最后的断裂应变也越大。

图 4-9 反映了复合材料 TP-650 在动态冲击下的力学响应特征。复合材料动态拉伸表现出明显的脆性,与基体材料相比,复合材料在动态冲击下,只有线弹性和非线弹性两个阶段,几乎没有塑性变形,就迅速断裂了,而且抗拉强度也没有比基体有多少提高,其原因必然与加入的 TiC 粒子和应变率有关。

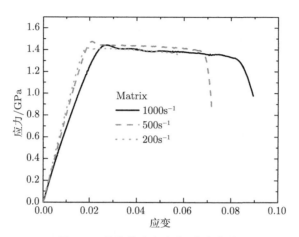

图 4-8 基体的动态应力–应变曲线

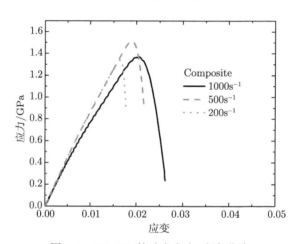

图 4-9 TP-650 的动态应力–应变曲线

4.1.2 复合材料力学性能的强化机制、应变率效应和断裂机制

(1) 强化机制

由于增强颗粒的加入，复合材料的抗拉强度和屈服强度均明显提高。这是由于复合材料在变形时，颗粒和基体的变形程度不同，变形首先在塑性变形比较高的基体进行，较强的颗粒不变形或变形很小，这将导致两相之间的变形不匹配而在界面产生应力集中，从而形成不均匀的变形位错源、释放位错环，使界面上的形变应力集中得以松弛。与此同时，增加了基体中的位错密度，高密度的位错互相缠绕反应，最终形成位错胞结构，从而强化了基体。

实验结果表明，复合材料 TP-650 的初始应变硬化指数稍高于钛合金材料的初始应变硬化指数，随着应变的增加，两种材料都出现软化现象。根据位错理论，在小应变时，钛合金材料的强化主要来源于滑移面上位错之间、位错与溶质原子或者位错与沉淀粒子之间的交互作用。随着应变的增加，合金材料不同滑移面上的位错达到其交滑移成核应力，发生交滑移，使得位错与粒子之间的交互作用减弱，合金材料应变硬化指数随之迅速下降。然而随着应变的继续增加，沉淀粒子与基体之间不均匀应变协调所产生的应变协调位错密度随之增加，使得合金仍处于较高的应变硬化状态。而对于复合材料，在应变很小时，除了所讨论的关于基体合金强化机制外，由于复合材料中的增强相与基体之间的热膨胀系数的差异，在热处理之后其内会产生大量的位错密度，并产生强化，所产生的位错密度取决于增强颗粒的尺寸大小、体积分数、热膨胀系数之差和温度的变化等，由此可以推测，复合材料的初始应变硬化指数高于基体合金的初始应变硬化指数。随着变形的增加，复合材料基体中的位错交滑移达到其临界应力，同时复合材料中内应力及残余应力的存在使得交滑移的发生变得更加容易，导致应变硬化指数的迅速下降。而复合材料在动态情况下的应变硬化指数明显高于静态加载时的应变硬化指数，显然这与复合材料的高应变速率敏感性有关。但在变形后期出现软化现象的主要原因在于随着应变率的增加，在颗粒周围的基体中，尤其在尖角处产生高密度的位错和位错亚结构，这种高密度的位错在颗粒尖角处产生高度的应力应变集中，在材料中逐步产生强化相与基体界面的损伤、强化相本身的开裂或大沉淀粒子的损伤，从而导致复合材料后期变形过程中的软化。

(2) 应变率效应

准静态下材料变形是均匀的，而动态下材料的变形是非均匀的，存在严重的局部性，特别是复合材料中增强粒子的加入，造成颗粒和基体两相之间的变形不匹配，更加大了这种局部不均匀性。通过观察图 4-10 和图 4-11 可以看出来，复合材料 TP-650 和基体材料都有随着应变率的提高而刚度降低的现象，这也是局部变形不均匀的表现。而且通过比较可以看出，应变率对复合材料力学性能造成的影响较大，除了应变率强化以外，由于 TiC 粒子的存在，极大的阻碍了裂纹的扩展，使塑性有了很大程度的降低。

复合材料承受外载时，容易在颗粒界面产生应力集中，从而形成不均匀的变形位错源，释放位错环，使界面上的形变应力集中得以松弛，与此同时，高密度的位错互相缠绕反应，最终形成位错胞结构。在准静态下，这些位错胞结构阻碍了裂纹的扩展，强化了基体，使得复合材料具有了比基体更高的强度。然而在动态下，随着应变率的增加，在颗粒周围的基体中，尤其会在尖角处产生高密度的位错和位错亚结构，这种高密度的位错在颗粒尖角处产生高度的应力应变集中，在材料中逐步产生强化相与基体界面的损伤、强化相本身的开裂或大沉淀粒子的损伤，从而导致复合材料的高应变率下的强度低于基体材料。

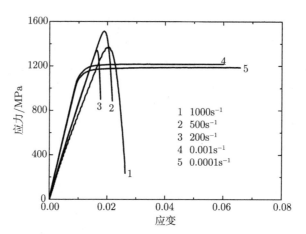

图 4-10 复合材料 TP-650 的应变率效应

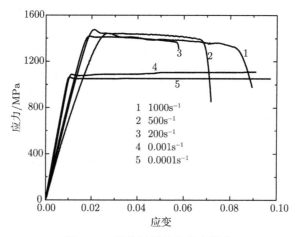

图 4-11 基体材料的应变率效应

从图 4-10 和图 4-11 中还可以判断,复合材料和基体都不是单调的应变率敏感性材料,抗拉强度在应变率 $500s^{-1}$ 时达到最大。在高应变率下,根据可能功原理和能量守恒原理可推导,在裂纹扩展时,外力做功 W 正比于应力 σ 和微裂纹长度 a 的积,即

$$W \propto \sigma a \tag{4-1}$$

而该功 W 又正比于应变率的平方,即

$$W \propto (\dot{\varepsilon})^2 \tag{4-2}$$

可得 $\dot{\varepsilon} \propto \sqrt{\sigma a}$。

4.1 钛基复合材料的室温力学性能

当应变率提高时，随着裂纹尺寸的增加，传统的应变率效应就可能会出现反复，而且由于增强粒子的加入，使得复合材料的这种差异明显大于基体。随着应变率的提高，材料的弹性模量都有不同程度的降低。弹性模量可视为衡量材料产生弹性变形难易程度的指标，体现的是材料在外力作用下产生单位弹性变形所需要的应力，其值越大则使材料发生一定弹性变形的应力也越大，即材料刚度越大，亦即在一定应力作用下，发生弹性变形越小。分析随着应变率提高弹性模量降低的原因，应该与高应变率下，材料中位错滑移的阻力势垒相对降低有关。

(3) 断裂机制

图 4-12 是室温准静态下复合材料 TP-650 和基体材料在 SEM 观测下的断口形貌图。可以看出，基体材料断口有明显的剪切唇、放射区和纤维区，并且可以判断裂纹源 (如图 4-12(a) 所示)；微观上呈现等轴韧窝，韧窝内有溶质粒子析出 (如图 4-12(c) 所示)。复合材料 TP-650 断口没有剪切唇，裂纹源在试件表面附近 (如图 4-12(b) 所示)；微观上观察，断面上兼有结晶状小刻面和韧性撕裂棱，TiC 颗粒周围是裂纹萌生的主要地带，可以看到次裂纹 (图 4-12(d) 所示)。根据断口的形貌特征可以判断，室温准静态下，基体材料为韧性断裂，而复合材料断口表现为准解理断裂，并且伴有二次裂纹的复杂形式。

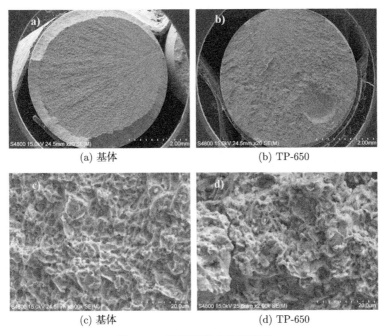

(a) 基体   (b) TP-650

(c) 基体   (d) TP-650

图 4-12 室温准静态拉伸断口

图 4-13 是基体材料室温动态拉伸状态下的断口形貌图，可以看出基体材料动

态下的断裂依然表现为韧性断裂的特点,与其动态力学响应相一致。而且可以发现随着应变率的增大,韧窝尺寸及深浅均变小,析出的溶质粒子也变少。这是因为应变率越高,瞬间局部能量增加越高,显微孔洞增加迅速,裂纹的萌生和扩展速度都随着应变率的提高而有所增加,很多韧窝内溶质粒子来不及析出就断裂了。

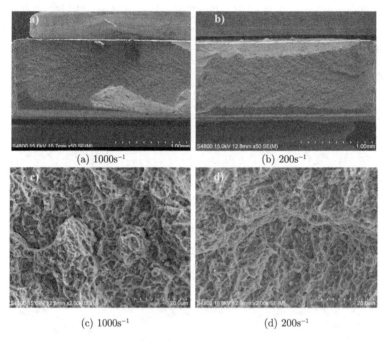

(a) $1000s^{-1}$ (b) $200s^{-1}$

(c) $1000s^{-1}$ (d) $200s^{-1}$

图 4-13 基体室温动态拉伸断口

图 4-14 是复合材料 TP-650 室温动态冲击载荷下的断口形貌图。可以看出,复合材料在高应变率下,断口上都呈现"人字形"的花样,高倍下观测存在着结晶状小刻面,几乎没有撕裂棱,代之的是二次解理,这与复合材料几乎没有塑性变形阶段就断裂的力学响应特点相吻合。随着应变率的增加,"人字纹"越来越明显。

基体材料的断裂形式是典型的韧性断裂,遵循微孔聚集断裂机制。单轴拉伸时,当应力超过材料的屈服强度时发生塑性变形,产生颈缩形成三向应力状态。三向应力作用下,在沉淀相、夹杂物与金属界面处分离产生微孔,外力不断作用下,孔洞长大连接,形成韧窝断裂。复合材料中,增强粒子是主要的承载者。对于复合材料 TP-650 而言,高硬高强的 TiC 颗粒的加入,从整体上减小了材料内部裂纹尖端附近的塑性变形区;同时由于 TiC 颗粒的存在,导致位错在界面处塞积,产生较大的应力集中,使位错运动变得更加困难,降低了复合材料整体的塑性,韧性变差,材料变脆。

当 TiC 颗粒周围的应力集中增加到某个临界值时,就会导致 TiC 与基体的脱

4.1 钛基复合材料的室温力学性能

粘,或者会使原本有缺陷的 TiC 粒子断裂,成为最初的裂纹源。随着应力的增加,小裂纹在基体材料的准解理面内以台阶的方式扩展成人字纹花样。准静态时,复合材料最后在发生塑性变形严重的地方以撕裂的形式断裂,形成很多撕裂棱;在高应变率下,最后以基体的二次解理来连接不同的解理面。

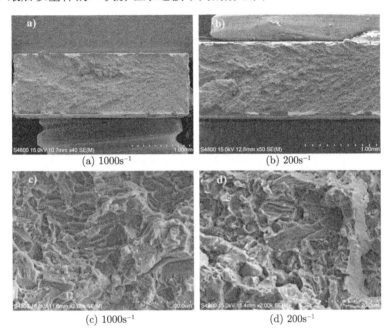

图 4-14 复合材料 TP-650 室温动态拉伸断口

4.1.3 不同固溶处理温度下复合材料室温拉伸性能

将 TP-650 钛基复合材料分别进行 800℃/1hAC,950℃/1hAC+700℃/2hAC,1000℃/1hAC+700℃/2hAC, 1020℃/1hAC+700℃/2hAC, 1050℃/1hAC+700℃/2hAC 处理后,进行室温拉伸。拉伸结果如图 4-15 所示。从图中可以看出 TP-650 钛基合金材料的拉伸强度均在 1270~1350MPa 变化。在该变化当中,以 980℃固溶处理的合金的抗拉强度达到一个峰值,其值为 1350MPa;在 1020℃固溶处理时,有一个最低值 1276MPa,两者之间相差 70MPa,从不同温度的拉伸强度变化可知,TP-650 钛基复合材料具有一个最佳的固溶处理温度。通过将 TP-650 的拉伸性能和基体铁合金的拉伸性能比较来看,以上 TP-650 钛基复合材料的性能变化,主要和不同温度下固溶处理的基体组织变化有关。从 800℃到 1050℃不同的固溶处理温度其组织的表现形式不同,和常规 α+β 两相铁合金类似。不同的组织形态对应的性能之间有较大差别。等轴组织有较好的综合机械性能,网篮状组织具有较高的蠕变强度及断裂强度,初生 α 相的增加有利于合金的蠕变性能,这些组织形貌的良好匹配，是钛合金性能表现的内在原因。而 TP-650 复合材料的基体合金拉伸强度，其 σ_b 拉伸极限值在 1050～1100MPa 变化，比 TP-650 钛基复合材料拉伸强度低 150～200MPa，可见 TiC 颗粒的加入，充分起到了承载相的作用，增大了材料的变形抗力，强化了基体。从另一方面可以看出，TiC 粒子在 800～1050℃的固溶处理中性能稳定，这从拉伸强度在 1200MPa 以上，高于基体的 1100MPa 的拉伸强度可以看出。可见，TiC 粒子没有发生由于固溶处理温度的升高，TiC 颗粒和基体发生强烈反应生成其他相或固溶于基体中的现象。若 TiC 粒子溶于基体合金中，将增加基体合金中游离 C 的浓度，而这些游离 C 在 Ti 中的溶解度有限，大部分则偏聚于晶界或相界面，将对合金的强度及塑性有重大影响，其强度将可能低于基体合金强度，材料表现为脆性的性质。另一方面，从合金的延伸率变化来看，在不同的固溶处理温度处理的复合材料，其延伸率随固溶处理温度的升高而降低。在基体相变点以上的 1050℃处理，其室温拉伸强度为 1318MPa，延伸率仍有 4.3%。由此可见，在基体相变点以上固溶处理，复合材料的室温拉伸强度高达 1318MPa，比基体拉伸强度高出 200MPa 以上，没有表现出由于游离 C 的存在而强度低于基体合金；而是表现出材料的共同特征，随固溶条件的不同，材料强度增加而塑性则相应有所下降，可见 TiC 粒子在钛合金基体中的稳定性。在 800～1050℃的任何温度下固溶处理，没有因固溶温度的升高，TiC 粒子溶解在钛基体中或同基体发生反应生成脆性相。若是发生过两种类型的反应，则 TP-650 的基本性能的表现形式将不会再遵循普通钛合金热处理的变化规律所表现出来的性能变化。对于高温钛合金来说，在相变点以上固溶处理，一些在 α 相中溶解度低的元素 Si 等，则在 β 相中有较大固溶度，在随后的过冷以及后序的时效过程中可析出弥散质点，如 $TiZr_5Si_3$ 等，使基体得到弥散强化，增强了整个合金，从而表现出材料的基本力学性能强度增加而塑性则相对下降。

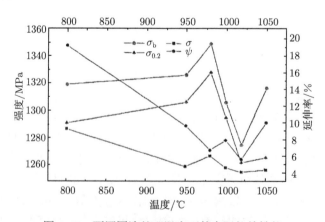

图 4-15 不同固溶处理温度下的室温拉伸性能

4.1 钛基复合材料的室温力学性能

TiC 颗粒和 Ti 基体之间的界面为冶金的光滑浸润结合状态，对照 TP-650 钛基复合材料的拉伸强度及延伸率来看，这一冶金的结合为 TiC 粒子和基体间原子以金属键及原子键等的连接，没有脆性的化合物生成，另一方面，TiC 粒子和基体之间是以半共格或非共格的结合状态，界面原子之间整体的价键能较低，TiC 粒子和 Ti 基体之间是以弱连接存在，但 TiC 的热稳定性质较好，若以 TP-650 钛基复合材料中含体积百分比的 TiC 粒子达到 30vol% 以上，在熔炼、热机械加工以及随后的热处理过程中发生离解，那么以高比分的碳以游离的形式分散于低结合能量区的晶界、相界区，那么 TP-650 在任何热处理状态，其机械性能将迅速劣化。这种高游离 C 的存在在任何钛合金中对其机械性能的破坏都是致命的。

4.1.4 不同冷却速度下复合材料的室温力学性能

将 1050℃，1h 固溶处理的试样分别进行油冷、空冷、炉冷，然后在 700℃ 的温度下时效 2h 后空冷，其拉伸性能表现为图 4-16 的变化规律。从图中可以看出，油冷状态的拉伸强度最高，而炉冷的最低，但两者之间相差为 140MPa。首先油冷时的拉伸强度为 1385MPa，随固溶处理后冷却速度的减慢，TP-650 钛基复合材料的拉伸强度减小，至空冷状态，σ_b 为 1318MPa，当冷却速度变为随炉冷却 (每分钟 3~5℃) 时，拉伸强度减小到 1246MPa，从 1050℃ 随炉冷却到 500℃ 时，需要 10h 以上。可见长时间暴露在高温环境，TiC 粒子还是非常稳定。从延伸率的变化可以看出，当从 1050℃ 到 100℃ 以下的热暴露后，复合材料的延伸率并没有降低，而是符合常规钛合金的相同热处理变化规律，当冷却速度减慢时，拉伸强度减小，延伸率提高，其中 σ_b 变化为 1385MPa 至 1246MPa，延伸率变化为 3.8% 至 8.6%。从拉伸强度的变化可以看出，即使在炉冷的较低强度 1245MPa，仍然要高于基材的 1050~1100MPa，可见 TiC 粒子仍起到了承载相的作用，没有因为长时间的随炉冷热暴露而发生 TiC 质变及界面反应，从而抑制材料性能的急剧恶化。故而可以认为，TP-650 钛基复合材料从较快的油冷 (200~300℃/s)，到最缓慢的炉冷 (3~5℃/min)，TiC 粒子在钛基体中没有发生较大的物性改变，仍然起到强化基体的作用。

对于该复合材料的强度以及塑性随固溶后不同冷却速度在小范围内变化，可从基体的组织结构在不同冷却状态下得到调整来解释。从 1050℃ 固溶处理后以较大的冷却速度 (油冷 200~300℃/s) 冷却时，高温下的 β 相被过冷到室温状态形成 α 亚稳的马氏体组织，又由于 TiC 粒子的存在而产生由 TiC 和基体不同热组织膨胀系数的差异导致的 TiC/Ti 界面的热膨胀应力场，该应力场可促使应力诱发马氏体形核，形成更加细小的马氏体集团，该 α″ 亚稳马氏体组织在随后的热时效状态分解 α″ ⟶ α+β 细小组织，该细小的 α+β 集团是强化基体的主要因素。随着热固溶后冷却速度的减慢，高温 β 组织随温度的降低，α、β 稳定元素相互聚集，在

较低温度下，β 相分解为稳定的 α+β 组织，并且 α 相按照

$$\{0001\}_\alpha//\{110\}_\beta, \quad \langle11\bar{2}0\rangle_\alpha//\langle111\rangle_\beta$$

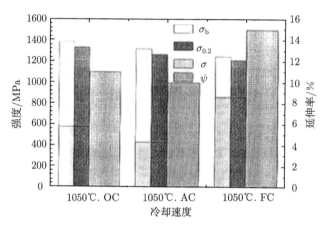

图 4-16　不同冷却速度的室温力学性能

柏格斯位向关系长大，形成较大的 α+β 集团，根据 Hall-Pafch 关系可知强度自然有所下降，塑性也有所降低。当固溶后冷却速度进一步降低，初生 α 相和二次 α 相长大，强度进一步下降，但塑性增加，这是由于不同位向的大晶粒存在，为晶界滑移以及晶界上裂纹扩展提供了较大的阻力。

可见对于颗粒增强钛基复合材料，颗粒在复合材料的强度起到了决定性作用；另一方面，在 TiC 颗粒强化的基础上，可以用适当的热处理工艺调整基体的组织结构，来调整复合材料的整体性能，使复合材料具有良好的综合力学性能以适应不同的应用环境的要求。

4.1.5　复合材料的抗侵彻性能

试验所用材料为通过熔炼锻造法制备的 TiB 颗粒增强钛基复合材料，几种材料成分如表 4-4 所示。DOP(depth of residual penetration) 试验是装甲材料研究人员最常采用的弹道试验方法，用于快速比较装甲单元之间的相对防护性能。通常所说的防护系数是指一种标准材料 (均质钢) 的半无限面与材料的面密度之比，一般用 N 来表示，防护系数的计算公式为

$$N = \frac{(P_0 - P_r) \cdot \rho_b}{\rho_T \cdot \delta_T} \tag{4-3}$$

其中，P_0 为子弹在无靶板情况下的穿深；ρ_b 为背板密度；ρ_T 为靶板密度；P_r 为背板残余穿深；δ_T 为靶板厚度。

4.1 钛基复合材料的室温力学性能

表 4-4 几种钛基复合材料的化学成分表

材料名称	基体/v%			增强相/v%
	Ti	Al	V	TiB
Ti-6Al-2TiB	92	6	—	2
Ti-3Al-2TiB	95	3	—	2
Ti-6Al-4V-2TiB	88	6	4	2

通过在同一子弹入射速度下对复合材料靶板进行子弹侵彻实验，从而计算其防护系数，并对弹坑破损情况和靶板残余碎片进行宏观观测，进而可以分析材料的抗侵彻性能。为了直观评价材料的抗侵彻性能，选用 Ti-6Al-4V 合金作为对比。图 4-17 为靶式侵彻示意简图和靶板宏观形貌图。

图 4-18 为三种复合材料弹侵试验后靶板的形貌图。表 4-5 给出了三种复合材料的毁伤程度。可以看出，Ti-6Al-2TiB 复合材料的防护系数为 2.23，比 TC4 提高了 11.4%，Ti-6Al-2TiB 复合材料的靶板存在两种毁伤方式，分别为子弹完全贯穿靶

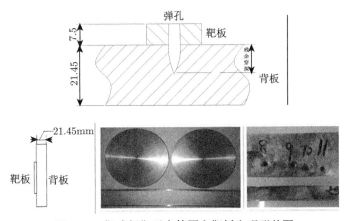

图 4-17 靶式侵彻示意简图和靶板宏观形貌图

图 4-18 三种复合材料弹侵试验后靶板的形貌图

材并且靶材未发生崩裂、靶材崩裂，材料表现出良好的动态塑性。对于 Ti-3Al-2TiB 复合材料的靶板，其防护系数为 2.25，比 TC4 提高了 11.9%，子弹完全贯穿且靶材未发生崩裂，材料的动态塑性较为优异。Ti-6Al-4V-2TiB 复合材料的防护系数为 2.30，比 TC4 提高了 14.9%。虽然 Ti-6Al-4V-2TiB 复合材料防护系数较高，但是其在实验过程中发生了崩裂，动态塑性有待提高。

表 4-5 几种钛基复合材料的弹侵试验数据记录

编号	成分	N	δ_r/mm	ρ_r/(g·cm^{-3})	P_r/mm	P_0/mm	ρ_b/(g·cm^{-3})	备注
TC4	Ti-6Al4V	2.01	5.1	4.5	15.2	21.3	7.8	基准
1-1	Ti6Al-2TiB	2.26	7.5	4.38	11.8	21.3	7.8	碎
1-2	Ti6Al-2TiB	2.21	7.5	4.38	12	21.3	7.8	不碎
2-1	Ti3Al-2TiB	2.13	7.5	4.45	12.2	21.3	7.8	不碎
2-2	Ti3Al-2TiB	2.36	7.5	4.45	11.2	21.3	7.8	不碎
3-1	Ti6Al4V-2TiB	2.24	7.5	4.41	11.8	21.3	7.8	碎
3-2	Ti6Al4V-2TiB	2.9	7.5	4.41	9.0	21.3	7.8	碎
3-3	Ti6Al4V-2TiB	2.08	7.5	4.41	12.5	21.3	7.8	碎
3-4	Ti6Al4V-2TiB	2.00	7.5	4.41	12.8	21.3	7.8	碎

图 4-19 给出了回收靶板弹孔周围的微观组织观测图。从图中可以看出，在受到冲击载荷作用时，Ti-6Al-2TiB 和 Ti-3Al-2TiB 复合材料内部发生塑性变形的区域内产生了绝热剪切带，并且剪切带不完整，裂纹沿绝热剪切带发展。剪切带的形成是由于基体组织出现高度的变形和碎化。而 Ti-6Al-4V-2TiB 复合材料受到冲击作用后出现"白亮"条的剪切带，这是在高应变速率下，材料受到子弹的侵彻发生局部塑性变形的结果。由于钛合金的导热性能差、高度的绝热剪切敏感性的原因，材料已产生绝热剪切带。从图中可知，Ti-6Al-4V-2TiB 复合材料比 Ti-3Al-2TiB 和 Ti-6Al-2TiB 复合材料具有更高的绝热剪切敏感性。而材料的绝热剪切的敏感性与晶粒尺寸、相的组成以及相的含量有关。

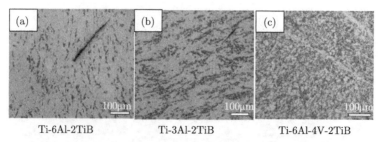

(a) Ti-6Al-2TiB (b) Ti-3Al-2TiB (c) Ti-6Al-4V-2TiB

图 4-19 三种复合材料弹孔周围微观组织观测图

4.2 钛基复合材料的高温力学性能

研究颗粒增强钛基复合材料的主要目的是改善钛合金的基本特性,特别是提高合金的高温强度、蠕变抗力和应力持久强度。金属材料的形变受温度的显著影响,从低温到高温,形变机制主要以热激活、非热激活和扩散蠕变控制。一些热激活势垒,如溶质原子、沉淀、晶界、亚晶界等在一定温度范围内对位错运动有有效的钉扎作用,其高温强化作用不如弥散分布的硬粒子。然而,对于颗粒增强金属基复合材料,增强体粒子必须有足够的尺寸才能实现从基体到增强体的载荷转移,粒子太小会导致复合体延性降低。因而,复合材料中的增强体粒子的高温强化作用将随粒子尺寸增大而减小。比较复合体和未复合基体的组织因素主要有几点变化:存在不变形的粒子与相对软的基体之间的相互作用;有大量的粒子与基体界面存在;在界面区产生高密度的位错;基体内应力增大和加速沉淀动力。这些因素的强化作用是在一定的温度范围之内。

4.2.1 颗粒钛基复合材料的高温力学性能

为了寻找颗粒强化复合材料的更好的高温强化显微结构,对 TiC 颗粒增强钛基复合材料的高温拉伸性能进行了测量和评述,对复合材料的高温增强效果进行了讨论。试验所用材料与 4.1.1 节中所述一致,试验选取了 $210s^{-1}$ 和 $1252s^{-1}$ 两个应变率,测试温度选取了室温、300℃、560℃和 650℃四个温度。

图 4-20~图 4-23 分别给出了 TiC 颗粒增强钛基复合材料 TP-650 在不同温度下的应力应变关系。

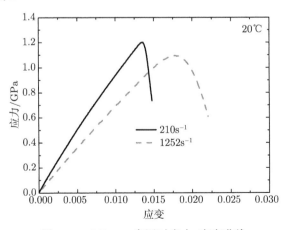

图 4-20 TP-650 室温时应力−应变曲线

先看图 4-20 室温下的情况，应该说 $210s^{-1}$ 和 $1252s^{-1}$ 这两个应变率下，材料都呈脆性断裂趋势，并且随应变率的提高，断裂应变会有所提高，变形程度会增强。分析其原因，更高的应变率下材料的变形时间缩短，在短时间内材料内部微裂纹形核和扩展的几率要远高于低应变率的情况，材料在没有达到很高的应力状态下就破坏了，所以高应变率下断裂应力并不高；并且高应变率下由于短时间内积聚的损伤演化速率高于低应变率下的，使得断裂时的变形程度也要稍大些。从图中同样发现，室温下较高应变率下材料的弹性模量要低于较低应变率状态，该结果与 4.1.1 节中的结果相同

观察图 4-21~ 图 4-22 可以发现，高温时复合材料表现出较好的塑性，并且相同的温度下，应变率强化的效果也呈现出来了。为了更好的揭示温度变化引起的差异，三幅图的应力纵轴采取相同的区间和比例，比较发现，在 300℃和 560℃时应变

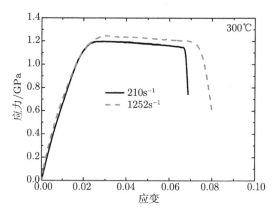

图 4-21　TP-650 在温度 300℃时应力–应变曲线

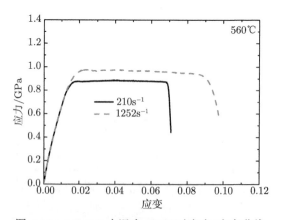

图 4-22　TP-650 在温度 560℃时应力–应变曲线

率强化的效应更明显,也就是在相同应变时,两个应变率造成的 $\Delta\sigma$ 的变化更大。初步解释,此现象与材料内部开动的位错密度有关。当温度升至 650℃时,应变率强化效应稍微减弱,主要由于热软化导致材料的强度降低。

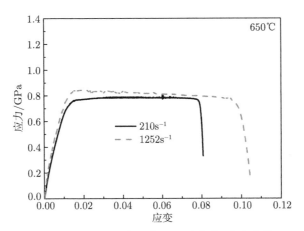

图 4-23　TP-650 在温度 65° 时应力–应变曲线

同时在图 4-21~图 4-23 中还能发现,高温时材料的模量又几乎相同了,300℃、560℃和 650℃三种温度下,不同应变率的两条曲线在弹性上升阶段几乎重合,此种现象与室温下的结果不同。高温时,复合材料的变形趋势随应变率的提高而增大,此现象与室温下相同。

图 4-24 和图 4-25 给出了 TiC 颗粒增强钛基复合材料 TP-650 不同应变率下,温度对材料应力应变关系的影响情况。

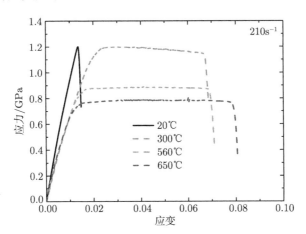

图 4-24　TP-650 在应变率 $210\mathrm{s}^{-1}$ 下应力–应变曲线

从图 4-24 中可以看出,在 $210\mathrm{s}^{-1}$ 的应变率下,温度 300℃时的应力–应变曲线的峰值应力与室温下差异不大，但是变形程度却显著高于室温时的情况；并且当温度提高到 560℃时，材料出现了软化，流变应力显著降低；当温度升至 650℃时，材料的流变应力进一步降低。

从图 4-25 中可以看出，在 $1252s^{-1}$ 的应变率下，室温下的峰值应力要比 300℃时的峰值应力低；当温度提高到 560℃时，材料同样显现了明显的软化趋势，流变应力降低；当温度升至 650℃时，材料的流变应力最低。

通过对图 4-24 和图 4-25 的分析，可以得出材料在温度越高的情况下，变形能力越强；并且在温度从 300℃到 650℃的变化中，流变应力都会降低。这种现象的原因与位错运动的热激活能理论有关，温度造成了位错运动阻力的势垒降低。但是从室温到 300℃变化的情况相对复杂，首先是在相对较低的应变率 $210s^{-1}$ 下，温度对于峰值应力的影响并不大，而应变率为 $1252s^{-1}$ 时，300℃情形下材料的峰值应力比室温下的大很多，似乎出现了所谓的温度强化现象，这好像预示着温度可以具有了与应变率相类似的影响。

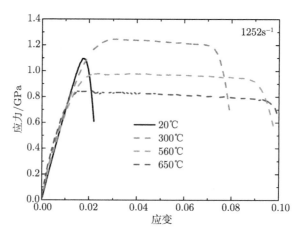

图 4-25　TP-650 在应变率 $1252s^{-1}$ 下应力–应变曲线

图 4-26 为 TiC 颗粒增强钛基复合材料 TP-650 在高温高应变率耦合状态下的应力应变关系曲线。从图中可以看出，高温高应变率下，TiC 颗粒增强钛基复合材料表现出较好的力学强度和韧性，具有比目前航空发动用高温钛合金更好的综合性能。从图中可以看出最高的流变应力出现在 300℃的 $1252s^{-1}$ 情况下，最低的流变应力出现在 650℃的 $210s^{-1}$ 情况下，最大的塑性流动发生在 650℃的 $1252s^{-1}$ 情况下，最小的塑性变形发生在 300℃的 $210s^{-1}$ 情况下。

于是可以推知当温度继续升高并继续提高应变率时，TiC 颗粒增强钛基复合材料同样可以获得与高温准静态下相类似的超塑性，可以猜想似乎现有的爆炸成形也可以用来加工 TiC 颗粒增强钛基复合材料。如果 TiC 颗粒增强钛基复合材料用作发动机承载件时，我们可以考虑在高温情况下限定冲击载荷的应变率，同样可以保证没有较大塑性的发生。而且我们也可以根据需要设定了使用温度之后，反过来设计颗粒增强钛基复合材料，总存在一个温度满足材料此时可以承受一般的冲击载荷。

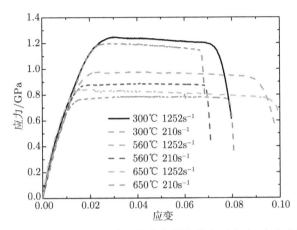

图 4-25 TP-650 在温度和应变率耦合状态下应力–应变曲线

4.2.2 Cr、Mo 和 TiC 组分的颗粒增强钛基复合材料高温性能

试验材料为 3.4.4 节中提到的五种钛基复合材料，材料具体组分见表 3-5。将材料制成拉伸试样，在 Instron 5500R 试验机上进行 600℃、650℃、700℃和 800℃的准静态拉伸试验。表 4-6 给出了不同温度下五种复合材料的高温拉伸特性，图 4-27 为几种材料拉伸极限随温度的变化规律。可以看出，几种复合材料的拉伸极限强度均随温度升高而降低，伸长率则恰好相反，当温度高于 700℃时这种趋势更加明显。对于 TMC1 复合材料，600℃时其拉伸强度还相对较高，可达 680MPa 左右。但当温度升至 650℃以上时，TMC1 的拉伸强度要明显低于其他四组材料 (图 4-27)。当 Cr 含量增加到 9%时，对应的 TMC2 复合材料在各组温度下的拉伸强度都比同温度下的 TMC1 高。当 Mo 含量降至 0.4%时，对应的 TMC3 材料在 600℃时的拉伸强度要低于 TMC1；但是随着温度的升高，TMC3 呈现出更优异的拉伸性能。和 TMC2 相比，650℃以下 TMC3 的拉伸强度更低，当温度升至 700℃以上时，两者的拉伸强度非常接近。

当 TiC 颗粒的体积分数增加到 20vol%时，对应的 TMC4 材料在各组温度下的拉伸极限强度均要高于 TMC3，尤其是 700℃以上。和 TMC3 材料相比，TMC4 在 700℃和 800℃拉伸极限的增量分别可达 118MPa 和 63MPa。通过对比 TMC4 和 TMC5 两种材料可知，增加基体材料中的 Zr 元素，能进一步提高材料的拉伸极限强度。总体而言，当温度低于 650℃时，TMC2 比 TMC3、TMC4 和 TMC5 具有更优异的综合性能，但是 700℃ 以上 TMC5 的优势更为明显。

表 4-6　几种钛基复合材料的高温拉伸特性

T/℃	TMC1		TMC2		TMC3	
	σ_b/MPa	δ_f/%	σ_b/MPa	δ_f/%	σ_b/MPa	δ_f/%
600	683.4±10.6	6.78±1.32	747.3±5.4	4.47±0.87	657.4±9.4	5.17±1.42
650	592.1±7.3	18.42±3.86	635.4±3.8	8.43±0.95	606.2±5.8	9.66±0.56
700	429.4±6.5	32.73±3.52	463.6±6.2	13.05±2.15	455.3±7.2	13.47±2.27
800	237.6±4.4	71.26±7.64	259.4±4.2	53.94±4.85	280.4±6.7	43.62±6.56

T/℃	TMC4		TMC5	
	σ_b/MPa	δ_f/%	σ_b/MPa	δ_f/%
600	680.6±11.8	1.64±0.41	667.5±15.6	1.13±0.52
650	624.3±6.2	2.71±0.27	652.5±10.3	2.39±0.46
700	573.6±2.3	3.88±0.54	629.6±6.7	3.35±0.27
800	343.1±2.8	10.26±2.36	387.2±4.6	7.53±1.78

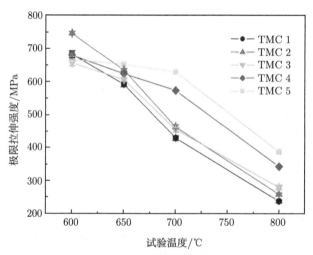

图 4-27　复合材料拉伸极限强度与温度的关系

考虑到基体软化是钛基复合材料在高温下拉伸强度降低的主要原因，可以得知当温度从 650℃ 上升到 700℃ 时，TMC2 材料的基体软化明显加剧，但是 TMC3 和 TMC4 基体的软化程度受到了限制。随着温度进一步升高，TMC3 和 TMC4 的基体软化越来越明显。对于 TMC1 材料而言，当温度高于 600℃ 以后基体软化现象就非常明显，从而导致其拉伸强度急剧下降。

应力-应变曲线的变化能够在一定程度上表征基体的软化现象。考虑到在研究温度范围内，TMC2 材料拉伸极限强度随温度的变化规律与 TMC4 和 TMC5 有显著的差异,因此选取 TMC2 和 TMC4 两组材料进行分析。图 4-28 给出了 TMC2 和 TMC4 两种材料在不同温度下的应力–应变曲线。可以看出,600℃时 TMC2 的拉伸应力在屈服之后缓慢提升,说明此时材料的基体软化不明显;650℃时材料塑性段的应力依旧增加;然而当温度上升至 700℃以上时,TMC2 塑性段的拉伸应力急剧下降,说明材料的基体软化严重。对比 TMC4 的应力–应变曲线可以得知,当 TiC 含量增加到 20vol%时,材料基体的软化被推迟。

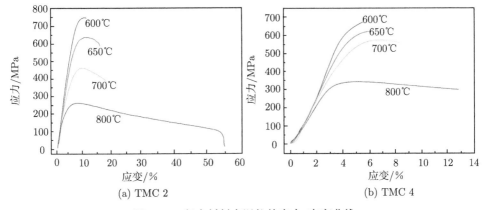

图 4-28　复合材料高温拉伸应力–应变曲线

图 4-29 给出了几组复合材料在高温拉伸下断面的 SEM 图片。从图 4-29(a) 可以看出,700℃时 TMC2 的断面主要包括断裂的 TiC 颗粒、开裂基体的撕裂棱或韧窝,表明材料的表现为韧性-脆性混合断裂机制,另外可以发现部分 TiC 颗粒被拉出;当温度升至 800℃时,断面可以观测到大量的韧窝,说明基体材料经历了较大的塑性变形。这些现象说明当温度超过 700℃时,TMC2 的基体材料明显软化,与应力–应变曲线较为一致。从图 4-29(b) 同样可以发现,800℃时 TMC3 材料断面也存在大量的韧窝,说明材料在此温度下也发生了软化。

从图 4-29(d) 和 (e) 可知,TMC4 和 TMC5 在 800℃时的断面特征与图 4-29(a) 类似,区别在于没有 TiC 颗粒被拉出。此外,一些断裂的 TiC 颗粒上可以观测到二次裂纹,说明这些 TiC 颗粒在高温变形过程中容易破碎。比较图 4-29(b)~(e) 可知,800℃时 TMC4 和 TMC5 的基体软化程度要轻于 TMC2 和 TMC3。

图 4-30 给出了几组复合材料在高温拉伸下断面附近纵切面的 SEM 图片。由于高温下基体材料发生了软化,这可能会影响 TiC 颗粒的承载能力。变形区域 TiC 颗粒的变化,可以反映温度对 TiC 颗粒承载能力的影响规律。从图 4-30(a) 可以看出,当 TMC2 在 700℃受到拉伸时,TiC 颗粒主要表现为断裂破坏;当温度上升至 800℃时,TiC 颗粒的失效主要为界面脱粘 (图 4-30(b))。这一变化说明当温度从 700℃升至 800℃时,TMC2 材料中的 TiC 颗粒承载能力急剧下降。从图 4-30(c)

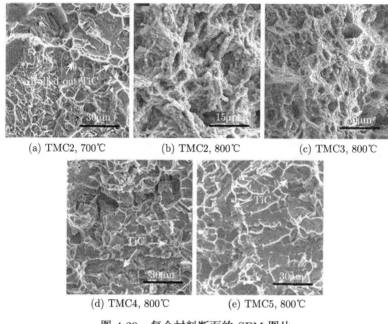

图 4-29 复合材料断面的 SEM 图片

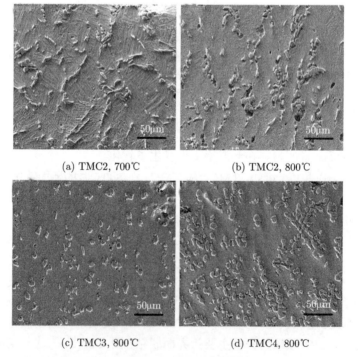

图 4-30 复合材料断面附近纵切面的 SEM 图片

4.2 钛基复合材料的高温力学性能

可以看出，800℃时 TMC3 材料中的 TiC 颗粒与基体发生严重脱粘，说明该材料中 TiC 颗粒的承载能力被明显减弱。当 TiC 颗粒体积分数增加到 20vol%时，对应的 TMC4 材料变形区的 TiC 颗粒主要发生了断裂失效(图 4-30(d))，说明该材料中的 TiC 颗粒在 800℃时仍能承受并传递载荷。

4.2.3 不同热处理下颗粒增强钛基复合材料高温性能

试验材料是采用 PTMP 制备的 TiC 颗粒增强钛基复合材料 TP-650，合金名义成分为：Ti-4.0~6.0Al-0.4~0.8Mo-0.3~0.6Si-2.0~3.0Sn-3.5~4.5Zr+nTiC。TP-650 复合材料旋锻棒在下述不同制度进行热处理：① 800℃，1h，AC；② 980℃，1h，AC+700℃，2h，AC；③ 1020℃，1h，AC+700℃，2h，AC；④ 1050℃，1h，AC+700℃，2h，AC。热处理之后的棒材加工成拉伸试样，在 Instron1195 电子拉伸试验机上进行 650℃拉伸试验，在 RC1230 上进行 650℃高温蠕变试验，在 RD2-3 试验机上进行 650℃高温持久性能的测试。图 4-31 为 TP-650 钛基复合材料在不同热处理制度下的 650℃高温拉伸性能。图 4-32 为 TP-650 和 IMI834，Ti-1100 高温拉伸性能对照。从图 4-31 可以看出，随着热处理温度的升高，TP-650 合金的抗拉强度先升后降，在 980℃对应制度下最高，屈服强度无明显变化；而材料延伸率在简单退火时最高，在双重处理时随固溶温度的提高逐步下降但仍保持在 20%以上，相应面缩率也保持在 30%以上。说明 TP-650 具有良好的高温强度和塑性的匹配。从图 4-32 可以看出，和 IMI834，Ti-1100 相比，在相同条件下，TP-650 比 IMI834 高出约 80MPa，比 Ti-1100 高出约 250MPa。说明该钛基复合材料具有良好的高温热强塑性。

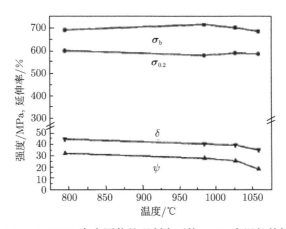

图 4-31　TP-650 在小同热处理制度下的 650℃高温拉伸性能

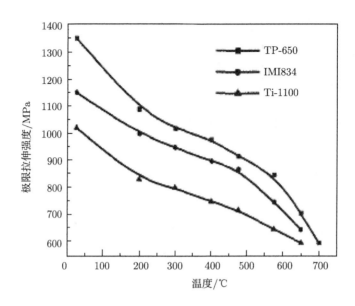

图 4-32　TP-650 和 IMI834，Ti-1100 高温拉伸性能

4.2.4　TP-650 钛基复合材料的高温持久和蠕变性能

从表 4-7 和表 4-8 可以看出，在 650℃高温及 220MPa 的高载荷作用下，达到破断的时间可以达到近 150h；而在 650℃，100h，100MPa 的苛刻条件下，材料的蠕变残余变形可以达到 0.1%。说明 TP-650 钛基复合材料 650℃高温持久和高温蠕变性能超过一般的热强钛合金。

表 4-7　TP-650 钛基复合材料的高温持久性能

热处理方式	T/℃	应力/MPa	断裂时间/h
1020℃，1h，AC+700℃，2h，AC	650	220	156：45
1020℃，1h，AC+700℃，2h，AC	650	220	149：35

表 4-8　TP-650 钛基复合材料的高温蠕变性能

热处理方式	T/℃	应力/MPa	时间/h	残余变形/%
1020℃，1h，AC+700℃，2h，AC	650	100	100	0.104
1020℃，1h，AC+700℃，2h，AC	650	100	100	0.082

4.2.5　复合材料的高温性能和合金组织的关系

材料的塑性变形主要是由位错的滑移引起的。在一定的载荷下，滑移面上的位

4.2 钛基复合材料的高温力学性能

错运动到一定程度后，位错运动受阻发生塞积，就不能继续滑移，也就是只能产生一定的塑变。常温下提高载荷，增大位错的切应力，才能使位错重新增殖和运动。但高温下温度升高，给原子和空位提供了热激活的可能。位错可克服障碍得以运动，继续产生塑变。由于高强、高模量 TiC 粒子的加入，复合材料位错密度较高，随着温度的提高，基体中溶质原子的自由能增大，纷纷在能量较低的位错线上沉积，形成 Cottrell 拖拉气团阻碍位错运动。

图 4-33 为 TP-650 钛基复合材料中 TiC 颗粒的形状及分布。从图中可以看出，TiC 颗粒在基体中呈球形，而且界面清晰均匀。说明 TiC 和基体之间呈冶金结合状态，TiC 周围有圈亮的冶金结合环带。高倍观察发现，TiC 和基体之间界面光滑，呈冶金润滑状态，无机械结合的齿状痕迹。该亮环即为 TiC 在基体中的降解反应层。在基体金属中形成网状或骨架状的新的固相。良好的冶金结合环带和网状弥散分布的晶界析出相使材料的综合高温性能大大提高。材料在变形过程中，基体中产生大量位错线，位错线上存在析出物对位错有钉扎作用，阻碍位错运动。TiC 粒子的加入以及析出物都会显著细化晶粒，同样也会增加位错阻力，提高材料高温性能。

图 4-33 界面清晰的 TiC 颗粒

图 4-34 和图 4-35 分别为 TP-650 高温持久和蠕变试样的显微组织图。由图可以看出，TP-650 钛基复合材料在经过 1020℃，1h，AC+700℃，2h，AC 固溶加时效处理后，金相组织主要表现为：TiC 粒子形状球化效果更加明显，在基体中晶界及晶内析出均匀分布的 β 片层，而且片层取向任意。由于硬质点 TiC 粒子在高温下仍能保持原有的尺寸，其增强效果在高温仍能保持较长的时间，使复合材料的抗蠕变性能和持久性能大大提高。弥散分布的析出物约束位错的滑移，也对复合材料的抗蠕变性能及持久性能有所贡献。

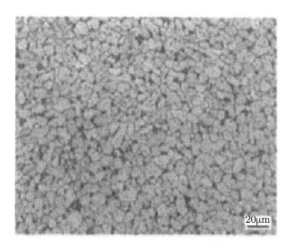

图 4-34　TP-650 持久试样的显微组织

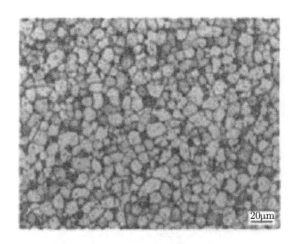

图 4-35　TP-650 蠕变试样的显微组织

4.3　钛基复合材料的本构模型

钛合金是航空工业中应用广泛的金属结构材料。由于钛合金的组织和性能对变形时的热加工参数比较敏感，其适合的热加工参数范围较狭隘，用一般的锻造方法难以获得理想的微观组织和性能。研究钛合金在锻造成形过程中的变形规律，对获得理想的锻件性能有重要作用。建立金属材料的本构关系模型，是运用有限元方法对金属塑性成形过程进行数值模拟的前提条件。

4.3.1 Johnson-Cook 本构方程的建立

1983 年，Johnson 和 Cook 利用低应变率的等温扭转实验、等温拉伸实验、不同应变率下的压缩与拉伸实验 (准静态及 SHPB、SHTB)、不同应变率下的扭转实验以及在温度可调情况下的 SHPB 实验，提出了一个适用于金属材料高温条件下、从低应变率到高应变率的本构模型 (简称 J-C 模型)。

显而易见，越是复杂的模型对材料的力学行为的描述越准确，而且由于每种材料之间性质的差别，如果描述不同材料的力学响应特性采用不同的模型，虽然能更好地适用试验和理论结果，但是很多时候计算程序却要求结构简单和参数较少而且易获得的模型。Johnson-Cook 模型由于形式简单、计算方便，模型中的变量在很多的计算程序和实验中已经获得，在大量的冲击动力学研究中得到了广泛的应用。这个模型起初就是为了数值模拟计算而建立起来的，其中的变量在大多数计算程序中已经得到，尤其是在工程计算中得到了广泛的认可。

Johnson-Cook 模型是纯经验模型，在 20 世纪 80 年代，它是针对弹道侵彻和撞击等问题而建立发展起来的。它综合考虑了温度、应变和应变率等变量，通过简单的形式，每一项都能进行清晰合理的物理解释，而且参数较少和较容易得到的参数使它得到了大多数人的认可和使用。该模型不仅适用于对金属材料从低应变率到高应变率下的动态行为的描述，而且可用于准静态变形下的力学行为分析。

Johnson-Cook 模型作为目前应用最为广泛的本构模型，能比较准确地描述金属材料的应变强化效应、应变率效应以及温度效应。

从静态和动态拉伸力学性能方面研究在室温和高温下颗粒增强钛基复合材料的力学性能。通过对不同温度下静态和动态拉伸力学试验的应力-应变结果进行处理，并依据计算得到的参数拟合出对应的复合材料 Johnson-Cook 本构方程。

首先，Johnson-Cook 模型假设材料是各向同性硬化，且二维应变和应变率张量能够利用简单的标量形式进行表述。本构模型可以表示成下式：

$$\sigma = (A + B\varepsilon^n)(1 + C\ln\dot{\varepsilon}^*)(1 - T^{*m}) \tag{4-4}$$

其中，σ 为 von Mises 流动应力；ε 为等效塑性应变；$\dot{\varepsilon}^*$ 为等效塑性应变率 ($\dot{\varepsilon}^* = \dot{\varepsilon}/\dot{\varepsilon}_0$)；$T^*$ 为无量纲化的温度项 ($T^* = (T - T_r)/(T_m - T_r)$)；$T_r$ 为参考温度 (一般取室温)；T_m 为常态下材料的熔化温度。

模型中有 5 个待定经验参数，各参数的物理意义分别为：A 为屈服强度；B 和 n 为应变强化参数；C 为应变率敏感系数；m 为温度软化效应参数；$\dot{\varepsilon}_0$ 为 Johnson-Cook 模型的参考应变速率，一般取准静态下的应变速率，此处取 $10^{-3}\mathrm{s}^{-1}$。

式 (4-4) 中第一个因子给出的是应变强化作用，即当 $\dot{\varepsilon}^* = 0$ 和 $T^* = 0$ 时流动应力与等效塑性应变的函数关系；第二个因子表示的是应变率效应，也可以说是瞬时应变率的敏感度；第三个因子表示的是温度软化效应，即温度对屈服应力的软化作用。Johnson-Cook 模型简单地将以上三个因子相乘，把应变、应变率和温度这几项影响因素综合考虑进来，利用少量的实验得出的结果就可以确定这些参数。

计算过程分三步：第一步是由应变率 $\dot{\varepsilon}_0$ 和室温 T_r 下的准静态应力-应变实验结果计算得到第一个因子内的参数 A、B、n；第二步是由室温 T_r 下不同应变率的应力-应变实验结果计算得到第二个因子内的参数 C；第三步是由某一应变率下的高温实验结果拟合第三个因子内的参数。

(1) J-C 本构模型中参数 A 的确定。

模型中的应变指的是塑性应变，所以通过准静态试验得到的屈服应力 (即塑性应变为零时所对应的应力) 为 A。

在室温下取参考应变率即 $\dot{\varepsilon}_0=10^{-3}\mathrm{s}^{-1}$，在由实验结果组成的应力-应变曲线的屈服点，而 A 为屈服点的应力，所以 $A=1.17\mathrm{GPa}$。

(2) J-C 本构模型中参数 B 和 n 的确定。

在室温且应变率为 $10^{-3}\mathrm{s}^{-1}$ 时

$$\sigma = (A + B\varepsilon^n)\left(1 + C\ln\frac{\dot{\varepsilon}}{\dot{\varepsilon}_0}\right)\left(1 - \left(\frac{T - T_r}{T_m - T_r}\right)^m\right)$$

简化成 $\sigma = (A + B\varepsilon^n)$，即此时不考虑应变率效应和温度效应，然后将式子两边进行取对数，得到下式：

$$\ln(\sigma - A) = \ln B + n\ln\varepsilon \tag{4-5}$$

将准静态试验得到的应力-应变关系转化成 $\ln(\sigma - A)$-$\ln\varepsilon$ 关系 (图 4-36)，利用线性拟合得到斜率为 n，截距为 $\ln B$。

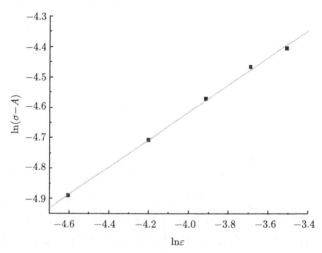

图 4-36　$\ln(\sigma - A)$-$\ln\varepsilon$ 的关系

4.3 钛基复合材料的本构模型

此时应变的取值从 0.02 到 0.04，屈服点的应变大约为 0.01，换成塑性应变即为 0.01~0.03，而应力是相对应变 0.02~0.04 的值。

得到 $\ln B = -2.82024$，$n=0.44912$，$B=0.059592$。

(3) J-C 本构模型中参数 C 的确定。

参数 C 的物理意义是材料应变率敏感系数。当塑性应变 $\varepsilon = 0$ 和试件温度为室温时，由式 (4-4) 可以得到室温下的动态屈服应力和应变率的关系：

当室温时，应变率为 $10^{-2} \mathrm{s}^{-1}$ 时，得到

$$\frac{\sigma}{A+B\varepsilon^n} - 1 = C\ln\dot{\varepsilon}^* \tag{4-6}$$

将应力-应变曲线转化成 $\left(\dfrac{\sigma}{A+B\varepsilon^n} - 1\right)$-$\ln\dot{\varepsilon}^*$ 关系，进行线性拟合，斜率即为 C(图 4-37)。

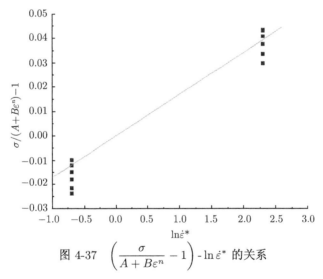

图 4-37　$\left(\dfrac{\sigma}{A+B\varepsilon^n} - 1\right)$-$\ln\dot{\varepsilon}^*$ 的关系

$C=0.01717$。

(4) J-C 本构模型中参数 m 的确定。

$$\sigma = (A+B\varepsilon^n)(1+C\ln\dot{\varepsilon}^*)(1-T^{*m})$$

$$\frac{\sigma}{(A+B\varepsilon^n)(1+C\ln\dot{\varepsilon}^*)} = 1 - T^{*m}$$

两边取对数，得到下式

$$\ln\left\{1 - \frac{\sigma}{(A+B\varepsilon^n)(1+C\ln\dot{\varepsilon}^*)}\right\} = m\ln T^* \tag{4-7}$$

作 $\ln\left\{1-\dfrac{\sigma}{(A+B\varepsilon^n)(1+C\ln\dot\varepsilon^*)}\right\}$-$\ln T^*$ 曲线，进行线性拟合，斜率即为 m。
当应变率为 $210\mathrm{s}^{-1}$ 时，得到图 4-38。

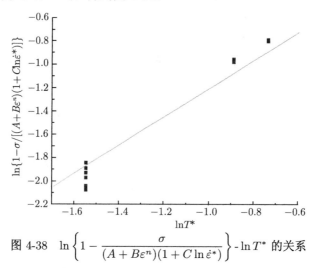

图 4-38 $\ln\left\{1-\dfrac{\sigma}{(A+B\varepsilon^n)(1+C\ln\dot\varepsilon^*)}\right\}$-$\ln T^*$ 的关系

$m=1.20326$

当应变率为 $1252\mathrm{s}^{-1}$ 时，得到图 4-39。

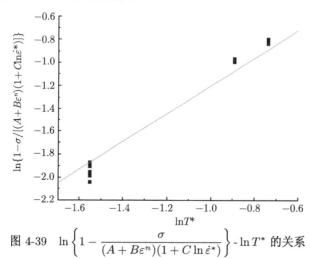

图 4-39 $\ln\left\{1-\dfrac{\sigma}{(A+B\varepsilon^n)(1+C\ln\dot\varepsilon^*)}\right\}$-$\ln T^*$ 的关系

$m=1.21039$

综上，取 $m=1.2$。

所以得到钛基复合材料的 Johnson-Cook 模型的表达式为

$$\sigma=\left(1.17+0.059592\varepsilon^{0.44912}\right)\left(1+0.01717\ln(1000\dot\varepsilon)\right)\left(1-\left(\dfrac{T-20}{1315}\right)^{1.2}\right)$$

4.3 钛基复合材料的本构模型

试验与预测结果比较见图 4-40～图 4-48。

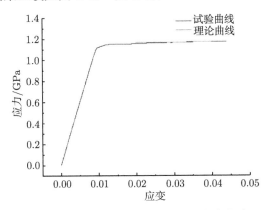

图 4-40　20℃，$0.01s^{-1}$ 下的应力-应变曲线

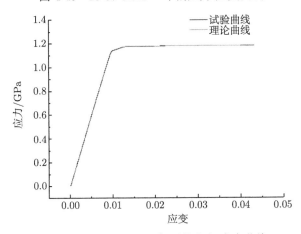

图 4-41　20℃，$0.001s^{-1}$ 下的应力-应变曲线

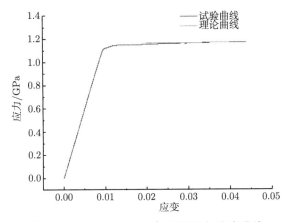

图 4-42　20℃，$0.0005s^{-1}$ 下的应力-应变曲线

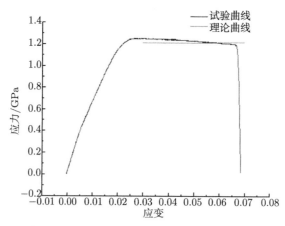

图 4-43　300℃，210s^{-1} 下的应力-应变曲线

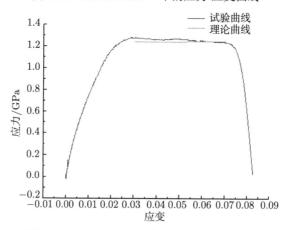

图 4-44　300℃，1252s^{-1} 下的应力-应变曲线

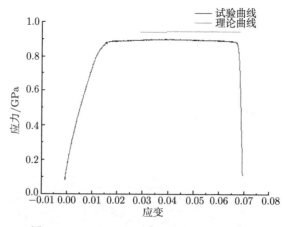

图 4-45　560℃，210s^{-1} 下的应力-应变曲线

4.3 钛基复合材料的本构模型

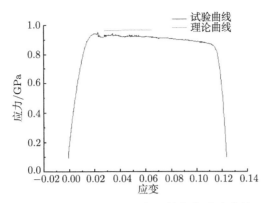

图 4-46　560℃，$1252s^{-1}$ 下的应力-应变曲线

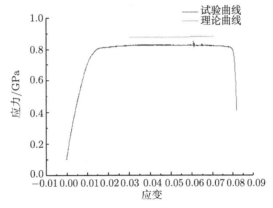

图 4-47　650℃，$210s^{-1}$ 下的应力-应变曲线

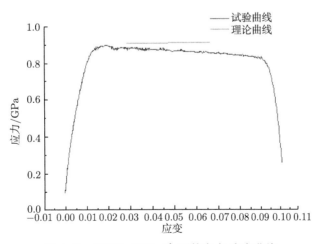

图 4-48　650℃，$1252s^{-1}$ 下的应力-应变曲线

上面比较了试验数据和理论计算数据,其中在室温下应变率分别为 $0.01\mathrm{s}^{-1}$、$0.001\mathrm{s}^{-1}$ 和 $0.0005\mathrm{s}^{-1}$ 结果拟合得还不错,300°C下不同应变率的拟合结果和实验结果比较理想,但是在 560°C 和 650°C 下不同应变率的拟合结果普遍高于实验结果,不是很理想。

4.3.2 修正 Johnson-Cook 本构模型

同样的,利用在室温下应变率为 $0.0001\mathrm{s}^{-1}$ 进行本构模型参数的计算。修正后的本构模型为

$$\sigma = (A_1 + B_1\varepsilon + B_2\varepsilon^2)\left(1 + C_1 \ln \frac{\dot{\varepsilon}}{\dot{\varepsilon}_0}\right) \exp\left[\left(\lambda_1 + \lambda_2 \ln \frac{\dot{\varepsilon}}{\dot{\varepsilon}_0}\right)(T - T_\mathrm{r})\right] \tag{4-8}$$

模型中有 6 个待定经验参数,各参数的物理意义分别为:A_1、B_1、B_2、C_1、λ_1 和 λ_2 为材料参数;$\dot{\varepsilon}_0$ 为 Johnson-Cook 模型的参考应变速率,这里取准静态下的应变速率 $10^{-3}\mathrm{s}^{-1}$。

为了确定参数 A_1、B_1、B_2、C_1,在室温且应变率为 $10^{-3}\mathrm{s}^{-1}$ 时,式 (4-8) 简化成

$$\sigma = (A_1 + B_1\varepsilon + B_2\varepsilon^2) \tag{4-9}$$

取应变从 0.02 到 0.04,见图 4-49。

所以得到 $A_1=1.16872\mathrm{GPa}$,$B_1=0.53969\mathrm{GPa}$,$B_2=-5.04968\mathrm{GPa}$。

取室温下应变率分别为 $0.01\mathrm{s}^{-1}$ 和 $0.0005\mathrm{s}^{-1}$,代入修正方程得

$$\sigma = (A_1 + B_1\varepsilon + B_2\varepsilon^2)(1 + C_1 \ln 10)$$

$$\sigma = (A_1 + B_1\varepsilon + B_2\varepsilon^2)(1 + C_1 \ln 0.5)$$

整理得

$$\frac{\sigma}{A_1 + B_1\varepsilon + B_2\varepsilon^2} - 1 = C_1 \ln 10$$

$$\frac{\sigma}{A_1 + B_1\varepsilon + B_2\varepsilon^2} - 1 = C_1 \ln 0.5$$

利用上面两个不同应变率下的应力-应变作出 $\left(\dfrac{\sigma}{A_1 + B_1\varepsilon + B_2\varepsilon^2} - 1\right)$-$\ln\dfrac{\dot{\varepsilon}}{\dot{\varepsilon}_0}$ 曲线 (图 4-50)。

4.3 钛基复合材料的本构模型

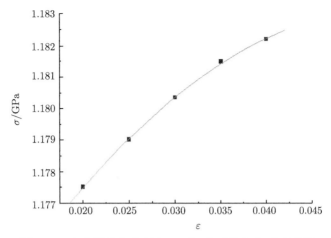

图 4-49 在室温且应变率为 $10^{-3}\mathrm{s}^{-1}$ 时的应力-应变曲线

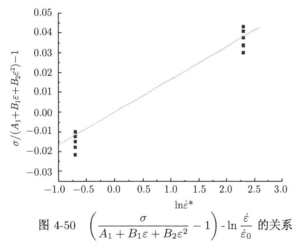

图 4-50 $\left(\dfrac{\sigma}{A_1+B_1\varepsilon+B_2\varepsilon^2}-1\right)$-$\ln\dfrac{\dot\varepsilon}{\dot\varepsilon_0}$ 的关系

所以得到 $C_1=0.01658$。

确定参数 λ_1 和 λ_2，假设

$$\dot\varepsilon^*=\frac{\dot\varepsilon}{\dot\varepsilon_0} \tag{4-10}$$

$$\lambda=\lambda_1+\lambda_2\ln\dot\varepsilon^* \tag{4-11}$$

方程简化成

$$\frac{\sigma}{(A_1+B_1\varepsilon+B_2\varepsilon^2)(1+C_1\ln\dot\varepsilon^*)}=\exp[\lambda(T-T_\mathrm{r})]$$

$$\ln\left(\frac{\sigma}{(A_1+B_1\varepsilon+B_2\varepsilon^2)(1+C_1\ln\dot\varepsilon^*)}\right)=\lambda(T-T_\mathrm{r}) \tag{4-12}$$

在应变率分别为 210 和 1252s^{-1} 时,绘制 $\ln\left(\dfrac{\sigma}{(A_1+B_1\varepsilon+B_2\varepsilon^2)(1+C_1\ln\dot{\varepsilon}^*)}\right)$-$(T-T_\mathrm{r})$ 关系图形 (图 4-51 和图 4-52)。

得到 λ 分别为 -0.00089691 和 -0.000802453。

然后绘制 λ-$\ln\dot{\varepsilon}^*$ 图形 (图 4-53)。

得到 λ_1 和 λ_2 分别为 -0.00155 和 0.0000532097。

所以得到修正后的本构方程为

$$\begin{aligned}\sigma =&(1.16872+0.53969\varepsilon-5.04968\varepsilon^2)\left(1+0.01658\ln\dfrac{\dot{\varepsilon}}{\dot{\varepsilon}_0}\right)\\&\times\exp\left[\left(-0.00155+0.0000532097\ln\dfrac{\dot{\varepsilon}}{\dot{\varepsilon}_0}\right)(T-20)\right]\end{aligned} \qquad(4\text{-}13)$$

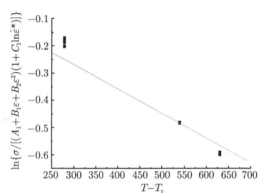

图 4-51 应变率 210s^{-1} 下 $\ln\left(\dfrac{\sigma}{(A_1+B_1\varepsilon+B_2\varepsilon^2)(1+C_1\ln\dot{\varepsilon}^*)}\right)$-$(T-T_\mathrm{r})$ 的关系

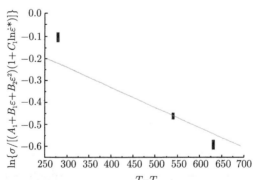

图 4-52 应变率 1252s^{-1} 下 $\ln\left(\dfrac{\sigma}{(A_1+B_1\varepsilon+B_2\varepsilon^2)(1+C_1\ln\dot{\varepsilon}^*)}\right)$-$(T-T_\mathrm{r})$ 的关系

4.3 钛基复合材料的本构模型

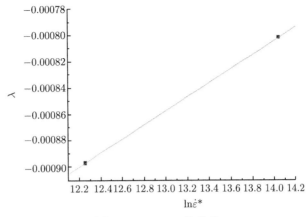

图 4-53 λ-$\ln\dot{\varepsilon}^*$ 的关系

试验和理论计算结果比较见图 4-54～图 4-57。

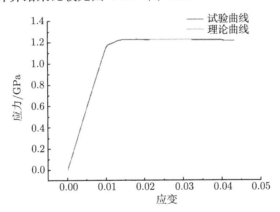

图 4-54 应变率 $0.01\mathrm{s}^{-1}$ 下的应力-应变曲线

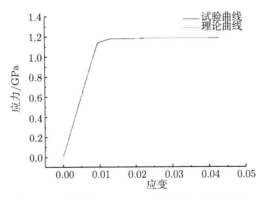

图 4-55 应变率 $0.001\mathrm{s}^{-1}$ 下的应力-应变曲线

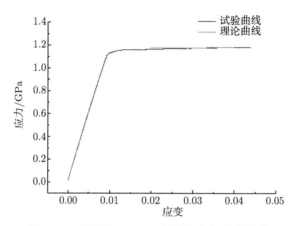

图 4-56　应变率 0.0005s^{-1} 下的应力-应变曲线

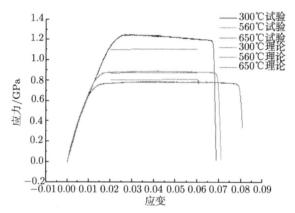

图 4-57　应变率 210s^{-1} 下的应力-应变曲线 (详见书后彩图)

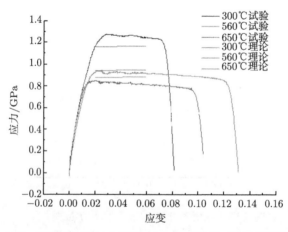

图 4-58　应变率 1252s^{-1} 下的应力-应变曲线 (详见书后彩图)

比较试验数据和理论计算数据，其中在室温下准应变率结果吻合得很好，同时在温度为 560℃下的应力-应变也有不错的一致性，650℃下理论应力略高于试验应力，在可接受的范围之内，但是结果在温度为 300℃时理论值普遍比试验值低很多。

4.3.3 钛基复合材料的细观本构模型

由于 TiC 颗粒与基体钛合金之间的热膨胀系数不同，在颗粒增强钛基复合材料的制备和加工过程中，必然会引入一些微损伤。含有微损伤的复合材料在承受冲击载荷作用时，内部的微损伤开始扩展和连接，这使得材料的力学性能劣化，最终导致宏观开裂或材料破坏。

从细观复合材料的角度出发，将复合材料 TP-650 看成是由 TiC 增强颗粒、钛基体和三组相互正交的微裂纹组成的三相复合材料。假设钛基体和 TiC 颗粒是均匀的、各向同性的、线弹性的；微裂纹为各向异性的，并假设 TiC 颗粒为球形，微裂纹为钱币状，钛合金基体和 TiC 颗粒界面结合完好。以 Eshelby 等效夹杂理论和 Mori-Tanaka 平均场理论为基础，推导得到了复合材料的柔度张量。借鉴其他准脆性材料微裂纹成核和扩展模型，建立了复合材料 TP-650 的一维准静态本构模型和一维动态本构模型。

1. Mori-Tanaka 方法

Mori-Tanaka 方法为求解材料内部平均应力的背应力方法，是 20 世纪 70 年代 Mori 和 Tanaka 在研究弥散硬化材料的加工硬化时得到的。由于该方法简单而且一定程度上考虑了夹杂相之间的相互作用，成为研究非均质复合材料性能的一个有效方法。

对于 n 相复合材料，把形状、方位和弹性模量相同的夹杂作为一组，定义基体为 0 相，第 r 相夹杂材料为 r 相。基体的柔度张量为 M^0，刚度张量为 L^0，体积分数为 C_0，则第 r 相夹杂材料的柔度张量为 M^r，刚度模量为 L^r，体积分数为 C_r，则

$$\sum_{r=0}^{n-1} C_r = 1 \tag{4-14}$$

设复合材料在边界受到远场均匀应力 σ 作用，基于 Mori-Tanaka 平均场理论，则

$$\sigma = L : \varepsilon, \quad \varepsilon = M : \sigma \tag{4-15}$$

其中，ε 为复合材料体积平均应变，M、L 分别为复合材料的柔度张量和刚度张量。

$$\varepsilon = \sum_{r=0}^{n-1} C_r \varepsilon^{(r)}, \quad \sigma = \sum_{r=0}^{n-1} C_r \sigma^{(r)} \tag{4-16}$$

式中，$\sigma^{(r)}$ 和 $\varepsilon^{(r)}$ 为复合材料第 r 相夹杂的体积平均应力和体积平均应变。

根据 Eshelby 等效夹杂理论有

$$\sigma^{(r)} = L^r : \varepsilon^{(r)} = L^0 : (\varepsilon^{(r)} - \varepsilon_r^*) \tag{4-17}$$

$$\varepsilon^{(r)} = M^r : \sigma^{(r)} = M^0 : (\sigma^{(r)} - \sigma_r^*) \tag{4-18}$$

式中，σ_r^* 和 ε_r^* 分别为复合材料第 r 相夹杂的本征应力和本征应变。

因为颗粒和基体材料有不同弹性性质，在外场力作用下第 r 相夹杂的平均应力和平均应变不同于基体内相应的平均值，假设平均应力和平均应变的差值分别为 $\sigma^{pt(r)}$ 和 $\varepsilon^{pt(r)}$，即

$$\varepsilon^{pt(r)} = \varepsilon^{(r)} - \varepsilon^{(0)} \tag{4-19}$$

$$\sigma^{pt(r)} = \sigma^{(r)} - \sigma^{(0)} \tag{4-20}$$

根据 Eshelby 等效夹杂理论可知，在第 r 相增强相中有

$$\varepsilon^{pt(r)} = S_r : \varepsilon_r^* \tag{4-21}$$

式中，S_r 为第 r 相夹杂的 Eshelby 张量，与夹杂形状、方向以及基体性质有关。定义第 r 相夹杂的约束张量 M_r^*，使其满足下式：

$$L^0 : (I - S_r) = (M_r^* + M^0)^{-1} \tag{4-22}$$

联立式 (4-19)~ 式 (4-22)，将式 (4-17) 写成

$$\sigma^{(r)} = L^0 : (\varepsilon^{(r)} - \varepsilon_r^*) = L^0 : (\varepsilon^{(0)} + \varepsilon^{pt(r)} - \varepsilon_r^*) = \sigma^{(0)} - (M_r^* + M^0)^{-1} : \varepsilon_r^* \tag{4-23}$$

由式 (4-17) 得

$$\varepsilon_r^* = (M^r - M^0) : \sigma^{(r)} \tag{4-24}$$

将式 (4-24) 代入式 (4-23) 得

$$\sigma^{(r)} = B_r^0 : \sigma^{(0)} \tag{4-25}$$

式中

$$B_r^0 = (M_r^* + M^r)^{-1} : (M_r^* + M^0) \tag{4-26}$$

将式 (4-26) 代入式 (4-16) 第二式得

$$\sigma = \sum_{r=0}^{n-1} C_r \sigma^{(r)} = \left(\sum_{r=0}^{n-1} C_r B_r^0 \right) : \sigma^{(0)} \tag{4-27}$$

将式 (4-27) 代入式 (4-25) 得

$$\sigma^{(r)} = B_r^0 : \left(\sum_{r=0}^{n-1} C_r B_r^0\right)^{-1} : \sigma \tag{4-28}$$

联立式 (4-16)、式 (4-18)、式 (4-28) 有

$$M = \left(\sum_{r=0}^{n-1} C_r M^r B_r^0\right) : \left(\sum_{r=0}^{n-1} C_r B_r^0\right)^{-1} \tag{4-29}$$

将式 (4-22) 改写成

$$M_r^* = \left[(I - S_r)^{-1} - I\right] : M^0 \tag{4-30}$$

将式 (4-30) 代入式 (4-26) 得

$$B_r^0 = \left[S_r : M^0 + (I - S_r) : M^r\right]^{-1} : M^0 \tag{4-31}$$

已知有

$$M^0 = (L^0)^{-1}, \quad M^r = (L^r)^{-1}$$

代入式 (4-31) 可得到

$$B_r^0 = L^r : \left[S_r : (L^0)^{-1} : L^r + (I - S_r)\right]^{-1} : (L^0)^{-1} \tag{4-32}$$

将式 (4-32) 代入式 (4-29) 可以得到复合材料的柔度张量：

$$\begin{aligned} M &= \left(\sum_{r=0}^{n-1} C_r M^r : B_r^0\right) : \left(\sum_{r=0}^{n-1} C_r B_r^0\right)^{-1} \\ &= \left\{\sum_{r=0}^{n-1} C_r \left[S_r : (L^0)^{-1} : L^r + (I - S_r)\right]^{-1} : (L^0)^{-1}\right\} \\ &\quad : \left\{\sum_{r=0}^{n-1} C_r L^r : \left[S_r : (L^0)^{-1} : L^r + (I - S_r)\right]^{-1} : (L^0)^{-1}\right\}^{-1} \end{aligned} \tag{4-33}$$

2. 复合材料准静态本构模型

将复合材料 TP-650 看成由基体钛合金 (0 相)、TiC 颗粒 (1 相) 和三组相互正交的微裂纹 (2, 3, 4 相) 组成的三相复合材料，无损基体和增强颗粒的刚度张量为 L^0 和 L^1，三组相互正交微裂纹的刚度张量分别为 L^2、L^3、L^4，C_0、C_1、C_2、C_3 和 C_4 分别为与其相应的体积百分比，$S_0 = I$ 为无损基体的 Eshelby 张量，S_1 为增强

颗粒的 Eshelby 张量，S_2、S_3 和 S_4 为三组相互正交的微裂纹相的 Eshelby 张量。假设 TiC 颗粒为球形，微裂纹为钱币状。由上节可得复合材料柔度张量：

$$M = \left(\sum_{r=0}^{n-1} C_r M^r : B_r^0\right) : \left(\sum_{r=0}^{n-1} C_r B_r^0\right)^{-1}$$

$$= (C_0 M^0 : B_0^0 + C_1 M^1 : B_1^0 + C_2 M^2 : B_2^0 + C_3 M^3 : B_3^0 + C_4 M^4 : B_4^0)$$

$$: (C_0 B_0^0 + C_1 B_1^0 + C_2 B_2^0 + C_3 B_3^0 + C_4 B_4^0)^{-1} \tag{4-34}$$

其中，$C_0 + C_1 + C_2 + C_3 + C_4 = 1$。

由式 (4-31) 可知

$$B_0^0 = I, \quad M^0 B_0^0 = (L^0)^{-1} \tag{4-35}$$

$$B_i^0 = L^i : \left[S_i : (L^0)^{-1} : L^i + (I - S_i)\right]^{-1} : (L^0)^{-1} \quad (i = 1, 2, 3, 4) \tag{4-36}$$

$$M^i B_i^0 = \left[S_i : (L^0)^{-1} : L^i + (I - S_i)\right]^{-1} : (L^0)^{-1} \quad (i = 1, 2, 3, 4) \tag{4-37}$$

将式 (4-35)~式 (4-37) 代入式 (4-34) 得

$$M = \Big\{ C_0 M^0 + C_1 \left[S_1 : (L^0)^{-1} : L^1 + (I - S_1)\right]^{-1} : M^0$$

$$+ C_2 \left[S_2 : (L^0)^{-1} : L^2 + (I - S_2)\right]^{-1} : M^0$$

$$+ C_3 \left[S_3 : (L^0)^{-1} : L^3 + (I - S_3)\right]^{-1} : M^0$$

$$+ C_4 \left[S_4 : (L^0)^{-1} : L^4 + (I - S_4)\right]^{-1} : M^0 \Big\}$$

$$: \Big\{ C_0 I + C_1 L^1 : \left[S_1 : (L^0)^{-1} : L^1 + (I - S_1)\right]^{-1} : M^0$$

$$+ C_2 L^2 \left[S_2 : (L^0)^{-1} : L^2 + (I - S_2)\right]^{-1} : M^0$$

$$+ C_3 L^3 : \left[S_3 : (L^0)^{-1} : L^3 + (I - S_3)\right]^{-1} : M^0$$

$$+ C_4 L^4 \left[S_4 : (L^0)^{-1} : L^4 + (I - S_4)\right]^{-1} : M^0 \Big\}^{-1} \tag{4-38}$$

对于微裂纹，$L^2 = L^3 = L^4 = 0$，代入式 (4-38) 得

$$M = \Big\{ C_0 M^0 + C_1 \left[S_1 : (L^0)^{-1} : L^1 + (I - S_1)\right]^{-1} : M^0$$

$$+ C_2 (I - S_2)^{-1} : M^0 + C_3 (I - S_3)^{-1} : M^0 + C_4 (I - S_4)^{-1} : M^0 \Big\}$$

$$: \Big\{ C_0 I + C_1 L^1 \left[S_1 : (L^0)^{-1} : L^1 + (I - S_1)\right]^{-1} : M^0 \Big\}^{-1} \tag{4-39}$$

4.3 钛基复合材料的本构模型

化简得到

$$\begin{aligned}M =& \left\{C_0 I + C_1\left[S_1:(L^0)^{-1}:L^1+(I-S_1)\right]^{-1}\right.\\ &+C_2(I-S_2)^{-1}+C_3(I-S_3)^{-1}+C_4(I-S_4)^{-1}\Big\}\\ &:\left\{C_0 L^0 + C_1 L^1\left[S_1:(L^0)^{-1}:L^1+(I-S_1)\right]^{-1}\right\}^{-1}\end{aligned} \quad (4\text{-}40)$$

为了计算方便，令

$$X = \left[S_1:(L^0)^{-1}:L^1+(I-S_1)\right]^{-1}$$

$$W=(I-S_2)^{-1},\quad Y=(I-S_3)^{-1},\quad Z=(I-S_4)^{-1} \quad (4\text{-}41)$$

$$R=\{C_0 L^0 + C_1 L^1 : X\}^{-1}$$

$$M=\{C_0 I + C_1 X + C_2 W + C_3 Y + C_4 Z\}:R$$

将 M、L^0、L^1、S_1、S_2、W、X 表示成 Walpole 简化形式：

$$\begin{aligned}&L^0 = (2k_0, l_0, l'_0, n_0, 2m_0, 2p_0)\\ &L^1 = (2k_1, l_1, l'_1, n_1, 2m_1, 2p_1)\\ &I = (1,0,0,1,1,1)\\ &W = (W_1, W_2, W_3, W_4, W_5, W_6)\\ &X = (X_1, X_2, X_3, X_4, X_5, X_6)\\ &S_1 = (S^1_{3333}+S^1_{3322}, S^1_{2211}, S^1_{1133}, S^1_{1111}, 2S^1_{2323}, 2S^1_{1212})\\ &S_2 = (S^1_{3333}+S^2_{3322}, S^2_{2211}, S^2_{1133}, S^2_{1111}, 2S^2_{2323}, 2S^2_{1212})\\ &M^0 = (M_{01}, M_{02}, M_{03}, M_{04}, M_{05}, M_{06})\end{aligned} \quad (4\text{-}42)$$

有

$$\begin{aligned}(L^0)^{-1} &= M^0\\ &=\left(\frac{n_0}{2k_0 n_0 - 2l_0 l'_0}, -\frac{l_0}{2k_0 n_0 - 2l_0 l'_0}, -\frac{l'_0}{2k_0 n_0 - 2l_0 l'_0}, \frac{2k_0}{2k_0 n_0 - 2l_0 l'_0}, \frac{1}{2m_0}, \frac{1}{2p_0}\right)\end{aligned}$$

根据式 (4-41) 可以得到以下各个张量的分量形式：

$$X_1 = \frac{1}{\Delta}\left(\frac{k_0 S^1_{1111} - l_0 S^1_{1133}}{k_0 n_0 - l_0 l'_0}n_1 + \frac{n_0 S^1_{1133} - l'_0 S^1_{1111}}{k_0 n_0 - l_0 l'_0}l_1 + 1 - S^1_{1111}\right)$$

$$X_2 = -\frac{1}{\Delta}\left(\frac{2k_0 S^1_{2211} - l_0(S^1_{3333} + S^1_{3322})}{2k_0 n_0 - 2l_0 l'_0} n_1\right.$$

$$\left. + \frac{n_0(S^1_{3333} + S^1_{3322}) - 2l'_0 S^1_{2211}}{2k_0 n_0 - 2l_0 l'_0} l_1 - S^1_{2211}\right)$$

$$X_3 = \frac{1}{\Delta}\left(\frac{k_0 S^1_{1111} - l_0 S^1_{1133}}{k_0 n_0 - l_0 l'_0} l'_1 + \frac{n_0 S^1_{1133} - l'_0 S^1_{1111}}{k_0 n_0 - l_0 l'_0} k_1 - S^1_{1133}\right) \quad (4\text{-}43)$$

$$X_4 = \frac{1}{\Delta}\left(\frac{n_0(S^1_{3333} + S^1_{3322}) - 2l'_0 S^1_{2211}}{k_0 n_0 - l_0 l'_0} k_1\right.$$

$$\left. + \frac{2k_0 S^1_{2211} - l_0(S^1_{3333} + S^1_{3322})}{k_0 n_0 - l_0 l'_0} l'_1 + 1 - S^1_{3333} - S^1_{3322}\right)$$

$$X_5 = \frac{1}{\dfrac{2m_1 S^1_{2323}}{m_0} + 1 - 2S^1_{2323}}$$

$$X_6 = \frac{1}{\dfrac{2p_1 S^1_{1212}}{p_0} + 1 - 2S^1_{1212}}$$

$$\Delta = \left(\frac{n_0(S^1_{3333} + S^1_{3322}) - 2l'_0 S^1_{2211}}{k_0 n_0 - l_0 l'_0} k_1\right.$$

$$\left. + \frac{2k_0 S^1_{2211} - l_0(S^1_{3333} + S^1_{3322})}{k_0 n_0 - l_0 l'_0} l'_1 + 1 - S^1_{3333} - S^1_{3322}\right)$$

$$\times \left(\frac{k_0 S^1_{1111} - l_0 S^1_{1133}}{k_0 n_0 - l_0 l'_0} n_1 + \frac{n_0 S^1_{1133} - l'_0 S^1_{1111}}{k_0 n_0 - l_0 l'_0} l_1 + 1 - S^1_{1111}\right)$$

$$- 2\left(\frac{2k_0 S^1_{2211} - l_0(S^1_{3333} + S^1_{3322})}{2k_0 n_0 - 2l_0 l'_0} n_1\right.$$

$$\left. + \frac{n_0(S^1_{3333} + S^1_{3322}) - 2l'_0 S^1_{2211}}{2k_0 n_0 - 2l_0 l'_0} l_1 - S^1_{2211}\right)$$

$$\times \left(\frac{k_0 S^1_{1111} - l_0 S^1_{1133}}{k_0 n_0 - l_0 l'_0} l'_1 + \frac{n_0 S^1_{1133} - l'_0 S^1_{1111}}{k_0 n_0 - l_0 l'_0} k_1 - S^1_{1133}\right)$$

$$R_1 = \frac{n_0 C_0 + C_1(n_1 X_4 + 2l'_1 X_2)}{\Delta_1}$$

$$R_2 = -\frac{l_0 C_0 + C_1(l_1 X_4 + 2k_1 X_2)}{\Delta_1}$$

4.3 钛基复合材料的本构模型

$$R_3 = -\frac{l'_0 C_0 + C_1(n_1 X_3 + l'_1 X_1)}{\Delta_1}$$

$$R_4 = \frac{2k_0 C_0 + 2C_1(k_1 X_1 + l_1 X_3)}{\Delta_1} \quad (4\text{-}44)$$

$$R_5 = \frac{1}{2m_0 C_0 + 2m_1 C_1 X_5}$$

$$R_6 = \frac{1}{2p_0 C_0 + 2p_1 C_1 X_6}$$

$$\Delta_1 = [n_0 C_0 + C_1(n_1 X_4 + 2l'_1 X_2)][2k_0 C_0 + 2C_1(k_1 X_1 + l_1 X_3)]$$
$$- 2[l_0 C_0 + C_1(l_1 X_4 + 2k_1 X_2)][l'_0 C_0 + C_1(n_1 X_3 + l'_1 X_1)]$$

$$W_1 = \frac{1 - S_{1111}^2}{(1 - S_{1111}^2)(1 - S_{3333}^2 - S_{3322}^2) - 2S_{2211}^2 S_{1133}^2} = \frac{2(\nu_0 - 1)}{\pi\alpha + \pi\alpha\nu_0 - 2}$$

$$W_2 = \frac{S_{2211}^2}{(1 - S_{1111}^2)(1 - S_{3333}^2 - S_{3322}^2) - 2S_{2211}^2 S_{1133}^2} = -\frac{\nu_0 - 1}{\pi\alpha + \pi\alpha\nu_0 - 2}$$

$$W_3 = \frac{S_{1133}^2}{(1 - S_{1111}^2)(1 - S_{3333}^2 - S_{3322}^2) - 2S_{2211}^2 S_{1133}^2}$$
$$= \frac{(\nu_0 - 1)(\pi\alpha - 8\nu_0 + 4\pi\alpha\nu_0)}{\pi\alpha(2\nu_0 - 1)(\pi\alpha + \pi\alpha\nu_0 - 2)} \quad (4\text{-}45)$$

$$W_4 = \frac{1 - S_{3333}^2 - S_{3322}^2}{(1 - S_{1111}^2)(1 - S_{3333}^2 - S_{3322}^2) - 2S_{2211}^2 S_{1133}^2}$$
$$= \frac{(\nu_0 - 1)(8\nu_0 + 3\pi\alpha - 8)}{\pi\alpha(2\nu_0 - 1)(\pi\alpha + \pi\alpha\nu_0 - 2)}$$

$$W_5 = \frac{1}{1 - 2S_{2323}^2} = \frac{(16\nu_0 - 16)}{(16\nu_0 + 7\pi\alpha - 8\pi\alpha\nu_0 - 16)}$$

$$W_6 = \frac{1}{1 - 2S_{1212}^2} = \frac{(4\nu_0 - 4)}{\pi\alpha(\nu_0 - 2)}$$

其中

$$\Delta = 8\pi^2\alpha^2\nu_0^2 - 16\pi\alpha\nu_0^2 + \pi^2\alpha^2\nu_0 - 16\pi\alpha\nu_0 + 32\nu_0 - 7\pi^2\alpha^2 + 30\pi\alpha - 32$$

注意：张量 Y 和 Z 不能用简化形式表示，但可以通过对张量 W 进行坐标变化得到。

假设基体和颗粒均为各向同性材料，其体积模量和剪切模量为 K_i 和 G_i ($i=0$ 为基体相，$i=1$ 为颗粒相)，则钛基体和 TiC 颗粒的刚度张量的 Walpole 简化形

式有

$$L^0 = (3K_0, G_0) = \left(2K_0 + \frac{2}{3}G_0, K_0 - \frac{2}{3}G_0, K_0 - \frac{2}{3}G_0, K_0 + \frac{4}{3}G_0, 2G_0, 2G_0\right) \quad (4\text{-}46)$$

$$L^1 = (3K_1, G_1) = \left(2K_1 + \frac{2}{3}G_1, K_1 - \frac{2}{3}G_1, K_1 - \frac{2}{3}G_1, K_1 + \frac{4}{3}G_1, 2G_1, 2G_1\right) \quad (4\text{-}47)$$

其中

$$E_0 = 118\text{GPa}, \quad \nu_0 = 0.35, \quad E_1 = 460\text{GPa}, \quad \nu_1 = 0.188 \quad (4\text{-}48)$$

$$K_i = \frac{E_i}{3(1-2\nu_i)}, \quad G_i = \frac{E_i}{2(1+\nu_i)} \quad (i = 0, 1) \quad (4\text{-}49)$$

式中，E_i、ν_i 分别为钛基体 ($i=0$) 和 TiC 颗粒 ($i=1$) 的弹性模量和泊松比。

表 4-9 给出了复合材料 TP-650 的一些材料特性。

表 4-9 复合材料 TP-650 的材料性质

参数	TiC 颗粒	基体钛合金
E/GPa	460	118
G/GPa	193	43
ν	0.188	0.35
C	3%	97%

将式 (4-46)、式 (4-47) 代入式 (4-43) 中化简得到

$$X_1 = \frac{1}{15(1-\nu_0)\Delta}$$
$$\times \left[\frac{(7-5\nu_0)(2G_1K_0+G_0K_1)+(5\nu_0-1)(2G_0K_1-2G_1K_0)}{3K_0G_0} - (7-5\nu_0)\right] + \frac{1}{\Delta}$$

$$X_2 = X_3 = -\frac{1}{15(1-\nu_0)\Delta}$$
$$\times \left[\frac{(2G_1K_0+G_0K_1)(5\nu_0-1)+6(G_0K_1-G_1K_0)}{3K_0G_0} - (5\nu_0-1)\right]$$

$$X_4 = \frac{1}{15(1-\nu_0)}\left[\frac{6(G_1K_0+2G_0K_1)+2(G_0K_1-G_1K_0)(5\nu_0-1)}{3K_0G_0} + (9-15\nu_0)\right]$$

$$(4\text{-}50)$$

$$X_5 = \frac{15(1-\nu_0)G_0}{2G_1(4-5\nu_0)+G_0(7-5\nu_0)}$$

$$X_6 = \frac{15(1-\nu_0)G_0}{2G_1(4-5\nu_0)+G_0(7-5\nu_0)}$$

$$\Delta = \left\{ \frac{1}{15(1-\nu_0)} \left[\frac{(7-5\nu_0)(2G_1K_0+G_0K_1)+(5\nu_0-1)(2G_0K_1-2G_1K_0)}{3K_0G_0} \right. \right.$$
$$\left. -(7-5\nu_0) \right] + 1 \right\} \left\{ \frac{1}{15(1-\nu_0)} \right.$$
$$\left. \times \left[\frac{6(G_1K_0+2G_0K_1)+2(G_0K_1-G_1K_0)(5\nu_0-1)}{3K_0G_0} + (9-15\nu_0) \right] \right\}$$
$$-2\left\{ -\frac{1}{15(1-\nu_0)} \left[\frac{(2G_1K_0+G_0K_1)(5\nu_0-1)+6(G_0K_1-G_1K_0)}{3K_0G_0} - (5\nu_0-1) \right] \right\}^2$$

代入式 (4-48) 中的参数可以得到

$$X = (0.5444, 0.0786, 0.0786, 0.4658, 0.3871, 0.3871), \quad \Delta = 4.1463 \tag{4-51}$$

同理，将式 (4-46)、式 (4-47) 代入式 (4-44) 中化简得到

$$R_1 = \frac{C_0\left(K_0+\frac{4}{3}G_0\right) + C_1\left[\left(K_1+\frac{4}{3}G_1\right)X_4 + 2\left(K_1-\frac{2}{3}G_1\right)X_2\right]}{\Delta_1}$$

$$R_2 = -\frac{C_0\left(K_0-\frac{2}{3}G_0\right) + C_1\left[\left(K_1-\frac{2}{3}G_1\right)X_4 + \left(2K_1+\frac{2}{3}G_1\right)X_2\right]}{\Delta_1}$$

$$R_3 = -\frac{C_0\left(K_0-\frac{2}{3}G_0\right) + C_1\left[\left(K_1+\frac{4}{3}G_1\right)X_3 + \left(K_1-\frac{2}{3}G_1\right)X_1\right]}{\Delta_1}$$

$$R_4 = \frac{C_0\left(2K_0+\frac{2}{3}G_0\right) + C_1\left[\left(2K_1+\frac{2}{3}G_1\right)X_1 + 2\left(K_1-\frac{2}{3}G_1\right)X_3\right]}{\Delta_1} \tag{4-52}$$

$$R_5 = \frac{1}{2G_0C_0 + 2G_1C_1X_5}$$

$$R_6 = \frac{1}{2G_0C_0 + 2G_1C_1X_6}$$

$$\Delta_1 = \left\{ C_0\left(K_0+\frac{4}{3}G_0\right) + C_1\left[\left(K_1+\frac{4}{3}G_1\right)X_4 + \left(2K_1-\frac{4}{3}G_1\right)X_2\right] \right\}$$
$$\times \left\{ C_0\left(2K_0+\frac{2}{3}G_0\right) + C_1\left[\left(2K_1+\frac{2}{3}G_1\right)X_1 + \left(2K_1-\frac{4}{3}G_1\right)X_3\right] \right\}$$
$$-2\left\{ C_0\left(K_0-\frac{2}{3}G_0\right) + C_1\left[\left(K_1-\frac{2}{3}G_1\right)X_4 + \left(2K_1+\frac{2}{3}G_1\right)X_2\right] \right\}$$
$$\times \left\{ C_0\left(K_0-\frac{2}{3}G_0\right) + C_1\left[\left(K_1+\frac{4}{3}G_1\right)X_3 + \left(K_1-\frac{2}{3}G_1\right)X_1\right] \right\}$$

代入式 (4-48) 中的参数可以得到

$$R = (0.0054, -0.0029, -0.0029, 0.0083, 0.0112, 0.0112), \quad \Delta_1 = 35294 \quad (4\text{-}53)$$

复合材料 TP-650 内部存在着大量的微裂纹，微裂纹两个相对面之间的距离为 t，其相对于微裂纹平均半径 a 而言很小，即 $t/a \to 0$，此时微裂纹相的体积分数 $C_i(i=2,3,4)$ 近似为零，$C_i(i=2,3,4)$ 已经不能准确表征微裂纹的含量，为此我们引入了裂纹密度 f，f 的定义为

$$f = Na^3 \quad (4\text{-}54)$$

其中，N 为单位体积内的微裂纹数，a 为微裂纹的平均半径，$0 \leqslant f \leqslant 0.6$。根据裂纹密度 f 的定义，第 r 相微裂纹的体积含量为

$$C_r = \frac{4}{3}\pi f_r \frac{t}{a} = \frac{4}{3}\pi f_r \alpha \quad (r = 2, 3, 4) \quad (4\text{-}55)$$

为了简化计算，假设这三组相互正交的微裂纹均匀分布，且微裂纹的尺寸大小相等，即 $f_1 = f_2 = f_3 = f$，则有

$$C_2 W + C_3 Y + C_4 Z = \frac{4}{3}\pi\alpha f(W + Y + Z)$$

$$= \frac{4}{3}\pi\alpha f \begin{bmatrix} W_4 + W_1 + W_5 & W_3 + W_2 + \dfrac{W_1 - W_5}{2} & W_3 + W_2 + \dfrac{W_1 - W_5}{2} & 0 & 0 & 0 \\ W_3 + W_2 + \dfrac{W_1 - W_5}{2} & W_4 + W_1 + W_5 & W_3 + W_2 + \dfrac{W_1 - W_5}{2} & 0 & 0 & 0 \\ W_3 + W_2 + \dfrac{W_1 - W_5}{2} & W_3 + W_2 + \dfrac{W_1 - W_5}{2} & W_4 + W_1 + W_5 & 0 & 0 & 0 \\ 0 & 0 & 0 & W_5 + 2W_6 & 0 & 0 \\ 0 & 0 & 0 & 0 & W_5 + 2W_6 & 0 \\ 0 & 0 & 0 & 0 & 0 & W_5 + 2W_6 \end{bmatrix} \quad (4\text{-}56)$$

将式 (4-45)、式 (4-48) 和式 (4-49) 代入式 (4-56)，并求极限 $\alpha \to 0$，有

4.3 钛基复合材料的本构模型

$$C_2W + C_3Y + C_4Z = \frac{4}{3}f \begin{bmatrix} 5.6333 & 3.0333 & 3.0333 & 0 & 0 & 0 \\ 3.0333 & 5.6333 & 3.0333 & 0 & 0 & 0 \\ 3.0333 & 3.0333 & 5.6333 & 0 & 0 & 0 \\ 0 & 0 & 0 & 3.1515 & 0 & 0 \\ 0 & 0 & 0 & 0 & 3.1515 & 0 \\ 0 & 0 & 0 & 0 & 0 & 3.1515 \end{bmatrix} \tag{4-57}$$

将上述所有已知条件代入到柔度张量计算公式 $M = \{C_0I + C_1X + C_2W + C_3Y + C_4Z\} : R$,得到复合材料 TP-650 的柔度张量:

$$M = 10^{-4} \begin{bmatrix} M' & M'' & M'' & 0 & 0 & 0 \\ M'' & M' & M'' & 0 & 0 & 0 \\ M'' & M'' & M' & 0 & 0 & 0 \\ 0 & 0 & 0 & 470f+110 & 0 & 0 \\ 0 & 0 & 0 & 0 & 470f+110 & 0 \\ 0 & 0 & 0 & 0 & 0 & 470f+110 \end{bmatrix} \tag{4-58}$$

对于复合材料 TP-650 材料,准静态下本构方程可以表示如下:

$$M' = 389f + 81.5$$

$$\bar{\sigma} = L : \bar{\varepsilon}, \quad \bar{\varepsilon} = M : \bar{\sigma} \tag{4-59}$$

其中,

$$M'' = 2.11f - 28$$
$$\bar{\sigma} = \{\sigma_{11}, \sigma_{22}, \sigma_{33}, \sigma_{23}, \sigma_{31}, \sigma_{12}\}^{\mathrm{T}} \tag{4-60}$$
$$\bar{\varepsilon} = \{\varepsilon_{11}, \varepsilon_{22}, \varepsilon_{33}, \varepsilon_{23}, \varepsilon_{31}, \varepsilon_{12}\}^{\mathrm{T}}$$

令 $M' = 0.0389f + 0.00815$,在一维应力 ($\sigma_{11} \neq 0, \sigma_{22} = \sigma_{33} = 0$) 作用下,令 $\sigma_{11} = \sigma, \varepsilon_{11} = \varepsilon$,则准静态本构方程为

$$\varepsilon = M'\sigma \tag{4-61}$$

3. 复合材料动态本构模型

复合材料 TP-650 是准脆性材料,其损伤主要由微裂纹形核、扩展和连接而萌生的细观裂纹所引起。材料内部存在着大量随机分布的微裂纹,在冲击载荷作用下,激活了这些微裂纹,形成了应力释放区并使得材料产生损伤,当损伤累积到上限时,导致材料强度和刚度的劣化,最终导致材料破坏。冲击荷载下的本构模型计算如下。

对式 (4-59) 第二式两边时间求导得

$$\dot{\bar{\varepsilon}} = \dot{M} : \bar{\sigma} + M : \dot{\bar{\sigma}} \tag{4-62}$$

在一维应力 ($\sigma_{11} \neq 0, \sigma_{22} = \sigma_{33} = 0$) 作用下，令 $\sigma_{11} = \sigma$，$\varepsilon_{11} = \varepsilon$，则可以得到一维冲击荷载作用下的本构模型：

$$\dot{\varepsilon} = M'\dot{\sigma} + \dot{M}'\sigma = M'\dot{\sigma} + \sigma\frac{\mathrm{d}M'}{\mathrm{d}f}\dot{f} = M'\dot{\sigma} + \sigma\frac{\mathrm{d}M'}{\mathrm{d}f}\left(\dot{N}a^3 + 3Na^2\dot{a}\right) \tag{4-63}$$

4. 微损伤变量

由于 TiC 颗粒与钛基体之间的热膨胀系数不同，在复合材料 TP-650 的制备和加工过程中，必然会引入大量的微裂纹损伤。冲击荷载作用下，不仅材料内部原有的微裂纹扩展和长大，同时不断有新的微裂纹发生形核和扩展，这些均劣化了宏观力学性能，导致材料的破坏。假设微裂纹的成核满足 Kipp&Grady 模型，该模型是 Kipp 和 Grady 在研究油页岩的爆破问题时提出的一个微裂纹损伤演化模型。该模型描述如下：

$$N = \kappa\varepsilon^m \tag{4-64}$$

式中，N 是在给定拉伸应变 ε 水平下单位体积内所激活的裂纹数，N 与 ε 之间满足双参量 (κ 和 m) 的 Weibull 分布，材料常数 κ 和 m 可由材料的单轴拉伸实验来确定。

在一维冲击荷载的作用下，复合材料内部不仅产生大量的微裂纹，而且新产生的和原有的微裂纹尺寸都会增大，设微裂纹扩展满足下式：

$$\dot{a} = \alpha\left(1 - \frac{a_{th}^2}{a^2}\right)^{1/2} \tag{4-65}$$

式中，a 为初始值，a_{th} 为微裂纹成核尺度，$\alpha = \sqrt{2\pi E/k_2\rho}$，$k_2$ 为拟合参数。

表 4-10 列出了微裂纹成核和扩展模型中参数的值。

表 4-10　模型参数表

成核参数		成核尺度	拟合参数	密度	微裂纹初始尺寸	弹性模量
κ	m	$a_{th}/\mu m$	k_2	$\rho/\mathrm{g\cdot cm^{-3}}$	$a/\mu m$	E/GPa
9×10^{17}	9.5	10	16π	4.5	20	118

图 4-59~图 4-61 为模型预测结果与实验结果的比较。从图中可以看出，利用前文提出的细观模型来模拟复合材料 TP-650 一维冲击载荷作用下的力学响应，无论在曲线的变形趋势上，还是数值精度上都与实验结果吻合较好。因此该模型可用来预测复合材料 TP-650 一维冲击载荷作用下的力学响应。

4.3 钛基复合材料的本构模型

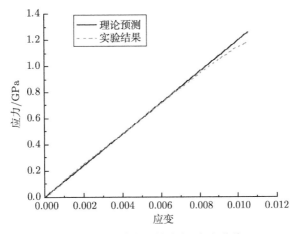

图 4-59 准静态下的应力–应变曲线

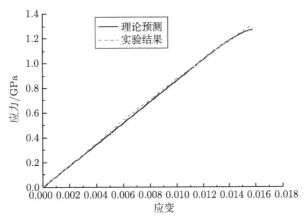

图 4-60 应变率为 $200\mathrm{s}^{-1}$ 时应力–应变曲线

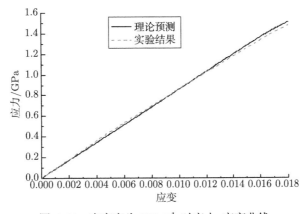

图 4-61 应变率为 $500\mathrm{s}^{-1}$ 时应力–应变曲线

在本部分我们只对钛基复合材料的损伤作了简单地描述，在第 6 章的内容中，我们将更详细地介绍复合材料不同的损伤和失效机制。

5. 颗粒增强钛基复合材料的高温弹塑性模型

本节基于 Eshelby 等效夹杂理论和 Mori-Tanaka 理论，考虑了复合材料内基体和颗粒由于膨胀系数不同而产生的热应力和各相塑性应变的影响，推导出了在力的边界条件下各组相的应力以及复合材料的有效刚度张量。在此基础上，采用割线模量法研究了不同温度下颗粒增强钛基复合材料有界面脱粘时的弹塑性本构关系。

(1) 颗粒与基体的平均应力

弹性阶段，基体和增强颗粒的界面完好，复合材料 TP-650 由基体和完好 TiC 颗粒组成，分别定义为 "0、1" 相，两相体积含量分别为 f_0 和 f_1（则有 $f_0 + f_1 = 1$）；在颗粒脱粘过程中，复合材料可视为由基体、完好 TiC 颗粒、损伤 TiC 颗粒组成的三相复合材料，分别定义为 "0、1、2" 相，后两相体积含量分别为 f_p 和 f_v（则有 $f_p + f_v = f_1$）。基于 Mori-Tanaka 理论，设复合材料在边界受到远场均匀应力 σ 作用。取基体作比较材料，则在同样外力 σ 的作用下比较材料的平均应变 ε^0 满足：

$$\sigma = L_0 : (\varepsilon^0 - \varepsilon_0^p) \tag{4-66}$$

其中，L_0 为基体的刚度张量；ε_0^p 为基体的塑性应变。

由于存在着增强颗粒，增强相间的相互作用将会产生扰动应力 $\tilde{\sigma}$ 和扰动应变 $\tilde{\varepsilon}$，复合材料基体的平均应变不同于 ε^0，此时复合材料基体内的平均应力为

$$\sigma^{(0)} = \sigma + \tilde{\sigma} = L_0 : (\varepsilon^0 + \tilde{\varepsilon} - \varepsilon_0^p) \tag{4-67}$$

由于增强颗粒和基体材料有不同的弹性性质以及热膨胀系数，在外场力作用下增强相内的平均应力与平均应变又不同于基体内的相应的平均值，由 Eshelby 等效夹杂理论有

$$\sigma^{(1)} = \sigma + \tilde{\sigma} + \sigma_1^{pt} = L_1 : (\varepsilon^0 + \tilde{\varepsilon} + \varepsilon_1^{pt} - \varepsilon_1^p - \alpha_1^*)$$
$$= L_0 : (L_0^{-1} : \sigma + \tilde{\varepsilon} + \varepsilon_1^{pt} - \Delta\varepsilon_1^p - \alpha_1^* - \varepsilon_1^*) \tag{4-68}$$

$$\sigma^{(2)} = \sigma + \tilde{\sigma} + \sigma_2^{pt} = L_2 : (\varepsilon^0 + \tilde{\varepsilon} + \varepsilon_2^{pt} - \varepsilon_2^p - \alpha_2^*) = 0$$
$$= L_0 : (L_0^{-1} : \sigma + \tilde{\varepsilon} + \varepsilon_2^{pt} - \Delta\varepsilon_2^p - \alpha_2^* - \varepsilon_2^*) \tag{4-69}$$

式中，σ_r^{pt} 和 ε_r^{pt} 分别表示第 r 相夹杂与基体的平均应力差和平均应变差，α_r^* 为第 r 相夹杂与基体由于热膨胀系数的不同而产生的本征应变 (热应变)，满足：

$$\alpha_{ij}^{r*} = (\alpha^r - \alpha^0)\Delta T \delta_{ij} = \alpha^r \delta_{ij} \tag{4-70}$$

4.3 钛基复合材料的本构模型

$$\varepsilon_r^{pt} = S : (\varepsilon_r^* + \Delta\varepsilon_r^p + \alpha_r^*) \quad r = 1, 2 \tag{4-71}$$

利用式 (4-67)、式 (4-68) 和式 (4-71) 可求得

$$\sigma_r^{pt} = L_0 : (S - I) : (\varepsilon_r^* + \Delta\varepsilon_r^p + \alpha_r^*) \quad r = 1, 2 \tag{4-72}$$

复合材料的平均应力满足体积混合率, 即:

$$\sigma = f_0 \sigma^{(0)} + f_p \sigma^{(1)} + f_v \sigma^{(2)} \tag{4-73}$$

式中, 有 $f_0 + f_p + f_v = 1$。

将式 (4-67) 和式 (4-68) 分别代入式 (4-73), 得

$$\tilde{\sigma} = -\left(f_p \sigma_1^{pt} + f_v \sigma_2^{pt}\right) \tag{4-74}$$

$$\tilde{\varepsilon} = (I - S)\left[f_p \left(\varepsilon_1^* + \Delta\varepsilon_1^p + \alpha_1^*\right) + f_p \left(\varepsilon_2^* + \Delta\varepsilon_2^p + \alpha_2^*\right)\right] \tag{4-75}$$

设 $X = \varepsilon_1^* + \Delta\varepsilon_1^p + \alpha_1^*$, $Y = \varepsilon_2^* + \Delta\varepsilon_2^p + \alpha_2^*$, 将式 (4-75) 代入式 (4-69) 中有

$$Y = \frac{f_p X + (I - S)^{-1} L_0^{-1} \sigma}{1 - f_v} \tag{4-76}$$

将式 (4-75) 代入式 (4-68) 中, 化简可得到

$$\begin{aligned} X &= \left\{L_0 + (L_1 - L_0) : \left[S - \frac{f_p}{1 - f_v}(S - I)\right]\right\}^{-1} \\ &\quad : \left[\frac{1}{1 - f_v}(L_0 - L_1) : L_0^{-1} : \sigma + L_1 : (\Delta\varepsilon_1^p + \alpha_1^*)\right] \\ &= \{(1 - f_v - f_p)\left[(L_1 - L_0) : S + L_0\right] + f_p L_1\}^{-1} \\ &\quad : \left[(L_0 - L_1) : L_0^{-1} : \sigma + (1 - f_v) L_1 : (\Delta\varepsilon_1^p + \alpha_1^*)\right] \end{aligned} \tag{4-77}$$

$$\begin{aligned} \varepsilon_1^* &= \{(1 - f_v - f_p)\left[(L_1 - L_0) : S + L_0\right] + f_p L_1\}^{-1} \\ &\quad : \left[(L_0 - L_1) : L_0^{-1} : \sigma + (1 - f_v - f_p)(L_0 - L_1) : (S - I) : (\Delta\varepsilon_1^p + \alpha_1^*)\right] \end{aligned} \tag{4-78}$$

$$\begin{aligned} Y &= \{(1 - f_v - f_p)\left[(L_1 - L_0) : S + L_0\right] + f_p L_1\}^{-1} \\ &\quad : \left\{\left[(L_1 - L_0) : S + L_0\right] : (I - S)^{-1} : L_0^{-1} : \sigma + f_p L_1 : (\Delta\varepsilon_1^p + \alpha_1^*)\right\} \end{aligned} \tag{4-79}$$

$$\begin{aligned} \varepsilon_2^* &= \{(1 - f_v - f_p)\left[(L_1 - L_0) : S + L_0\right] + f_p L_1\}^{-1} \\ &\quad : \{\left[(L_1 - L_0) : S + L_0\right] : (I - S)^{-1} : L_0^{-1} : \sigma + f_p L_1 : (\Delta\varepsilon_1^p + \alpha_1^*) \\ &\quad - \left[(1 - f_v - f_p)\left[(L_1 - L_0) : S + L_0\right] + f_p L_1\right] : (\Delta\varepsilon_2^p + \alpha_2^*)\} \end{aligned} \tag{4-80}$$

将式 (4-66)、式 (4-75)~ 式 (4-77) 分别代入式 (4-67)、式 (4-68) 中化简有

$$\sigma^{(0)} = \sigma + L_0 : (I - S) : (f_p X + f_v Y) = \frac{1}{1 - f_v}\sigma + \frac{f_p}{1 - f_v}L_0 : (I - S)$$

$$: \{(1-f_v-f_p)\left[(L_1-L_0):S+L_0\right]+f_pL_1\}^{-1}$$
$$: [(L_0-L_1):L_0^{-1}:\sigma+(1-f_v)L_1:(\Delta\varepsilon_1^p+\alpha_1^*)] \tag{4-81}$$

$$\sigma^{(1)}=\sigma+L_0:(I-S):(-(1-f_p)X+f_vY)=\frac{1}{1-f_v}\sigma-\frac{1-f_v-f_p}{1-f_v}L_0:(I-S)$$
$$:\{(1-f_v-f_p)\left[(L_1-L_0):S+L_0\right]+f_pL_1\}^{-1}$$
$$:[(L_0-L_1):L_0^{-1}:\sigma+(1-f_v)L_1:(\Delta\varepsilon_1^p+\alpha_1^*)] \tag{4-82}$$

(2) 复合材料的有效刚度张量

复合材料应力应变关系为

$$\varepsilon = L^{-1}:\sigma \tag{4-83}$$

复合材料的平均应变为各项应变之和, 即

$$\varepsilon = f_0\varepsilon^{(0)}+f_p\varepsilon^{(1)}+f_v\varepsilon^{(2)} \tag{4-84}$$

将 $\varepsilon^{(0)}=\varepsilon^0+\tilde{\varepsilon}-\varepsilon_0^p$, $\varepsilon^{(1)}=\varepsilon^0+\tilde{\varepsilon}+\varepsilon_1^{pt}-\varepsilon_1^p-\alpha_1^*$, $\varepsilon^{(2)}=\varepsilon^0+\tilde{\varepsilon}+\varepsilon_2^{pt}-\varepsilon_2^p-\alpha_2^*$ 代入式 (4-84), 并代入式 (4-71) 和式 (4-75) 可得

$$\varepsilon = L_0^{-1}:\sigma+f_p\varepsilon_1^*+f_v\varepsilon_2^* \tag{4-85}$$

再将式 (4-78) 和式 (4-81) 代入式 (4-85) 有

$$\varepsilon = L_0^{-1}:\sigma+f_p\varepsilon_1^*+f_v\varepsilon_2^* = L_0^{-1}:\sigma+f_p\{(1-f_v-f_p)\left[(L_1-L_0):S+L_0\right]$$
$$+f_pL_1\}^{-1}:[(L_0-L_1):L_0^{-1}:\sigma+(1-f_v-f_p)(L_0-L_1):(S-I):$$
$$(\Delta\varepsilon_1^p+\alpha_1^*)]+f_v\{(1-f_v-f_p)\left[(L_1-L_0):S+L_0\right]+f_pL_1\}^{-1}:$$
$$\{[(L_1-L_0):S+L_0]:(I-S)^{-1}:L_0^{-1}:\sigma+f_pL_1:(\Delta\varepsilon_1^p+\alpha_1^*)\}$$
$$-\{(1-f_v-f_p)\left[(L_1-L_0):S+L_0\right]+f_pL_1\}:(\Delta\varepsilon_2^p+\alpha_2^*)\} \tag{4-86}$$

由式 (4-86) 可推出复合材料的刚度/柔度张量:

$$L^{-1}=L_0^{-1}+f_p\{(1-f_v-f_p)\left[(L_1-L_0):S+L_0\right]+f_pL_1\}^{-1}:[(L_0-L_1):L_0^{-1}$$
$$+(1-f_v-f_p)(L_0-L_1):(S-I):\alpha_1^*:\sigma^{-1}]$$
$$+f_v\{(1-f_v-f_p)\left[(L_1-L_0):S+L_0\right]+f_pL_1\}^{-1}:\{[(L_1-L_0):S+L_0]$$
$$:(I-S)^{-1}:L_0^{-1}+f_pL_1:(\Delta\varepsilon_1^p+\alpha_1^*):\sigma^{-1}\}$$
$$=L_0^{-1}+\{(1-f_v-f_p)\left[(L_1-L_0):S+L_0\right]+f_pL_1\}^{-1}\{f_p\left[(L_0-L_1):L_0^{-1}\right.$$
$$+(1-f_v-f_p)(L_0-L_1):(S-I):\alpha_1^*:\sigma^{-1}]+f_v\{[(L_1-L_0):S+L_0]:$$
$$(I-S)^{-1}:L_0^{-1}+f_pL_1:\alpha_1^*:\sigma^{-1}\}\} \tag{4-87}$$

(3) 复合材料的弹塑性性能分析

假设基体、增强颗粒及复合材料为各向同性材料,增强颗粒均匀分布在基体中,增强颗粒只发生弹性变形,基体产生弹塑性变形且满足 Mises 屈服准则和等向强化准则,基体的弹性模量随着温度升高而线性下降。界面的脱粘由颗粒所受的拉应力控制,界面脱粘的概率由 Weibull 分布函数来描述,脱粘后的颗粒等效均为孔洞,并假设弹性阶段基体和增强颗粒的界面完好。下文上标 s 表示相应的割线值。

在单向应力作用下,基体会产生弹塑性变形且满足 Mises 屈服准则以及等向强化准则,基体的弹塑性本构关系由修正的 Ludwik 方程来描述:

$$\sigma^{(0)} = \sigma_s^{(0)} + h\left(\varepsilon_0^p\right)^n \tag{4-88}$$

其中,$\sigma_s^{(0)}$ 为基体的屈服应力;h 和 n 为材料强化系数,由单轴拉伸试验确定。

已知基体的弹性应变和塑性应变分别为 ε_0^e 和 ε_0^p,则基体割线模量为 E_0^s 为

$$E_0^s = \frac{\sigma^{(0)}}{\varepsilon_0^e + \varepsilon_0^p} \frac{1}{\dfrac{1}{E_0} + \dfrac{\varepsilon_0^p}{\sigma_s^{(0)} + h\left(\varepsilon_0^p\right)^n}} \tag{4-89}$$

在三维应力作用下,用等效应力 $\sigma^{(0)*}$ 和等效应变 ε_0^{p*} 代替 $\sigma^{(0)}$ 和 ε_0^p 即可,即式 (4-88) 改写成:

$$\sigma^{(0)*} = \sigma_s^{(0)} + h\left(\varepsilon_0^{p*}\right)^n \tag{4-90}$$

其中,

$$\sigma^{(0)*} = \left(\frac{3}{2}\sigma_{ij}^{(0)'}\sigma_{ij}^{(0)'}\right)^{\frac{1}{2}}, \quad \varepsilon_0^{p*}\left(\frac{2}{3}\varepsilon_{ij}^{p(0)}\varepsilon_{ij}^{p(0)}\right)^{\frac{1}{2}} \tag{4-91}$$

式中 $\sigma_{ij}^{(0)'}$ 为基体的应力偏量。

已知基体的割线模量和泊松比,则基体的割线球模量和剪切模量分别为

$$k_0^s = \frac{E_0^s}{3(1-2\nu_0^s)}, \quad \mu_0^s = \frac{E_0^s}{2(1+\nu_0^s)} \tag{4-92}$$

因为塑性的不可压缩性,有 $k_0^s = k_0$,则很容易得到基体的割线泊松比:

$$\nu_0^s = \frac{1}{2} - \frac{E_0^s}{E_0}\left(\frac{1}{2} - \nu_0\right) \tag{4-93}$$

综上所述,在单调比例加载条件下基体的弹塑性性能可以用一个割线杨氏模量 E_0^s 以及两个弹性常数 E_0 和 ν_0 来描述。

当基体进入弹塑性阶段后,基体开始屈服后模量随着变形过程改变,因此基体相的模量取割线值,根据式 (4-81) 和式 (4-82) 各组成相的应力可表示为

$$\sigma^{(0)} = \frac{1}{1-f_v}\sigma + \frac{f_p}{1-f_v}L_0^s : (I-S) : \{(1-f_v-f_p) \\ \times [(L_1-L_0^s):S+L_0^s]+f_pL_1\}^{-1} \\ : [(L_0^s-L_1):L_0^{s-1}:\sigma+(1-f_v)L_1:(\Delta\varepsilon_1^p+\alpha_1^*)] \quad (4\text{-}94)$$

$$\sigma^{(1)} = \frac{1}{1-f_v}\sigma + \frac{1-f_v-f_p}{1-f_v}L_0^s : (I-S) : \{(1-f_v-f_p) \\ \times [(L_1-L_0^s):S+L_0^s]+f_pL_1\}^{-1} \\ : [(L_0^s-L_1):L_0^{s-1}:\sigma+(1-f_v)L_1:(\Delta\varepsilon_1^p+\alpha_1^*)] \quad (4\text{-}95)$$

根据式 (4-87),复合材料的割线刚度张量有

$$(L^s)^{-1} = (L_0^s)^{-1} + \{(1-f_v-f_p)[(L_1-L_0^s):S+L_0^s]+f_pL_1\}^{-1}\{f_p[(L_0^s-L_1) \\ :(L_0^s)^{-1}+(1-f_v-f_p)(L_0^s-L_1):(S-I):\alpha_1^*]+f_v\{[(L_1-L_0^s):S+L_0^s] \\ :(I-S)^{-1}:(L_0^s)^{-1}+f_pL_1:\alpha_1^*\} \quad (4\text{-}96)$$

其中,

$$L_0^s = (2k_0^s, k_0^s - \mu_0^s, k_0^s - \mu_0^s, k_0^s + \mu_0^s, 2\mu_0^s, 2\mu_0^s) \quad (4\text{-}97)$$

$$L_1 = (2k_1, k_1 - \mu_1, k_1 - \mu_1, k_1 + \mu_1, 2\mu_1, 2\mu_1) \quad (4\text{-}98)$$

$$L_2 = (0, 0, 0, 0, 0, 0) \quad (4\text{-}99)$$

$$I = (1, 0, 0, 1, 1, 1) \quad (4\text{-}100)$$

$$S = \left(\frac{2}{3}\alpha^s, \frac{\alpha^s}{3} - \frac{\beta^s}{2}, \frac{\alpha^s}{3} - \frac{\beta^s}{2}, \frac{\alpha^s}{3} + \frac{\beta^s}{2}, \beta^s, \beta^s\right) \quad (4\text{-}101)$$

$$\alpha^s = \frac{1+\nu_0^s}{3(1-\nu_0^s)}, \quad \beta^s = \frac{2(4-5\nu_0^s)}{15(1-\nu_0^s)} \quad (4\text{-}102)$$

在弹性阶段,去掉所有的角标 s 即可。

对于颗粒增强复合材料而言,若颗粒均匀分布在基体中,且界面结合完好,复合材料可近似为各向同性材料。当复合材料受单轴拉伸载荷作用时,界面发生脱粘,脱粘后的颗粒等效为孔洞,那么此时复合材料也为各向同性材料。界面脱粘主要是由颗粒的控制的,为了合理地描述界面的脱粘过程,这里引入 Weibull 分布函数来讨论界面脱粘概率。

4.3 钛基复合材料的本构模型

假设界面脱粘由颗粒内的拉应力控制，且沿 ii 方向的初始脱粘强度符合单 Weibull 统计分布 P_{ii}，则

$$P_{ii}\left(\sigma_{11}^{(1)}\right) = 1 - \exp\left[-\left(\frac{\sigma_{ii}^{(1)}}{s}\right)^m\right], \quad i = 1, 2, 3 \tag{4-103}$$

式中，$P_{ii}\left(\sigma_{11}^{(1)}\right)$ 为脱粘的概率，s 为尺度参数，m 为形状参数。因此可推出损伤颗粒的体积百分比为

$$f_1 P_{11}\left(\sigma_{11}^{(1)}\right) = f_1\left\{1 - \exp\left[-\left(\frac{\sigma_{11}^{(1)}}{s}\right)^m\right]\right\} \tag{4-104}$$

则界面损伤的概率密度为

$$p_{11}\left(\sigma_{11}^{(1)}\right) = \frac{m}{s} \exp\left(\frac{\sigma_{11}^{(1)}}{s}\right)^{m-1} \left[-\left(\frac{\sigma_{11}^{(1)}}{s}\right)^m\right] \tag{4-105}$$

界面的临界脱粘强度 σ_c 与两个 Weibull 参数之间的关系为

$$\sigma_c = \int_0^\infty \sigma_{11}^{(1)} p \mathrm{d}\sigma_{11}^{(1)} = s\Gamma\left(1 + \frac{1}{m}\right) \tag{4-106}$$

已知界面的临界脱粘强度 σ_c 和颗粒所受的载荷 $\sigma_{11}^{(1)}$，由式 (4-103) 就可以求出已脱粘颗粒的体积分数。

假设 $\sigma_c = 2.0\sigma_s^{(0)}$，讨论 m 不同时界面脱粘的概率和概率密度与相对强度 $\sigma_{11}^{(1)}/\sigma_s^{(0)}$ 之间的关系。从图 4-62 和图 4-63 可以看出，m 对复合材料的损伤影响较大，m 值越大损伤速度越快，损伤的概率密度也越高。同样，对于同样的形状参数，不同的临界脱粘力可以得到结论：界面强度越高越不容易脱粘。

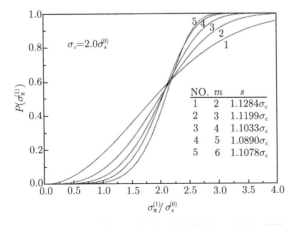

图 4-62 形状参数 m 对界面脱粘概率 P 的影响图

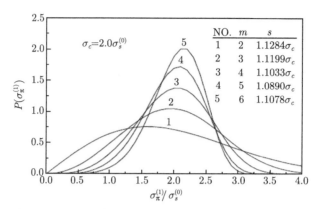

图 4-63 形状参数 m 对界面脱粘概率密度 p 的影响图

考虑界面脱粘时的复合材料的本构关系可以用式 (4-96) 表示。当基体进入弹塑性阶段后，L_0^s 不再是常数，而是随变形过程改变的参量。同时，体积含量 f_p，f_v 也在变化，因此要考察材料的应力应变关系，须先求出每一变形阶段的 L_0^s 和 f_v。数值计算按下面步骤进行：首先求出复合材料有效弹性模量 L 作为初始值；对于给定的 σ，由式 (4-94)、式 (4-95) 求出 $\sigma^{(0)}$ 和 $\sigma^{(1)}$；设定 σ_c 和 m，由式 (4-104) 计算 f_v，($f_p = f_1 - f_v$)，进而由 $\sigma^{(0)}$ 求出基体的等效应力，若超出了基体的弹性极限值 $\sigma_s^{(0)}$，则由式 (4-89)、式 (4-92)、式 (4-93) 和式 (4-97) 求出 L_0^s。增加 σ，由新的 L_0^s 计算 L^s，重复全过程。

常温下增强颗粒与基体由于热膨胀系数之差而产生的热影响很小，可以忽略不计，即 $\alpha_{ij}^{r*} = 0$，代入式 (4-97)～式 (4-96) 则得到常温下基体和增强颗粒的应力为

$$\sigma^{(0)} = \frac{1}{1-f_v}\sigma + \frac{f_p}{1-f_v}L_0^s : (I-S) : \{(1-f_v-f_p)[(L_1-L_0^s):S+L_0^s] + f_p L_1\}^{-1}$$
$$: [(L_0^s - L_1) : L_0^{s-1} : \sigma + (1-f_v)L_1 : \Delta\varepsilon_1^p] \tag{4-107}$$

$$\sigma^{(1)} = \frac{1}{1-f_v}\sigma + \frac{1-f_v-f_p}{1-f_v}L_0^s : (I-S) : \{(1-f_v-f_p)[(L_1-L_0^s):S+L_0^s] + f_p L_1\}^{-1}$$
$$: [(L_0^s - L_1) : L_0^{s-1} : \sigma + (1-f_v)L_1 : \Delta\varepsilon_1^p] \tag{4-108}$$

复合材料的割线刚度张量为

$$(L^s)^{-1} = (L_0^s)^{-1} + \{(1-f_v-f_p)[(L_1-L_0^s):S+L_0^s] + f_p L_1\}^{-1} \{f_p[(L_0^s-L_1):(L_0^s)^{-1}]$$
$$+ f_v\{[(L_1-L_0^s):S+L_0^s]:(I-S)^{-1}:(L_0^s)^{-1}\} \tag{4-109}$$

弹性阶段复合材料的有效刚度张量为式 (4-109) 去掉角标 s 即可。

对于 TiC 颗粒增强钛基复合材料的高温性能，毛小南等人已经做过一些工作，室温至 700℃范围内，复合材料的弹性模量、屈服强度及拉伸强度在室温最大，并

4.3 钛基复合材料的本构模型

随温度的升高而减小。在我们的考虑温度 (20~700℃) 内，假设 TiC 颗粒的弹性模量不随着温度的变化而变化，钛基体的弹性模量随着温度的升高逐渐降低，为了得到不同温度下基体的弹性模量，我们假设基体的弹性模量均随着温度升高而线性下降。

已知室温及 300℃时基体的弹性模量，很容易得出任意温度 (20~700℃) 下基体的弹性模量。表 4-11 列出了复合材料 TP-650 的基体在不同温度下的弹性模量和屈服应力。

表 4-11 复合材料 TP-650 的基体不同温度下的弹性模量和屈服应力

试验温度	R.T.	300℃	600℃	650℃	700℃
E_0/GPa	113	71	25	20	15
$\sigma_s^{(0)}$/MPa	1050	670	590	540	420

(4) 模型预测结果与实验结果的比较

常温下，复合材料 TP-650 受单向拉伸应力 σ_{11} 的作用时，材料常数如下：$E_0=113$GPa，$\nu_0=0.35$，$E_1=460$GPa，$\nu_1=0.188$，$f_1=0.03$，$\sigma_s^{(0)}=1050$MPa，$h=60$MPa，$n=0.45$，这里取 $\sigma_c=2.0\sigma_s^{(0)}$。在这里我们考虑了以下两种情况：

i) 不同形状参数 (分别取 $m=3,5,7$ 三组数) 时模型预测与实验结果的比较。

在单向拉伸的计算过程中复合材料有 $\sigma_{11}^{(1)}/\sigma_s^{(0)} < 2.0$，根据图 4-64 我们知道，此时形状参数 m 越小，累积损伤反而越大，与我们的模型预测结果相吻合。同时由上图可以看出模型预测结果与实验结果比较吻合，且 $m=7$ 时最接近。

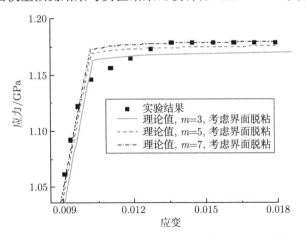

图 4-64 不同 m 时模型预测结果与实验结果的比较

ii) 选择形状参数 $m=7$，在考虑界面脱粘和不考虑界面脱粘两种情况下，分别对复合材料 TP-650 的弹塑性性能进行预测，并与实验结果进行比较。

由图 4-65 可以看出在考虑界面脱粘时，模型预测结果与实验结果更接近，表明上述考虑界面脱粘的模型能较好地用来描述常温下 TiC 颗粒增强钛基复合材料的弹塑性性能。

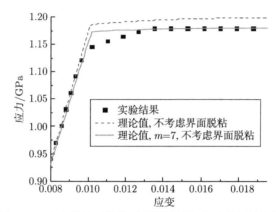

图 4-65　考虑脱粘时的模型预测结果与实验结果的比较

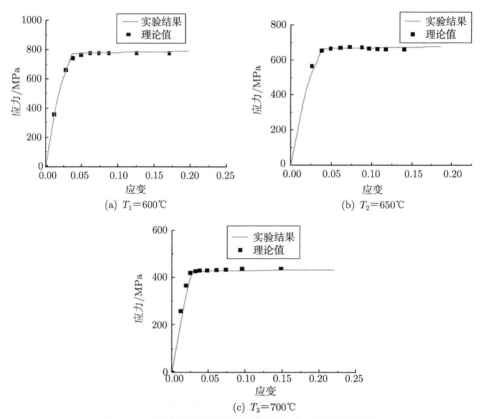

图 4-66　不同温度下模型预测结果与实验结果的比较

高温下，复合材料 TP-650 受单向拉伸应力 σ_{11} 的作用时，材料常数如下：$\nu_0=0.35$，$E_1=460\text{GPa}$，$\nu_1=0.188$，$f_1=0.03$，$h=60\text{MPa}$，$n=0.45$，这里取 $\sigma_c=2.0\sigma_s^{(0)}$，$m=5$。基体钛合金的弹性模量 E_0 和 $\sigma_s^{(0)}$ 可根据不同的温度从表 4-11 中选取不同的数据。考虑温度为 $T_1=600°\text{C}$，$T_2=650°\text{C}$ 和 $T_3=700°\text{C}$ 三种情况下，分别对复合材的弹塑性本构关系进行预测，并与实验结果进行比较，如图 4-66 所示。

从图 4-66 可以看出，模型预测结果与实验结果比较吻合，这说明基体的弹性模量均随着温度的升高而线性下降这一假设的正确性。同时，本节中考虑界面脱粘的理论模型可以较好地用来描述高温下 TiC 颗粒增强钛基复合材料的弹塑性性能。

参 考 文 献

[1] Peters M. Titanium and titanium alloys. Weinheim: Wiley-Vch, 2003
[2] 罗国珍. 钛基复合材料的研究与发展. 稀有金属材料与工程, 1997, 26(2): 1–7
[3] Ranganath S. A review on particulate-reinforced titanium matrix composites. Journal of Materials Science, 1997, 32(1): 1–16
[4] Lu W J, Zhang D, Zhang X N. Microstructural characterization of TiB in in situ synthesized titanium matrix composites prepared by common casting technique. Journal of Alloys and Compounds, 2001, 327: 240–247
[5] Loretto M H, Konitzer D G. The effect of matrix reinforcement reaction on fracture in Ti-6Ai-4V-base composites. Metallurgical Transactions A, 1990, 21(6): 1579–1587
[6] 宁建国, 王晋平, 姜芳. 颗粒增强钛基复合材料的弹塑性能研究. 兵器材料科学与工程, 2006, 29(6): 1–4
[7] Johnson T P, Brooks J W, Loretto M H. Mechanical properties of a Ti-based metal matrix composite produced by a casting route. Scripta metallurgica et materialia, 1991, 25(4): 785–789
[8] Ibrahim I A, Mohamed F A, Lavernia E J. Particulate reinforced metal matrix composites—a review. Journal of Materials Science, 1991, 26: 1137–1156
[9] 张廷杰, 张德尧. 高钨含量钽基合金力学性能的研究. 1996, 25(4): 5–10
[10] 滕迎梅. TiB 增强的钛基复合材料的制备及其力学性能的研究. 兰州理工大学学位论文, 2015
[11] 杨志峰, 吕维洁, 盛险峰, 等. 原位合成钛基复合材料的高温力学性能. 机械工程材料, 2004, 28(3): 22–24, 27
[12] Abkowitz S. Advanced Powder Metal Titanium Alloy Matrix Composites Reinforced with Ceramic and Inter-metallic Particles, Titanium'92 Science and Techology. Beijing: Science Press, 1992: 2511–2518
[13] 曾泉浦, 毛小南, 张廷杰. 热处理对 TP-650 钛基复合材料组织与性能的影响. 1997, 26(4):

18–21

[14] Heeman Choe, Susan Abkowitz, Stanley M. Abkowitz, David C. Dunand, et al. Mechanical properties of Ti-W alloys reinforced with TiC particles. Materials Science and Engineering, 2008, A485: 703–710

[15] Zhang T, Zeng Q, Mao X, et al. Tensile properties of TiC-Particulate-Reinforced Ti matrix composites at elevated temperature. Rare Metal Materials and Engineering, 2001, 30(2): 85–88

[16] Yu L, Mao X, Zhao Y, et al. Isothermal behavior and Microstructure evolution of BT22 titanium alloy. Rare Metal Materials and Engineering, 2007, 36(3): 505

[17] 张鹏省, 毛小南, 于兰兰, 赵永庆, 邓超. TP-650 钛基复合材料的高温性能. 稀有金属材料与工程, 2005, 34(3): 114–117

[18] Kolsky H. An investigation of the mechanical properties of materials at very high rates of loading. Proceeding of the Royal Society of London, 1949, B62: 676–700

[19] 孔令超, 宋卫东, 宁建国, 毛小南. 增强相形态对金属基复合材料力学性能的影响. 有色金属 (冶炼部分), 2008, 6: 34–37

[20] 李伟, 宋卫东, 宁建国, 毛小南. 应变率及温度对复合材料 TP-650 力学性能的影响. 稀有金属材料与工程, 2010, 39(7): 1195–1198

[21] 赵永庆. 高温钛合金研究. 钛工业进展, 2001, 1: 33–39

[22] Song W D, Ning J G, Jiang F, Mao X N. Microstructural and mechanical characterization of TP-650 titanium matrix composites. Latin American Journal of Solids and Structures, 2009, 6(1): 1–12

[23] 曾泉浦, 毛小南, 张廷杰. 热处理对 TP-650 钛基复合材料组织与性能的影响, 稀有金属材料与工程, 1997, 26(4): 18–21

[24] Song W D, Ren H L, Wang J, Mao X N. Tensile properties of particulate reinforced metal matrix composites using the homogenization method. International Journal of Nonlinear Sciences and Numerical Simulation, 2009, 10(8): 1029–1039

[25] Song W D, Mao X N. A multi-scale model of mechanical property and fracture behavior of particle-reinforced composites. International Journal of Nonlinear Sciences and Numerical Simulation, 2011, 11: 0241–0245

[26] Song W D, Ning J G, Wang J. Numerical simulation on tensile property of Tic particle reinforced titanium matrix composite. Materials Research Innovations 2011, 15(1): 171–174

[27] Qi J Q, Chang Y, He Y Z, et al. Effect of Zr, Mo and TiC on microstructure and high-temperature tensile strength of cast titanium matrix composites. Materials & Design, 2016, 99: 421–426

[28] 彭建祥. Johnson-Cook 本构模型和 Steinberg 本构模型的比较研究. 四川: 中国工程物理研究院学位论文. 2006

[29] Lin Y C, Chen X M, Liu G. A modified Johnson–Cook model for tensile behaviors of typical high-strength alloy steel. Materials Science and Engineering A, 2010, 527: 6980–6986

[30] Song W D, Ning J G, Mao X N, et al. A modified Johnson–Cook model for titanium matrix composites reinforced with titanium carbide particles at elevated temperatures. Materials Science & Engineering A, 2013, 576(6): 280–289

[31] 洪志强. Ti-15-3 合金高温本构模型的建立及在模拟中的应用. 合肥: 合肥工业大学学位论文, 2007

[32] Fish J, Shek K. Computational plasticity and viscoplasticity for composite materials and structures. Composites Part B: Engineering, 1998, 29(5): 613–619

[33] Johson G R, Cook W H. A constitutive model and data for metals subjected to large strains, high strain rates and high temperatures. Proceedings of the Seventh International Symposium on Ballistics. 1983: 541–547

[34] Zerilli F J, Armstrong R W. Dislocation-mechanics-based constitutive relations for material dynamics calculations. Journal of Applied Physics, 1987, 61(5): 1816–1825

[35] Miller A K. Unified constitutive equations for creep and plasticity. New York: Elsevier Applied Science Publication Limited, 1987

[36] McShane H B, Sheppard T. On the Elevated-temperature Constitutive Relationship and Structure of an Austenitic Stainless Steel. Journal of Mechanical Working Technology, 1984, 9(2): 147–160

[37] Song W D, Dai L S, Xiao L J, et al. A meso-mechanical constitutive model of particle-reinforced titanium matrix composites at high temperatures. Metals, 2017, 7(1): 15

第5章 钛基复合材料力学性能的数值模拟

随着工业生产的日益发展,传统材料和均质材料已远远不能满足人们的需要,许多具有优良性能的人工材料应运而生。其中包括大量具有粒状细观结构的材料,如颗粒增强复合材料、颗粒增韧复合材料、孔洞材料等,本书统称为细观粒状材料。这些材料的细观结构,包括组分材料的性能、夹杂的形状、几何尺寸、分布等,决定了其宏观力学性能。研究细观粒状材料这种细观结构与宏观力学性能的对应关系对它们的结构设计、性能分析和失效分析都有重要的指导意义。

研究者们提出了各种各样的细观力学方法来求解这种对应关系。代表性的工作有自洽理论、广义自洽理论和 Mori-Tanaka 方法等,此外,Nemat-Nasser 等还引进代表性体积单元 (representative volume element) 的概念来描述复合材料的细观周期性特征。

20 世纪 70 年代提出并应用于周期性材料分析的均匀化理论具有严格的数学依据,它既能从细观尺度分析材料的等效模量和变形,又能从宏观尺度分析结构的响应,已成为分析复合材料等效性能和细观结构拓扑优化的常用手段之一。

5.1 均匀化理论的基本思想

绝大部分材料都是非均质材料,材料的非均质性可由它们固有的微结构——单胞来描述。单胞与所研究复合材料的宏观尺度相比是极微小的,但又高于原子、分子,其内部由两种或多种不同性质的材料复合而成,从而又能体现宏观材料的复合特性,这些单胞大多表现出周期性重复的性质。

单胞的这一性质正是均匀化理论的前提和基础。

均匀化理论利用单胞的这一性质,即周期重复性,在两种尺度下研究问题,一个是宏观尺度,另外一个是细观尺度,细观尺度与宏观尺度之比是个小量,借助多尺度摄动方法,获得一个从系统的细观描述到宏观描述的 "通道"。在数学上来讲,这个 "通道" 就是系统方程的均匀化算子。

可以说,对复合材料的认识是均匀化理论的物理背景,而多尺度摄动理论构成了其数学基础。

复合材料均匀化理论的基本思想是,针对复合材料的周期性分布这一特点,选取适当的相对于宏观尺度很小并能反映材料组成性质的单胞,建立模型,确定单胞的描述变量,从系统方程出发,得出基本求解方程,再利用周期性条件和均匀性条件及一定的数学变换，最后通过类比的方法得到宏观等效的弹性系数张量、热膨胀系数张量、热弹性常数张量等一系列等效材料参数。

这里必须强调的是，正如力学在其发展过程中给数学家提出的其他问题，现在均匀化理论不只服务于复合材料力学，已经广泛应用于各个领域。

5.2 均匀化理论的发展

均匀化理论首先由法国数学家在摄动理论的基础上提出。作为一种新颖且严格的分析方法，随着 1974 年俄罗斯 Sanchez-Palencia 教授首次将其用于实际问题研究，到 20 世纪 80 年代初已经建立了完善的数学理论，其中 Duvant 在 1976 年出版的著作、Benssousan、Lions 和 Papanicoulau 在 1978 年出版的著作、Sanchez-Palencia 在 1980 年出版的著作代表了均匀化理论在这一时期的发展。Duvant 是基于能量法进行研究，而 Benssousan 等和 Sanchez-Palencia 是基于渐近级数法进行研究。Benssousan、Lions 和 Papanicoulau 在他们的著作中，对具有周期系数的椭圆型、双曲型和抛物型微分算子进行了讨论，给出了问题和边界条件的提法，利用微观域边界条件的周期性，推导出了对应的均匀化算子，并验证了问题的收敛性，给出了误差估计。20 世纪 90 年代初，均匀化理论最重要的发展当数俄罗斯学者 Oleinik 等在 1992 年出版的著作，他们的著作有两部分内容，一部分是基于渐近级数法的弹性复合材料在不同的边界条件下的均匀化问题，另一部分是基于算子谱分解方法的研究内容。而谱分解方法和 Duvant 的能量法、Benssousan 等的渐近级数法共同成为了均匀化理论研究的三个重要途径。Guedes 和 Kikuchi 把均匀化理论和有限元方法相结合，推导了均匀化方法的有限元列式，并分析了有限元近似的精度，最后还用元语言给出了均匀化程序的详细描述。1998 年，Hassani 和 Hinton 在期刊 *Computers and Structures* 上发表了均匀化理论的大综述 (分成三篇文章，共三大部分内容)，对以往工作进行了总结。其中，第一篇文章介绍了均匀化理论方面的进展，第二篇文章介绍了均匀化理论的数值实现方法，第三篇文章介绍了均匀化理论在拓扑优化中的应用。

这一期间，用均匀化理论研究复合材料力学性能的领域也在不断拓展，从最初研究复合材料的线弹性问题发展到研究复合材料的粘弹性、热粘弹性、塑性、弹粘塑性等问题。其中，Fish 等对本征应变的均匀化进行了研究，并通过把塑性应变视为本征应变，提出了弹塑性问题的均匀化方法，给出了详细的计算步骤，还推导了均匀化过程的增量形式。Wu 和 Ohno 等研究了与时间相关的弹粘塑性复合材料的均匀化问题，在推导中使用了具有线弹性和非线性蠕变特性的本构方程，得到了均匀化理论的率相关形式。2001 年，日本学者 Okada 等提出了基于边界单元法的均匀化理论确定非均质复合材料等效弹性参数的方法，进一步完善了均匀化理论的数值计算。

在国内，从 1999 年开始，中国科学院计算数学与科学工程计算研究所的崔俊芝院士和曹礼群等研究了具有小周期系数的椭圆型边值问题的双尺度渐近分析(asymptotic analysis)方法和复合材料拟周期结构的均匀化方法，他们就二维、三维拟周期的弹性结构给出位移向量函数的均匀化理论，同时给出了位移函数、应力张量的一些重要估计式。其后，对具有小周期孔洞的复合材料弹性结构进行研究，得到了位移函数的一类可计算的双尺度渐近展开式，并给予严格的理论证明。2000年，在双尺度渐近分析理论的基础上提出了双尺度有限元计算格式，并给出了严格的误差估计。2007 年，宋士仓和崔俊芝就小周期型复合材料的稳态热传导问题进行了分析，给出了一类具有某种对称性的小周期复合材料稳态热传导问题解的渐近表示方法。大连理工大学的众多学者们，包括刘书田、张洪武、程耿东、邓子辰、杨海天和他们的学生对均匀化理论和应用进行了广泛深入的研究。1995~1999 年，刘书田基于均匀化理论得出了复合材料热膨胀系数的预测方法，并且建立了确定复合材料结构应力场和多孔板弯曲变形计算的方法。2002 年，陈秉智、顾元宪和刘书田对松质骨建立了六种单胞细观结构模型，采用均匀化方法和有限元方法计算了松质骨的宏观等效弹性模量，把均匀化理论用于生物力学研究。2001 年，《复合材料学报》在第 4 期发表了张洪武关于弹性接触颗粒状周期性结构材料力学分析的均匀化方法的两篇文章，分别为局部代表单元分析和宏观均匀化分析。研究工作目的是建立弹性接触颗粒状周期性结构材料力学分析的均匀化模型。在对材料进行微观分析的基础上建立了宏观材料的均匀化非线性数值本构模型，并在此基础上构造了宏观分析的一致性方法。2003 年，张洪武等对材料非线性多级分析的计算模型与算法进行了研究，重点是单胞分析算法的构造问题。2004 年，张洪武等针对考虑材料内摩擦接触的颗粒材料多尺度计算问题，建立了一种基于数值技术的多级分析方法，它是基于转换场技术的算法，采用近似技术建立了非线性分析的本征应变矩阵，使分析方法具有表达简单与实现方便的特点。并研究了一种空间时间多尺度的方法，来分析周期性材料中非傅里叶热传导问题。计算模型是根据空间时间尺度的高阶均匀化理论建立的，通过放大空间尺度和缩小时间尺度，研究了由空间非均匀性引起的非傅里叶热传导的波动效应和非局部效应。

程耿东和阎军等把均匀化理论用于桁架材料的等效弹性性能预测和弹塑性行为的精确建模分析。大连理工大学的邓子辰和西北工业大学的刘涛合作先后研究了考虑材料设计变量的热-固耦合结构的优化设计和材料弹塑性性能数值模拟的多尺度方法。他们从材料-结构协同设计的角度研究了热-固耦合结构的优化设计问题，将决定结构材料性质的细观参数与结构宏观几何参数作为设计变量，利用均匀化方法推导了细观设计变量灵敏度的显式计算式，并结合耦合场有限元方程构造了耦合场设计变量灵敏度计算式，提出了材料——结构协同设计的三种优化设计模型。并将均匀化方法和渐近分析方法与参变量变分原理相结合提出了一种模拟复合材料非线性性能的多尺度数值方法。2002年，王飞基于均匀化理论确定了蜂窝状结构材料的等效弹性参数，并指出：在微结构尺度上，利用位移和应力场杂交化的方法独立插值表达的总应变能形式和相应的变分公式中，必须要考虑宏观尺度应变的影响。同年，李华祥等运用均匀化方法分析了韧性复合材料的塑性极限承载能力，从反映复合材料细观结构的代表性胞元(base cell)入手，将均匀化理论运用到塑性极限分析中。

5.3 均匀化方法在不同研究领域的应用

5.3.1 在传统领域的应用

均匀化理论是连续介质力学的发展。连续介质力学认为，尽管物质由分子组成，但决定宏观运动性质的不是个别分子的行为，而是对大量分子统计平均后的总体效果，因此它不考虑物质的分子结构，采用连续介质的理论模型对物体进行研究。从本质上讲，连续介质的思想就是早期的均匀化思想，但是它只考虑了物质在分子尺度和宏观尺度两种尺度的性质，并假设材料都是均质的。所以，在研究当前大量出现并广泛应用的复合材料、人工合成材料等新材料时遇到了困难。后来提出的均匀化理论克服了连续介质力学的这些局限性，可以在微、细、宏观等多个尺度上对非均质周期性材料进行分析。

从本质上讲，材料力学实验也是一种均匀化方法。我们用试件的力学性能参数来描述该材料，首先已承认了材料分布的周期重复性，如果材料分布不满足周期重复而是绝对随机的，材料实验也就失去了意义。材料力学实验本身可以看作对系统均匀化算子参数的确定过程。

1971年，Wilson对临界点附近的行为作了全面的理论描述，并因此获得了诺贝尔奖。他认识到，在临界点附近除了大尺度的涨落可大到与整个系统的尺度同数量级之外，还有幅值更小的涨落，一直小到原子尺度，所有这些涨落在临界点附近都是重要的。在进行理论描述时，要考虑到整个涨落谱，用直接方法作正面处理，即使有最快的计算机帮忙也无济于事。Wilson成功地找到了一种方法解决了这个问题，不是正面处理，而是把问题分解成一系列简单得多的问题，其中每一部分都是可以解决的。虽然当时均匀化理论还没有提出，但从本质上看，Wilson求解临界点附近行为的思想就是后来的均匀化思想。

5.3.2 在生物力学方面

樊学军于1996年在线弹性范围内讨论了均匀化理论在密质骨力学性能数值模拟中的应用；随后一年，树学峰等又基于均匀化理论探讨了松质骨的表观密度和弹性模量的关系；2002年，陈秉智、刘书田等学者提出了基于均匀化理论和有限元方法计算松质骨宏观等效弹性模量的方法,并又着重对松质骨的宏观等效弹性模量与体分比(固体所占单胞总体积的百分比)的指数关系进行了探讨;2004年,侯亚君在其博士学位论文中详细探讨了均匀化理论在骨力学中的应用,使骨力学在宏细观结合的分析方法上取得了很大进展。

5.3.3 在拓扑优化方面

前面提到的Hassani和Hinton在期刊 *Computers and Structures* 上发表的均匀化理论大综述的第三部分回顾了均匀化理论在拓扑优化方面的进展,阐述了在拓扑优化中的应用,充分肯定了均匀化理论在该领域的广阔应用前景。

这篇综述发表于1998年,2001年Nishiwaki把一种基于均匀化理论的拓扑优化方法成功用于一些刚度最优和频率最大等的变量优化设计问题。

2004年,龚曙光将均匀化理论用于多孔板结构的优化研究,王书亭和左孔天则在研究均匀化理论和拓扑优化理论的基础上,推导了复合材料的均匀化求解方程,并将均匀化理论应用于拓扑优化中,推导了基于均匀化理论的二维拓扑优化求解算法。2005年,李书等基于均匀化方法对双向铺层复合材料层板的等效弹性参数进行了预估,并在此基础上,对其自振频率进行了优化设计。

5.3.4 在多孔介质渗流方面

日本名古屋大学的Geo-space实验室在Ichikawa-Ken教授的带领下一直从事均匀化理论的研究。1996年,该实验室的中国学者王建国在其博士学位论文中运用均匀化理论对多孔介质材料进行了非线性和渗流问题的系统研究,随后其在新加坡国立大学继续从事均匀化的研究工作,并基于该理论探讨了在多孔介质中渗流问题的数值计算方法;2005年,Auriault教授在MIRA学术会议上就均匀化理论在多孔介质渗流方面的发展作了详细的总结。著名的德国出版社Springer在1996年就均匀化理论在多孔介质中的研究和应用,特意邀请了德国的Ulrich Hornung教授,美国的Kenneth Golden教授、Ralph Showalter教授,法国的Andro Mikelic教授,罗马尼亚的Horia Ene教授共同合作,编写了一本专集 *Homogenization and Porous Media*,这些均匀化理论方面的专家分别就均匀化的基本理论基础,均匀化在多孔介质中的微观结构模型,多孔介质渗流问题,一维Newtonian流动,non-Newtonian流动问题,以及二维流动,热流动问题上的发展及研究现状进行了充分而又详细的总结。

5.4 均匀化理论与其他复合材料研究方法的比较

5.4.1 细观力学方法

20世纪中叶发展起来的等效夹杂理论、自洽理论、广义自洽理论、Mori-Tanaka

方法、微分方法以及在此理论基础上建立起来的其他方法，均假设组成聚合体夹杂的材料是均匀的，因而仅能用于宏观与细观两个层次的分析。且微分法的计算结果不稳定，依赖于模型的选取，等效夹杂方法只能应用于圆柱形和棱柱形颗粒情形，对于一般形状颗粒的应用受到了限制。

美国哈佛大学 Hutchinson 结合自洽模型进行宏微观相结合的分析研究，该方法可反映弹塑性介质随塑性变形的发展对夹杂约束逐渐减弱的特性，是对含复杂微结构材料研究的进展，但是其过程显得过于繁杂。

美国罗切斯特大学 Weng 采用平均场方法，以基体为媒介引入了两相间的交互作用，比 Hutchinson 的工作有所进步，但仍较粗略，总是低估局部应力而高估屈服应力。

总之，现有细观力学方法都有一定缺陷，在复合材料研究中不能得到理想的分析结果。

5.4.2 分子动力学方法

分子力学 (MM) 和分子动力学 (MD) 是在分子水平上解决问题的非量子计算技术，它们研究的最小结构单元是原子，原子的量子效应不明显，可近似用经典力学方法处理，但是为了达到原子尺度上数值模拟的真实性和有效性，在 MM 和 MD 方法的计算程序中仍然需要输入数十万次甚至上百万次的循环次数。

有研究利用分子动力学模拟在分子尺度上研究了非均质材料的塑性、蠕变、变形等力学性能，这些研究计算量庞大，通常需要借助大型并行计算机群来完成。而材料的力学性能是大量原子、分子、晶粒等微粒行为的宏观体现，是一种平均结果，即使了解了材料中每个分子的行为，也免不了对其进行统计平均。所以利用分子动力学模拟来研究材料的力学性能从方法上是不合理的，与其将每个分子的行为计算出来再平均，还不如应用均匀化理论从一开始就进行平均。

均匀化理论是一套严格的数学理论，一直是应用数学领域的研究课题之一。它从构成结构的 "胞元" 入手，假定胞元具有空间可重复性，同时引入宏观尺度和微观尺度，利用渐近分析的方法，从而可以详尽地考虑材料微结构的影响。它既能从细观尺度分析材料的等效模量和变形，又能从宏观尺度分析结构的响应，是近一个世纪以来，在力学、数学、工程中相继提出的众多针对复合材料及其产品结构的多尺度多层次问题的处理方法中最简单、最直接的研究方法。

5.5 均匀化理论的数学基础和误差估计

5.5.1 基本假设

对于具有周期性细结构的非均质材料，当宏观结构受外部作用时，结构场变量如位移和应力等,将随宏观位置的改变而产生变化。但是细观结构的高度非均质性,使得这些结构场变量在宏观位置 x 非常小的邻域内也有很大变化。因此可以假设所有变量都依赖于两种尺度,一种是宏观尺度 x,另外一种是细观尺度 y。细观尺度与宏观尺度之比是个小量 ε,有

$$x = y/\varepsilon \tag{5-1}$$

假定 g 是整个宏观域 X 内的一个基本函数,则有

$$g = g(x, x\varepsilon) = g(x, y) \tag{5-2}$$

参数 ε 可看作细观尺度和宏观尺度的相对比值。$1/\varepsilon$ 则可以看作基本单胞放大到宏观尺度的一个放大因子。

由于假设细观结构为周期性重复排列,因此结构变量对细观坐标 $y = x/\varepsilon$ 的依赖关系也具有周期性:

$$\Phi(x, y) = \Phi(x, y + Y) \tag{5-3}$$

这种特性称为 Y-周期性,Y 表示周期函数的周期,细观上对应于一个单胞或称基元 Y。

5.5.2 数学描述

均匀化理论的主要思想是,针对非均匀复合材料的周期性分布这一特点,在宏观和细观两种尺度下研究问题,两种尺度之比是个小量 ε。利用渐近展开的方法,获得一个从系统的细观描述到宏观描述的"通道"。

数学上,均匀化问题可以用偏微分方程来描述,方程中的偏微分算子依赖于小参数 ε,用 A^ε 来表示这样一族偏微分算子,其系数具有周期性。其中,上标 ε 表示变量对非均匀基础胞元大小的依赖。

针对均匀化理论,本节只研究椭圆型微分算子的均匀化问题,描述如下。

在 Ω^ε 域内有

$$A^\varepsilon u^\varepsilon = f \tag{5-4}$$

其中,u^ε 满足给定的边界条件。

将 u^ε 展开为小参数 ε 的渐近级数:

$$u^\varepsilon(x) = u^0(x, y) + \varepsilon u^1(x, y) + \varepsilon^2 u^2(x, y) + \cdots \tag{5-5}$$

可以看出,当 $\varepsilon \to 0$ 时,$u^\varepsilon \to u^0$,假设此时 $A^\varepsilon \to A^h$。

那么,u^0 是问题

$$A^h u^0 = f \tag{5-6}$$

的解，u^0 满足给定的边界条件。

A^h 就是算子 A^ε 的均匀化算子。

从这一点来讲，本节的任务就在于找到算子 A^h 的参数。

5.5.3 椭圆型微分算子的均匀化过程

椭圆型微分算子具有如下形式：

$$A^\varepsilon = -\frac{\partial}{\partial x_i}\left(a_{ij}\left(\frac{x}{\varepsilon}\right)\frac{\partial}{\partial x_j}\right) + a_0\left(\frac{x}{\varepsilon}\right) \tag{5-7}$$

其中，$a_{ij}(y) \in R$，a_{ij} 是 Y-周期的，$a_{ij} \in L^\infty(R^n)$，且有

$$a_{ij}(y)\xi_i\xi_j \geqslant \alpha\xi_i\xi_j, \quad \alpha > 0$$

$a_0 \in L^\infty(R^n)$，a_0 也是 Y-周期的，并且 $a_0(y) \geqslant \alpha_0 > 0$。

利用渐近展开式 (5-5) 考虑问题 (5-4)。其中，对空间坐标的导数可以通过链式求导法则 (5-8) 得到：

$$\frac{\partial}{\partial x_i} = \frac{\partial}{\partial x_i} + \frac{1}{\varepsilon}\frac{\partial}{\partial y_i} \tag{5-8}$$

从而得到

$$A^\varepsilon = \varepsilon^{-2}A_1 + \varepsilon^{-1}A_2 + \varepsilon^0 A_3 \tag{5-9}$$

其中

$$\begin{aligned}
A_1 &= -\frac{\partial}{\partial y_i}\left(a_{ij}(y)\frac{\partial}{\partial y_j}\right) \\
A_2 &= -\frac{\partial}{\partial y_i}\left(a_{ij}(y)\frac{\partial}{\partial x_j}\right) - \frac{\partial}{\partial x_i}\left(a_{ij}(y)\frac{\partial}{\partial y_j}\right) \\
A_3 &= -\frac{\partial}{\partial x_i}\left(a_{ij}(y)\frac{\partial}{\partial x_j}\right) + a_0
\end{aligned} \tag{5-10}$$

将式 (5-5) 和式 (5-9) 代入式 (5-4)，令左右 ε 的不同次幂系数相等，得到

$$(\varepsilon^{-2}) : A_1 u^0 = 0 \tag{5-11}$$

$$(\varepsilon^{-1}) : A_1 u^1 + A_2 u^0 = 0 \tag{5-12}$$

$$O(\varepsilon^0) : A_1 u^2 + A_2 u^1 + A_3 u^0 = f \tag{5-13}$$

接下来通过式 (5-11)~式 (5-13) 确定均匀化算子 A^h。

现在考虑如下方程：

$$A_1\phi = F \quad \text{(在单胞域}Y\text{内)} \tag{5-14}$$

定理 1: 当且仅当 $\int_Y F(y)\mathrm{d}y = 0$, 方程 (5-14) 存在唯一解。

这里直接应用上述结论, 详细证明可参考 Alain Bensoussan 的著作 (*Asymptotic Analysis for Periodic Structures*, p13)。

利用定理 1, 式 (5-11) 存在唯一解, 且与 y 无关, 即

$$u^0(x,y) = u^0(x) \tag{5-15}$$

利用式 (5-15), 式 (5-12) 简化为

$$A_1 u^1 = \frac{\partial}{\partial y_i}(a_{ij}(y))\frac{\partial u^0}{\partial x_j}(x) \tag{5-16}$$

由于式 (5-16) 右侧的变量是分离的, 可以把 u^1 表示成简单的形式。

定义 $\chi^j(y)$ 为方程

$$-\frac{\partial}{\partial y_j}a_{ij}(y) = A_1 y_j = A_1 \chi^j(y) \tag{5-17}$$

的解, $\chi^j(y)$ 也是 Y-周期的。

由 $\int_Y A_1 y_j \mathrm{d}y = \int_Y \frac{\partial a_{ij}(y)}{\partial y_j}\mathrm{d}y = 0$ (周期函数的导数在一个周期内的积分为 0), 并利用定理 1, $\chi^j(y)$ 存在。

于是, 可得到方程 (5-16) 的解为

$$u^1(x,y) = -\chi^j(y)\frac{\partial u^0}{\partial x_j} + \tilde{u}^1(x) \tag{5-18}$$

考虑式 (5-13), 只有 u^2 待求, x 看作参数, 利用定理 1, 只有

$$\int_Y (A_2 u^1 + A_3 u^0)\,\mathrm{d}y = \int_Y f \mathrm{d}y = |Y|f \tag{5-19}$$

方程才有解。

这里 $|Y|$ 是 Y 的度量。

考虑左侧第一项

$$\int_Y A_2 u^1 \mathrm{d}y = -\frac{\partial}{\partial x_i}\int_Y a_{ij}(y)\frac{\partial u^1}{\partial y_j}\mathrm{d}y \tag{5-20}$$

利用式 (5-18)

$$\int_Y A_2 u^1 \mathrm{d}y = \frac{\partial}{\partial x_i}\int_Y a_{ik}(y)\frac{\partial \chi^j}{\partial y_k}\mathrm{d}y \frac{\partial u^0}{\partial x_j} \tag{5-21}$$

将式 (5-21) 代入式 (5-19), 得到

$$-\frac{1}{|Y|}\left[\int_Y \left(a_{ij} - a_{ik}(y)\frac{\partial \chi^j}{\partial y_k}\right) dy\right]\frac{\partial^2 u^0}{\partial x_i \partial x_j} + \frac{1}{|Y|}\left(\int_Y a_0(y) dy\right) u^0 = f \quad (5\text{-}22)$$

至此, 得到椭圆型微分算子 A^ε 的均匀化算子 A^h:

$$A^h = -\frac{1}{|Y|}\left[\int_Y \left(a_{ij} - a_{ik}(y)\frac{\partial \chi^j}{\partial y_k}\right) dy\right]\frac{\partial^2}{\partial x_i \partial x_j} + \frac{1}{|Y|}\left(\int_Y a_0(y) dy\right) \quad (5\text{-}23)$$

式中, χ^j 由方程 (5-17) 解得。

5.5.4 椭圆型微分算子均匀化解的误差估计

假设所有变量足够光滑, 考虑 Dirichlet 问题

$$A^\varepsilon u^\varepsilon = f \quad (\text{在边界}\, \Gamma \,\text{上}, u^\varepsilon = 0) \quad (5\text{-}24)$$

u^ε 为上述问题的解。

u^0 是问题

$$A^h u^0 = f \quad (\text{在边界}\, \Gamma \,\text{上}, u^0 = 0) \quad (5\text{-}25)$$

的解。

设

$$z^\varepsilon = u^\varepsilon - (u^0 + \varepsilon u^1 + \varepsilon^2 w), \quad w = w(x, y) \quad (5\text{-}26)$$

这里, 选择 w 使 $A^\varepsilon z^\varepsilon$ 尽可能小。u^2 即为很好的选择, 即令

$$w = u^2 \quad (5\text{-}27)$$

得到

$$A^\varepsilon z^\varepsilon = -\varepsilon r^\varepsilon \quad (5\text{-}28)$$

式中

$$r^\varepsilon = A_2 w + A_3 u^1 + \varepsilon A_3 w \quad (5\text{-}29)$$

如满足条件

$$\int_Y w(x, y) dy = 0 \quad (5\text{-}30)$$

则

$$\int_Y (-\varepsilon r^\varepsilon) dy = -\varepsilon \int_Y \left(A_2 w + A_3 u^1 + \varepsilon A_3 w\right) dy = 0$$

z^ε 唯一, 则 $w(x, y)$ 唯一。

由假定, w 足够光滑, 即 $w \in C^k(\bar{\Omega}^\varepsilon)$ (k 次连续可微函数空间, 令 k 充分大)。而 A_2 和 A_3 是二阶微分算子, 则 $A_2 w$ 和 $A_3 w$ 都是至少 $(k-2)$ 次连续可微的, 因

此，r^ε 是至少 $(k-2)$ 次连续可微的，由此可知，r^ε 在闭域 $\bar{\Omega}^\varepsilon$ 内是有界的，在开域 Ω^ε 内亦是有界的，即

$$\|r^\varepsilon\|_{L^\infty(\Omega^\varepsilon)} \leqslant c \tag{5-31}$$

由式 (5-28)，得

$$\|A^\varepsilon z^\varepsilon\|_{L^\infty(\Omega^\varepsilon)} \leqslant c\varepsilon \tag{5-32}$$

另一方面，在边界 Γ 上有 $u^\varepsilon = u^0$，所以

$$z^\varepsilon = -(\varepsilon u^1 + \varepsilon^2 w) \tag{5-33}$$

所以

$$\|z^\varepsilon\|_{L^\infty(\Gamma)} \leqslant c\varepsilon \tag{5-34}$$

由式 (5-32) 和式 (5-34)，利用椭圆型算子的极大值原理，得到

$$\|z^\varepsilon\|_{L^\infty(\Omega^\varepsilon)} \leqslant c\varepsilon \tag{5-35}$$

所以

$$\|u^\varepsilon - u^0\|_{L^\infty(\Omega^\varepsilon)} \leqslant c\varepsilon \tag{5-36}$$

这个估计式一方面证明了均匀化理论的合理性，另一方面给出了 u^ε 和其均匀化解 u^0 之间的误差估计。

5.6 弹性均匀化理论

假设具有周期性细观结构的复合材料弹性体 Ω^ε 在体积力 f、边界 Γ_t 上的表面力 t 以及边界 Γ_d 上的给定位移作用下处于静力平衡状态，那么该复合材料的等效均质弹性体应满足下列基本方程和边界条件：

平衡方程：$\sigma_{ij,j}^\varepsilon + f_i = 0 \tag{5-37}$

本构关系：$\sigma_{ij}^\varepsilon = L_{ijkl}^\varepsilon e_{kl}^\varepsilon \tag{5-38}$

几何方程：$e_{ij}^\varepsilon = \dfrac{1}{2}(u_{i,j}^\varepsilon + u_{j,i}^\varepsilon) \tag{5-39}$

位移边界条件：$u_i^\varepsilon = \bar{u}_i$ （在Γ_u上） $\tag{5-40}$

力边界条件：$\sigma_{ij}^\varepsilon n_j = \bar{t}_i$ （在Γ_t上） $\tag{5-41}$

其中，L_{ijkl}^ε 为单胞中基体和增强相的弹性常数：

$$L_{ijkl}^\varepsilon(x) = L_{ijkl}(x,y) \tag{5-42}$$

5.6 弹性均匀化理论

n_i 为边界 $\partial\Omega^\varepsilon$ 上的单位法向矢量。

将 Ω^ε 中的周期性位移 u^ε 展开成关于小参数的渐近展开式 (5-5)。利用链式求导法则 (5-8)，应变张量可表示为

$$e_{ij}^\varepsilon(x) = \varepsilon^{-1} e_{ij}^{-1}(x,y) + e_{ij}^0(x,y) + \varepsilon e_{ij}^1(x,y) + \cdots \tag{5-43}$$

式中

$$e_{ij}^{-1} = \frac{1}{2}\left(\frac{\partial u_i^0}{\partial y_j} + \frac{\partial u_j^0}{\partial y_i}\right) \tag{5-44}$$

$$e_{ij}^0 = \frac{1}{2}\left(\frac{\partial u_i^0}{\partial x_j} + \frac{\partial u_j^0}{\partial x_i} + \frac{\partial u_i^1}{\partial y_j} + \frac{\partial u_j^1}{\partial y_i}\right) \tag{5-45}$$

$$e_{ij}^1 = \frac{1}{2}\left(\frac{\partial u_i^1}{\partial x_j} + \frac{\partial u_j^1}{\partial x_i} + \frac{\partial u_i^2}{\partial y_j} + \frac{\partial u_j^2}{\partial y_i}\right) \tag{5-46}$$

$$e_{ij}^n = \frac{1}{2}\left(\frac{\partial u_i^n}{\partial x_j} + \frac{\partial u_j^n}{\partial x_i} + \frac{\partial u_i^{n+1}}{\partial y_j} + \frac{\partial u_j^{n+1}}{\partial y_i}\right) \quad (n \geqslant 2) \tag{5-47}$$

将式 (5-32) 代入本构方程中，可得应力场的渐近展开式：

$$\sigma_{ij}^\varepsilon(x) = \varepsilon^{-1} \sigma_{ij}^{-1}(x,y) + \sigma_{ij}^0(x,y) + \varepsilon \sigma_{ij}^1(x,y) + \cdots \tag{5-48}$$

其中

$$\sigma_{ij}^{-1}(x,y) = L_{ijkl}(x,y) e_{kl}^{-1}(x,y) \tag{5-49}$$

$$\sigma_{ij}^0(x,y) = L_{ijkl}(x,y) e_{kl}^0(x,y) \tag{5-50}$$

$$\sigma_{ij}^1(x,y) = L_{ijkl}(x,y) e_{kl}^1(x,y) \tag{5-51}$$

$$\sigma_{ij}^n(x,y) = L_{ijkl}(x,y) e_{kl}^n(x,y) \quad (n \geqslant 2) \tag{5-52}$$

将应力的渐近展开式代入平衡方程，令左右 ε 的不同次幂系数相等，得到一系列控制方程：

$$\frac{\partial \sigma_{ij}^{-1}(x,y)}{\partial y_j} = 0 \tag{5-53}$$

$$\frac{\partial \sigma_{ij}^0(x,y)}{\partial y_j} + \frac{\partial \sigma_{ij}^{-1}(x,y)}{\partial x_j} = 0 \tag{5-54}$$

$$\frac{\partial \sigma_{ij}^1(x,y)}{\partial y_j} + \frac{\partial \sigma_{ij}^0(x,y)}{\partial x_j} + f_i = 0 \tag{5-55}$$

$$\frac{\partial \sigma_{ij}^n(x,y)}{\partial y_j} + \frac{\partial \sigma_{ij}^{n-1}(x,y)}{\partial x_j} = 0 \quad (n \geqslant 2) \tag{5-56}$$

由 5.5.3 节分析可知
$$u^0(x,y) = u^0(x) \tag{5-57}$$
由式 (5-45)，并注意到式 (5-49) 和式 (5-45) 得
$$e_{kl}^{-1} = 0, \quad \sigma_{kl}^{-1} = 0$$
将式 (5-45) 中的 $e_{ij}^0(x,y)$ 写成如下形式：
$$e_{ij}^0(x,y) = e_{xij}(u^0) + e_{yij}(u^1) \tag{5-58}$$
其中
$$e_{xij}(u^0) = \frac{1}{2}\left(\frac{\partial u_i^0}{\partial x_j} + \frac{\partial u_j^0}{\partial x_i}\right) \tag{5-59}$$
$$e_{yij}(u^1) = \frac{1}{2}\left(\frac{\partial u_i^1}{\partial y_j} + \frac{\partial u_j^1}{\partial y_i}\right) \tag{5-60}$$
则式 (5-45) 就成为
$$\frac{\partial}{\partial y_j}\left[L_{ijkl}e_{ykl}(u^1)\right] = -\frac{\partial L_{ijkl}}{\partial y_j}e_{xkl}(u^0) \tag{5-61}$$
这是一个关于 $u_i^1(x,y)$ 的线性方程，利用式 (5-18) 及 χ_{mn}^j 关于 m、n 的对称性，其解为
$$u^1(x,y) = -\chi_{mn}^j(y)e_{xmn}(u^0(x)) + \tilde{u}^1(x) \tag{5-62}$$
这样，式 (5-61) 可化为
$$\frac{\partial}{\partial y_j}\left[L_{ijkl}\Psi_{klmn}(y)\right] + \frac{\partial L_{ijmn}}{\partial y_j} = 0 \tag{5-63}$$
其中
$$\Psi_{klmn}(y) = e_{ykl}(\chi_{mn}(y)) \tag{5-64}$$
把式 (5-61) 代入式 (5-45)，可得
$$e_{ij}^0 = A_{ijkl}e_{xkl}(u^0) \tag{5-65}$$
其中，$A_{ijkl} = T_{ijkl} + \Psi_{ijkl}$，$T_{ijkl}$ 是一个四阶单位张量，$T_{ijkl} = \frac{1}{2}(\delta_{ik}\delta_{jl} + \delta_{il}\delta_{jk})$。应该注意的是 A_{ijkl} 和 Ψ_{ijkl} 关于指标的亚对称性，即
$$A_{ijkl} = A_{jikl} = A_{ijlk}, \quad \Psi_{ijkl} = \Psi_{jikl} = \Psi_{ijlk}$$

由此，式 (5-45) 可化为

$$\sigma_{ij}^0 = \hat{\sigma}(y)_{ij}^{kl} e_{xkl}(u^0) \tag{5-66}$$

其中

$$\hat{\sigma}(y)_{ij}^{kl} = L_{ijmn} A_{mnkl} \tag{5-67}$$

将式 (5-66) 代入式 (5-45)，得到 Y 域内的平衡方程：

$$\frac{\partial \hat{\sigma}(y)_{ij}^{kl}}{\partial y_j} = 0 \tag{5-68}$$

注意到，对于任意一个 Y-周期性函数 $\Phi = \Phi(x,y)$，定义其在 Y 域内的平均值为

$$\langle \Phi \rangle = \frac{1}{|Y|} \int \Phi(x,y) \mathrm{d}Y \tag{5-69}$$

对式 (5-66) 在 Y 域内取平均，得到

$$\langle \sigma_{ij}^0 \rangle = L_{ijkl}^H e_{xkl}(u^0) \tag{5-70}$$

其中

$$L_{ijkl}^H = \langle \hat{\sigma}_{ij}^{kl} \rangle = \frac{1}{|Y|} \int_Y L_{ijmn} A_{mnkl} \mathrm{d}Y \tag{5-71}$$

为复合材料的等效弹性常数，与细观坐标 y 无关，对应于等效均质材料的弹性模量。

5.7 弹塑性力学性能分析的均匀化方法

非均匀弹塑性材料在宏观域 Ω^ε 上的基体方程为

$$\text{平衡方程：} \sigma_{ij,j}^\varepsilon + f_i = 0 \tag{5-72}$$

$$\text{本构关系：} \sigma_{ij}^\varepsilon = L_{ijkl}(e_{kl}^\varepsilon - \mu_{kl}^\varepsilon) \tag{5-73}$$

$$\text{几何方程：} e_{ij}^\varepsilon = \frac{1}{2}(u_{i,j}^\varepsilon + u_{j,i}^\varepsilon) \tag{5-74}$$

$$\text{位移边界条件：} u_i^\varepsilon = \bar{u}_i \quad (\text{在}\Gamma_u\text{上}) \tag{5-75}$$

$$\text{力边界条件：} \sigma_{ij}^\varepsilon n_j = \bar{t}_i \quad (\text{在}\Gamma_t\text{上}) \tag{5-76}$$

其中，μ_{ij}^ε、L_{ijkl} 分别为本征应变张量和刚度系数张量。

将本征应变 μ_{ij}^ε 展开为小参数 ε 的渐近级数，如下：

$$\mu_{ij}^\varepsilon = \varepsilon^{-1}\mu_{ij}^{-1}(x,y) + \mu_{ij}^0(x,y) + \varepsilon\mu_{ij}^1(x,y) + \cdots \quad (5\text{-}77)$$

然后把应变的渐近展开式 (5-43) 和 (5-77) 代入本构关系式 (5-73)，得到应力的渐近展开式，如下：

$$\sigma_{ij}(x,y) = \frac{1}{\varepsilon}\sigma_{ij}^{-1}(x,y) + \sigma_{ij}^0(x,y) + \varepsilon\sigma_{ij}^1(x,y) + \cdots \quad (5\text{-}78)$$

式中

$$\sigma_{ij}^{-1}(x,y) = L_{ijkl} e_{kl}^{-1} \quad (5\text{-}79)$$

$$\sigma_{ij}^s(x,y) = L_{ijkl}(e_{kl}^s - \mu_{kl}^s) \quad (s=0,1,2,\cdots) \quad (5\text{-}80)$$

把应力的渐近展开式 (5-61) 代入平衡方程 (5-72)，并考虑链式求导法则得到

$$\frac{1}{\varepsilon^2}\sigma_{ij,y_j}^{-1}(x,y) + \frac{1}{\varepsilon}\sigma_{ij,x_j}^{-1}(x,y) + \frac{1}{\varepsilon}\sigma_{ij,y_j}^0(x,y) + \sigma_{ij,x_j}^0(x,y) + \sigma_{ij,y_j}^1(x,y)$$
$$+ \varepsilon\sigma_{ij,x_j}^1(x,y) + \cdots + b_i = 0$$

令左右 ε 的不同次幂系数相等，得到

$$O(\varepsilon^{-2}): \sigma_{ij,y_j}^{-1} = 0 \quad (5\text{-}81)$$

$$O(\varepsilon^{-1}): \sigma_{ij,x_j}^{-1} + \sigma_{ij,y_j}^0 = 0 \quad (5\text{-}82)$$

$$O(\varepsilon^0): \sigma_{ij,x_j}^0 + \sigma_{ij,y_j}^1 + b_i = 0 \quad (5\text{-}83)$$

$$O(\varepsilon^s): \sigma_{ij,x_j}^s + \sigma_{ij,y_j}^{s+1} = 0 \quad (s=0,1,2,\cdots) \quad (5\text{-}84)$$

下面分别从式 (5-45)、式 (5-61) 推导出有用的结论。
u_i^0 与 y 无关，即

$$u_i^0 = u_i^0(x) \quad (5\text{-}85)$$

考虑式 (5-61)，利用式 (5-45) 和式 (5-61)，得到

$$\left(L_{ijkl}\left(\frac{\partial u^0}{\partial y}\right)_{,x_j} + (L_{ijkl}(e_{xij}(u^0) + e_{yij}(u^1) - \mu_{kl}^0))\right)_{,y_j} = 0 \quad (\text{在} Y \text{内}) \quad (5\text{-}86)$$

由式 (5-61)，式 (5-86) 第一项为 0，则第二项也为 0，即

$$(L_{ijkl}(e_{xij}(u^0) + e_{yij}(u^1) - \mu_{kl}^0))_{,y_j} = 0 \quad (\text{在} Y \text{内}) \quad (5\text{-}87)$$

下面求解方程 (5-87)，对 u^1 利用分离变量法：

$$u_i^1(x,y) = \chi_{mn}^i(y)(e_{xmn}(u^0) + d_{mn}^\mu(x)) \quad (5\text{-}88)$$

5.7 弹塑性力学性能分析的均匀化方法

其中, $\chi_{mn}^i(y)$ 关于下标 m 和 n 对称, 并且是 Y-周期的; d_{mn}^μ 为与本征应变对应的宏观部分, 显然, 如果 $\mu_{ij}^0(x,y) = 0$, 则 $d_{mn}^\mu(x) = 0$。把式 (5-88) 代入式 (5-87), 得到

$$(L_{ijkl}((\delta_{km}\delta_{ln} + \Psi_{klmn})e_{xmn}(u^0) + \Psi_{klmn}d_{mn}^\mu - \mu_{kl}^0))_{,y_j} = 0 \qquad (5\text{-}89)$$

其中

$$\Psi_{klmn}(y) = e_{ykl}(\chi_{mn}(y)) \qquad (5\text{-}90)$$

δ_{km} 是 Kronecker 符号。对任意的宏观应变场 $e_{xmn}(u^0)$ 和本征应变场 μ_{ij}^0 满足方程 (5-91), 可以考虑两种特殊的情况:

(1) $\mu_{ij}^0 \equiv 0$, $e_{xmn}(u^0) \neq 0$。

控制方程为

$$(L_{ijkl}(\delta_{km}\delta_{ln} + \Psi_{klmn}))_{,y_j} = 0 \qquad (5\text{-}91)$$

方程 (5-91) 对应弹性均匀化理论, 根据 5.6 节的结论可以得到弹性均匀化刚度系数张量 $\bar{L}_{ijkl}$:

$$\bar{L}_{ijkl} = \frac{1}{|Y|}\int_Y L_{ijmn}A_{mnkl}\mathrm{d}Y = \frac{1}{|Y|}\int_Y A_{mnij}L_{mnst}A_{stkl}\mathrm{d}Y \qquad (5\text{-}92)$$

其中, Y 为单胞域。

弹性应变集中函数 A_{klmn} 用矩阵表示如下:

$$A = T + \Psi$$

其中, T 为 6×6 的单位阵。

然后考虑第二种情况, 以求得 d^μ。

(2) $e_{xmn}(u^0) \equiv 0$, $\mu_{ij}^0 \neq 0$。

控制方程为

$$(L_{ijkl}(\Psi_{klmn}d_{mn}^\mu - \mu_{kl}^0))_{,y_j} = 0 \qquad (5\text{-}93)$$

由于 d_{mn}^μ 只与 x 有关, 式 (5-93) 可简化为

$$(L_{ijkl}\Psi_{klmn})_{,y_j}d_{mn}^\mu - (L_{ijkl}\mu_{kl}^0)_{,y_j} = 0 \qquad (5\text{-}94)$$

方程 (5-91) 左乘 χ_i^{st}, 然后在单胞域 Y 内积分, 得到

$$\int_Y \chi_i^{st}\left[(L_{ijkl}\Psi_{klmn})_{,y_j}d_{mn}^\mu - (L_{ijkl}\mu_{kl}^0)_{,y_j}\right]\mathrm{d}Y = 0$$

利用分部积分, 并由式 (5-90), 得到

$$\int_{\Gamma_Y}\chi_i^{st}\left[(L_{ijkl}\Psi_{klmn})d_{mn}^\mu - (L_{ijkl}\mu_{kl}^0)\right]n_j\mathrm{d}\Gamma_Y$$

$$-\int_Y \Psi_{ijst}\left[(L_{ijkl}\Psi_{klmn})d^\mu_{mn} - (L_{ijkl}\mu^0_{kl})\right]\mathrm{d}Y = 0$$

利用周期性边界条件，第一项为 0，得到

$$\int_Y \Psi_{ijst}\left[(L_{ijkl}\Psi_{klmn})d^\mu_{mn} - (L_{ijkl}\mu^0_{kl})\right]\mathrm{d}Y = 0$$

写成矩阵形式：

$$\int_Y \Psi^{\mathrm{T}}L\left(\Psi d^\mu - \mu^0\right)\mathrm{d}Y = 0 \tag{5-95}$$

由方程 (5-91) 并利用 $\Psi = A - T$ 得到

$$d^\mu = \left(\tilde{L} - \bar{L}\right)^{-1}U \tag{5-96}$$

其中

$$\tilde{L} = \frac{1}{|Y|}\int_Y L\mathrm{d}Y, \quad U = \frac{1}{|Y|}\int_Y \Psi^{\mathrm{T}}L\mu^0\mathrm{d}Y \tag{5-97}$$

将式 (5-88) 代入式 (5-45) 并利用式 (5-91)，对应变的 $O(\varepsilon^0)$ 近似可以表示成

$$e^0 = Ae_x(u^0) + \Psi d^\mu + O(\varepsilon) \tag{5-98}$$

最后，考虑 $O(\varepsilon^0)$ 阶平衡方程 (5-61)，在单胞域 Y 内积分，得到

$$\frac{1}{|Y|}\int_Y \left(\sigma^0_{ij,x_j} + \sigma^1_{ij,y_j} + b_i\right)\mathrm{d}Y = 0 \tag{5-99}$$

利用周期性边界条件，第二项满足

$$\frac{1}{|Y|}\int_Y \sigma^1_{ij,y_j}\mathrm{d}Y = \int_{\Gamma_Y}\sigma^1_{ij}n_j\mathrm{d}\Gamma_Y = 0 \tag{5-100}$$

所以得到

$$\left(\frac{1}{|Y|}\int_Y \sigma^0_{ij}\mathrm{d}Y\right)_{,x_j} + b_i = 0 \tag{5-101}$$

把本构关系方程 (5-61) 代入式 (5-101) 得到

$$\left(\frac{1}{|Y|}\int_Y L_{ijkl}(e^0_{kl} - \mu^0_{kl})\mathrm{d}Y\right)_{x_j} + b_i = 0 \tag{5-102}$$

将式 (5-91) 代入式 (5-102)，得到

$$\left(\frac{1}{|Y|}\int_Y L_{ijkl}(A_{klmn}e_{mnx}(u^0) + \Psi_{klmn}d^\mu_{mn} - \mu^0_{kl})\mathrm{d}Y\right)_{x_j} + b_i = 0 \tag{5-103}$$

定义宏观应力张量和宏观应变张量:

$$\bar{\sigma}_{ij} = \frac{1}{|Y|} \int_Y \sigma_{ij}^0 \mathrm{d}Y, \quad \bar{e}_{ij} = e_{xij}(u^0) \tag{5-104}$$

这样，式 (5-101) 和式 (5-103) 可以简化为

$$\bar{\sigma}_{ij,x_j} + b_i = 0, \quad \bar{L}_{ijkl}(\bar{e}_{kl} - \bar{\mu}_{kl})_{x_j} + b_i = 0$$

其中, $\bar{\mu}_{kl}$ 为全局的本征应变, 满足

$$\bar{\mu}_{kl} = -\frac{1}{|Y|}\bar{L}_{ijkl}^{-1} \int_Y L_{ijst}(\Psi_{stmn} d_{mn}^\mu - \mu_{st}^0) \mathrm{d}Y$$

写成矩阵形式:

$$\bar{\mu} = -\frac{1}{|Y|}\bar{L}^{-1} \int_Y L(\Psi d^\mu - \mu^0) \mathrm{d}Y \tag{5-105}$$

利用式 (5-92)、式 (5-96)、式 (5-97)、式 (5-105), 并且 $\Psi = A - T$, 得

$$\bar{\mu} = \Im \mu^0 \tag{5-106}$$

$\Im$ 为积分算子, 且

$$\Im = \frac{1}{|Y|} \int_Y B^{\mathrm{T}}[\,]\mathrm{d}Y \tag{5-107}$$

其中,

$$B(y) = L(y)A(y)\bar{L}^{-1} \tag{5-108}$$

算子 $\Im$ 反映了从局部本征应变到全局本征应变的关系。

5.8 率相关的弹粘塑性均匀化理论

5.8.1 基本方程

在单胞域 Y 内的应力分布和应变分布是随时间变化的, 分别用 $\sigma_{ij}(x,y,t)$ 和 $e_{ij}(x,y,t)$ 来表示, 基本方程用率形式表示如下:

$$\text{平衡方程}: \frac{\partial \dot{\sigma}_{ij}}{\partial x_j} = 0 \tag{5-109}$$

$$\text{几何方程}: \dot{e}_{ij} = e_{ijx}(\dot{u}) \tag{5-110}$$

式中,

$$\text{应变率}: \dot{e}_{ij} = \dot{e}_{ij}^e + \dot{e}_{ij}^{\mathrm{vp}} \tag{5-111}$$

本构方程：$\dot{\sigma}_{ij} = L_{ijkl}(\dot{e}_{ij} - \dot{e}_{ij}^{\text{vp}})$ (5-112)

刚度矩阵：$L_{ijkl} = L_{jikl} = L_{ijlk} = L_{klij}$ (5-113)

其中，$\dot{e}_{ij}^{\text{vp}}$ 为粘塑性应变率。

定义屈服函数

$$f(\sigma_{ij}, \kappa, \dot{\kappa}) = 0 \tag{5-114}$$

式中，κ 和 $\dot{\kappa}$ 分别是内变量和内变量的变化率。

Wang 提出的一致性粘塑性模型是经典弹塑性方法的拓展，用于解释应变率敏感效应的影响。模型中，由相关联流动法则可得粘塑性应变率

$$\dot{e}_{ij}^{\text{vp}} = \dot{\lambda}\frac{\partial f}{\partial \sigma_{ij}} \tag{5-115}$$

为了保证一致性条件的满足，粘塑性流动过程中所产生的真实应力状态应该始终保持在屈服面上，粘塑性流动因子 $\dot{\lambda}$ 可由一致性方程确定。

5.8.2 均匀化过程的推导

利用链式求导法则，平衡方程 (5-109)、本构方程 (5-112) 和应变可写成增量形式：

$$\frac{\partial \Delta \sigma_{ij}}{\partial x_j} + \frac{1}{\varepsilon}\frac{\partial \Delta \sigma_{ij}}{\partial y_j} = 0 \tag{5-116}$$

$$\Delta e_{ij} = e_{xij}(\Delta u) + \frac{1}{\varepsilon}e_{yij}(\Delta u) \tag{5-117}$$

$$\Delta \sigma_{ij} = L_{ijkl}(\Delta e_{ij} - \Delta e_{ij}^{\text{vp}}) \tag{5-118}$$

$$\Delta e_{ij}^{\text{vp}} = \Delta \lambda \frac{\partial f}{\partial \sigma_{ij}} \tag{5-119}$$

位移 u_{ij}^{ε} 在两种尺度下渐近展开，如下：

$$u_i^{\varepsilon}(x, y, t) = u_i^0(x, t) + \varepsilon u_i^1(x, y, t) + \cdots \tag{5-120}$$

为了方便推导，写出位移 u_{ij}^{ε} 的展开式的增量形式：

$$\Delta u_i(x, y, t) = \Delta u_i^0(x, t) + \varepsilon \Delta u_i^1(x, y, t) + \varepsilon^2 \Delta u_i^2(x, y, t) + \cdots \tag{5-121}$$

由式 (5-110)、式 (5-121) 及链式求导法则得

$$\Delta e_{ij} = e_{xij}(\Delta u^0) + e_{yij}(\Delta u^1) + \varepsilon\left[e_{xij}(\Delta u^1) + e_{yij}(\Delta u^2)\right] + \cdots \tag{5-122}$$

同样可得到应力的展开式的增量形式：

$$\Delta \sigma_{ij}(x, y, t) = \Delta \sigma_{ij}^1(x, y, t) + \varepsilon \Delta \sigma_{ij}^2(x, y, t) + \cdots \tag{5-123}$$

5.8 率相关的弹粘塑性均匀化理论

把式 (5-123) 代入式 (5-119)，有

$$\Delta e_{ij}^{\mathrm{vp}} = \Delta\lambda \frac{\partial f}{\partial \sigma_{ij}^1} + \varepsilon \Delta\lambda \frac{\partial f}{\partial \sigma_{ij}^2} + \cdots \tag{5-124}$$

把式 (5-122)~ 式 (5-124) 代入式 (5-118)，令左右 ε 的不同次幂系数相等，得到

$$O(\varepsilon^0): \Delta\sigma_{ij}^1 = L_{ijkl}\left[e_{xkl}(\Delta u^0) + e_{ykl}(\Delta u^1) - \Delta\lambda \frac{\partial f}{\partial \sigma_{kl}^1}\right] \tag{5-125}$$

$$O(\varepsilon): \Delta\sigma_{ij}^2 = L_{ijkl}\left\{\left[e_{xkl}(\Delta u^1) + e_{ykl}(\Delta u^2)\right] - \Delta\lambda \frac{\partial f}{\partial \sigma_{kl}^2}\right\} \tag{5-126}$$

$$O(\varepsilon^s): \Delta\sigma_{ij}^{s+1} = L_{ijkl}\left\{\left[e_{xkl}(\Delta u^s) + e_{ykl}(\Delta u^{s+1})\right] - \Delta\lambda \frac{\partial f}{\partial \sigma_{kl}^{s+1}}\right\} \quad (s=2,3,4,5,\cdots) \tag{5-127}$$

进一步，把式 (5-123) 代入式 (5-116)，令左右 ε 的不同次幂系数相等，得到

$$O(\varepsilon^0): \frac{\partial \Delta\sigma_{ij}^1}{\partial y_j} = 0 \tag{5-128}$$

$$O(\varepsilon): \frac{\partial \Delta\sigma_{ij}^1}{\partial x_j} + \frac{\partial \Delta\sigma_{ij}^2}{\partial y_j} = 0 \tag{5-129}$$

$$O(\varepsilon^s): \frac{\partial \Delta\sigma_{ij}^s}{\partial x_j} + \frac{\partial \Delta\sigma_{ij}^{s+1}}{\partial y_j} = 0 \quad (s=2,3,4,5,\cdots) \tag{5-130}$$

把式 (5-125) 代入式 (5-128)，并利用变分原理，得到

$$\int_Y L_{ijkl} e_{ykl}(\Delta u^1) e_{yij}(v) \mathrm{d}Y$$
$$= -e_{xkl}(\Delta u^0) \int_Y L_{ijkl} e_{yij}(v) \mathrm{d}Y + \Delta\lambda \int_Y L_{ijkl} \frac{\partial f}{\partial \sigma_{kl}^1} e_{yij}(v) \mathrm{d}Y \tag{5-131}$$

其中，$v(x, y, t)$ 是任意 Y-周期的速度场。

设 χ_{kl}^i 和 φ_i 满足

$$\int_Y L_{ijpq} e_{ypq}(\chi_{kl}) e_{yij}(v) \mathrm{d}Y = \int_Y L_{ijkl} e_{yij}(v) \mathrm{d}Y \tag{5-132}$$

$$\int_Y L_{ijpq} e_{ypq}(\varphi) e_{yij}(v) \mathrm{d}Y = \int_Y L_{ijkl} \frac{\partial f}{\partial \sigma_{kl}^1} e_{yij}(v) \mathrm{d}Y \tag{5-133}$$

则方程 (5-131) 存在如下形式的解：

$$\Delta u_i^1(x, y, t) = -\chi_{kl}^i(x, y, t) e_{xkl}\left(\Delta u^0(x, t)\right) + \varphi_i(x, y, t) \Delta\lambda \tag{5-134}$$

把式 (5-134) 代入式 (5-125)，得到

$$\Delta\sigma_{ij}^1 = \tilde{a}_{ijkl}e_{xkl}(\Delta u^0) - \tilde{r}_{ij}\Delta\lambda \tag{5-135}$$

其中

$$\tilde{a}_{ijkl} = L_{ijpq}\left[\delta_{pk}\delta_{ql} - e_{ypq}(\chi_{kl})\right] \tag{5-136}$$

$$\tilde{r}_{ij} = L_{ijkl}\left[\frac{\partial f}{\partial \sigma_{kl}^1} - e_{ykl}(\varphi)\right] \tag{5-137}$$

引入体积平均算子

$$\langle \# \rangle = \frac{1}{|Y|}\int_Y \# \mathrm{d}Y \tag{5-138}$$

把体积平均算子应用到式 (5-129)，可得到平衡方程在宏观尺度的形式：

$$\frac{\partial \Delta\Sigma_{ij}}{\partial x_j} = 0 \tag{5-139}$$

利用体积平均算子，把式 (5-135) 化为宏观本构关系：

$$\Delta\Sigma_{ij} = \langle \tilde{a}_{ijkl} \rangle \Delta E_{kl} - \langle \tilde{r}_{ij} \rangle \Delta\lambda \tag{5-140}$$

$$\Delta\Sigma_{ij} = \langle \Delta\sigma_{ij}^1 \rangle \tag{5-141}$$

$$\Delta E_{kl} = e_{xkl}(\Delta u^0) \tag{5-142}$$

其中，$\langle \tilde{a}_{ijkl} \rangle$、$\langle \tilde{r}_{ij} \rangle$ 为复合材料的等效弹性常数和等效粘塑性参数，与细观坐标 y 无关。

5.9 基于不动点迭代方法的均匀化理论及数值模拟

5.9.1 不动点迭代方法

对于给定的复合材料，当基体和颗粒相的材料性质，颗粒的大小、形状、分布、体积百分比等确定之后，求解复合材料宏观等效力学性能参数的问题可以归结为求解泛函方程：

$$\Phi(\xi_1, \xi_2, f, u, \xi) = 0 \tag{5-143}$$

的问题。其中，ξ_1 为基体相的材料常数，ξ_2 为颗粒相的材料常数，f 为单胞的力边界条件，u 为单胞的位移边界条件，ξ 为宏观等效材料参数 (如弹性模量、屈服应

5.9 基于不动点迭代方法的均匀化理论及数值模拟

力、强化模量、应变率参数等) 组成的列阵, $\xi = \left\{ \begin{array}{c} E_{ijkl} \\ \sigma_s \\ E^t_{ijkl} \\ C \\ P \end{array} \right\}$, 是待求量。由物理意义可知, 当基体和夹杂相的材料性质, 颗粒的大小、形状、分布、体积百分比等确定之后, $\Phi(\xi) = 0$ 的解是存在且唯一的。方程 $\Phi(\xi) = 0$ 是非线性的, 可以用迭代方法求解。由巴拿赫不动点定理[4]可知: 只要基于 $\Phi(\xi) = 0$ 找到一个初值 ξ_0 和一个压缩映射 T, 则存在且唯一存在不动点 ξ, 满足 $T\xi = \xi$。ξ 即为方程 $\Phi(\xi) = 0$ 的解, 也就是复合材料的宏观等效力学性能参数, 写成数值形式为

$$\xi = \xi_{n+1} = T\xi_n = \xi_n \tag{5-144}$$

接下来, 要解决两个问题。

1. 初值 ξ_0 的确定

由不动点定理, 只要 T 为压缩映射, 则初值 ξ_0 无论如何选取, 经过多次迭代, 总能找到不动点 ξ, 但是初值 ξ_0 越接近 ξ, 所需要的迭代步数就越少。本书中将 ξ_0 取为基体材料的力学性能参数。

2. 确定压缩映射 T

本书所指压缩映射 T 是一个广义的映射, 分为两个子步。

(1) 细观到宏观: 利用第 i 步所得到的宏观等效参数 ξ_i 作为输入条件, 解宏观域的边值问题, 把这个过程定义为 T_{B2W}, 有 $\Gamma_{i+1} = T_{B2W}\xi_i$, Γ_{i+1} 为第 $(i+1)$ 步要求解单胞的边界条件。

(2) 宏观到细观: 从宏观域边值问题的计算结果中提取单胞的边界条件 Γ_i, 利用这些边界条件, 解细观域内的边值问题, 利用均匀化理论得到宏观等效的材料参数 ξ_i, 这个过程定义为 T_{W2B}, 有 $\xi_i = T_{W2B}\Gamma_i$。

上述迭代过程用元语言描述如下:

```
get ξ₀
while (‖ξ_{i+1} − ξ_i‖ > ε)
{
Γ_{i+1} = T_{B2W}ξ_i
ξ_{i+1} = T_{W2B}Γ_{i+1}
}
```

这里判敛条件为 $\|\xi_{i+1} - \xi_i\| > \varepsilon$, 范数 $\|\xi_{i+1} - \xi_i\|$ 可以取 1-范数, 2-范数或 ∞-范数。

接下来，从物理意义上证明上述映射 T 为压缩映射，通过从细观到宏观的过程 T_{B2W}，我们得到了更真实的边界条件，由圣维南原理可知，边界条件的逼近使宏观到细观的过程 T_{W2B} 得到的等效材料参数 ξ_{i+1} 比上一步的 ξ_i 更逼近于真实解 ξ，而宏观等效材料参数 ξ_{i+1} 的逼近又为下一步得到更加精确的边界条件提供了前提。由此可知，T 为压缩映射。

5.9.2　有限元分析模型

将复合材料的细观结构看成非均质单胞在空间的周期性重复排列，如图 5-1 所示。根据不动点迭代法建立复合材料有效力学性能分析的有限元模型。首先，以 $\xi_0 = \xi_m$ 为材料参数建立宏观均质模型 (图 5-2)，对其施加约束条件和外载荷，进行有限元分析。选取与单胞尺寸相同的区域 (图 5-2 中的阴影区)，假设该区域占据 3×3 个有限元网格，从计算结果中读取其边界上 12 个节点的位移值。然后，建立图 5-3 所示的单胞模型，将上面取出的节点位移作为边界条件施加到相应节点 (图 5-3 中的加黑点) 处，其他节点 (未加黑点) 的位移边界条件可通过已知节点位移取线性插值得到。求解该边值问题，根据式 (5-145)、式 (5-146) 作 σ_e-ε_e 曲线求等效力学性能参数 ξ_1。再建立以 ξ_1 为材料参数的宏观均质模型 (图 5-2)，重复以上步骤，直到 $\xi_{n+1} - \xi_n \leqslant \varepsilon$ (ε 为一小数)。ξ_n 即为方程 $\varPhi(\xi_1, \xi_2, f, u, \xi) = 0$ 的解，也就是复合材料的等效力学性能参数，边界条件 $\varGamma_n$ 反映了图 5-2 所示单向受拉复合材料中单胞边界的真实运动情况，取为单胞分析的边界条件。

$$\sigma_e = \frac{1}{A} \int_A \sigma \mathrm{d}A \tag{5-145}$$

$$\varepsilon_e = \frac{1}{A} \int_A \varepsilon \mathrm{d}A \tag{5-146}$$

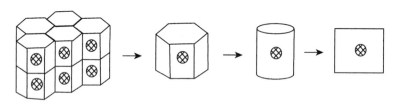

图 5-1　周期性材料示意图

图 5-2　宏观均质模型示意图

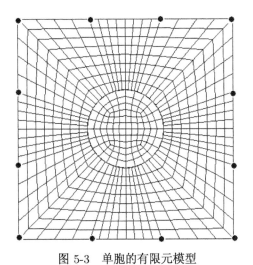

图 5-3 单胞的有限元模型

5.9.3 数值计算结果与分析

1. 数值计算与材料实验的对比分析

本节根据前面所述分析方案,计算增强相体积百分含量为 3% 的 TiC 颗粒增强钛基复合材料在应变率 1×10^{-4}(准静态)、200 和 $500 \mathrm{s}^{-1}$ 下的力学响应情况,求解复合材料的静、动态等效力学性能。选用有限元软件 LS-DYNA 作为分析工具。

由材料实验可知,陶瓷颗粒的硬度较高,且一般情况下不会发生破坏,所以本节中增强相选用线弹性材料模型 *MAT_ELASTIC 来描述。基体相为金属材料,在外力作用下将发生弹性变形和塑性变形,又需考虑其应变率效应,所以选用弹塑性材料模型 *MAT_PLASTIC_KINEMATIC 来描述。该模型中,应用 Cowper-Symonds(C-S) 本构模型来描述材料的应变率效应:

$$\sigma_{ij} = \begin{cases} E_{ijkl}\varepsilon_{kl} & \sigma \leqslant \sigma_s \\ \beta\left(\sigma_s + E_{Pijkl}\varepsilon_{Pkl}\right) & \sigma \geqslant \sigma_s \end{cases} \quad (5\text{-}147)$$

$$\beta = 1 + \left(\frac{\dot{\varepsilon}}{C}\right)^{\frac{1}{P}} \quad (5\text{-}148)$$

$$E_P = \frac{E_t E}{E - E_t} \quad (5\text{-}149)$$

其中,E 为材料的弹性模量,σ_s 为名义屈服应力,E_P 为塑性硬化模量,ε_P 为有效塑性应变,β 为应变率因子,$\dot{\varepsilon}$ 为应变率,C、P 为描述材料应变率效应的参数,E_t 为切线模量。

对于不同的材料模型，各相材料的物理及力学性能参数见表 5-1。

表 5-1 各相材料的物理及力学性能参数

材料	TiC 颗粒	基体
密度 $\rho/(g/cm^3)$	4.43	4.51
杨氏模量 E/GPa	460	108
泊松比 ν	0.188	0.35
屈服应力 σ_s/MPa		1095
强化模量 E_t/GPa		6E-2
应变率参数 C/s^{-1}		1832.6
应变率参数 P		2.3

首先，根据基体的材料参数，建立图 5-4 所示的宏观均质模型。其中，中间的矩形为所要研究的复合材料，尺寸为 15mm×3mm，划分为 100×20 个有限元网格；左侧的矩形为固定的刚体，用来模拟输出杆；右侧的矩形也为刚体，用来模拟输入杆，在不同的应变率条件下根据式 (5-150) 计算出加载速度，施加在该刚体上。

$$\frac{\Delta l}{l} = \dot{\varepsilon} \tag{5-150}$$

其中，Δl 为单位时间内试件的伸长量，l 为试件的长度，$\dot{\varepsilon}$ 为应变率，材料实验中可测得 l 和 $\dot{\varepsilon}$，所以 Δl 可求，它在数值上等于加载速度。

图 5-4 宏观均质模型

对上述宏观均质模型进行有限元分析，注意到该模型中每个单元的尺寸为 0.15mm×0.15mm，由 TiC 颗粒的粒度为 5μm，体积百分含量为 3%，可计算得 TP650 的单胞尺寸约为 0.015mm×0.015mm。由于每个单元的尺寸大于单胞尺寸，所以无法直接取出单胞的边界条件。为解决这一问题，选取均质模型中的 3×3 个单元 (0.45mm×0.45mm)，并取出其边界节点处的位移值，然后，仍然按照基体的材料参数建立如图 5-5 所示的均质模型，本文称之为宏-细观过渡模型，尺寸为 0.45mm×0.45mm(同宏观模型中 3×3 个单元的尺寸)，划分为 90×90 个有限元网格，将从宏观模型中提取的位移值作为边界条件施加到宏-细观过渡模型的相应边界节点处，进行有限元求解。宏-细观过渡模型中的 3×3 个单元 (图 5-5 中的阴影部分) 大小为 0.015mm×0.015mm，刚好为单胞尺寸，取出其边界节点处的时间—位移曲线作为单胞分析的边界条件。

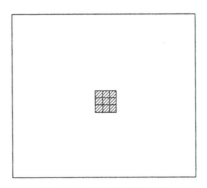

图 5-5　宏细观过渡模型

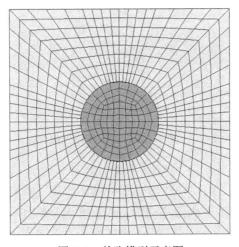

图 5-6　单胞模型示意图

建立图 5-6 所示的单胞模型，并施加位移边界条件进行有限元分析，根据式 (5-145)、式 (5-146) 计算出各单元的平均应力–平均应变曲线，求出材料参数 ξ_1。将 ξ_1 再作为图 5-4 所示均质模型的材料参数，进行下一次迭代，依次类推，求出 ξ_2、ξ_3 等，列于表 5-2 中。可以看出，第一、第二次迭代结果 ξ_1、ξ_2 相差较大；第二、第三次迭代结果 ξ_2、ξ_3 有一定差距，但已明显减小。由图 5-7 可以看出，第三、第四次迭代所得的平均应力平均应变曲线几乎重合，可以认为 $\xi_4 - \xi_3 \leqslant \varepsilon$。所以得到复合材料的等效材料参数为

$$\xi = \xi_3 = \left\{ \begin{array}{c} E \\ \sigma_s \\ E_t \\ C \\ P \end{array} \right\}_3 = \left\{ \begin{array}{c} 117.9\text{GPa} \\ 1.2156\text{GPa} \\ 0.3899\text{GPa} \\ 1109 \\ 1.82 \end{array} \right\}$$

表 5-2　各次迭代结果的比较

	弹性模量 E/GPa	屈服应力 σ_s/GPa	强化模量 E_t/GPa	应变率参数 C/s^{-1}	应变率参数 P
第一次迭代 (ξ_1)	126.6	1.168	0.2245	1681	1.81
第二次迭代 (ξ_2)	126.6	1.179	0.3781	1395	1.83
第三次迭代 (ξ_3)	126.6	1.179	0.3899	1109	1.82
第四次迭代 (ξ_4)	126.6	1.179	0.3899	1109	1.82

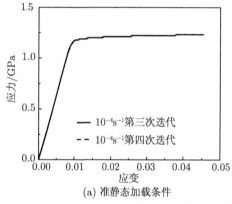
(a) 准静态加载条件

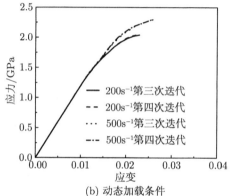
(b) 动态加载条件

图 5-7　第三、第四次迭代结果的对比

图 5-8 为在应变率 1×10^{-4}s^{-1}(准静态)、200s^{-1} 和 500s^{-1} 下，按照上述迭代步骤计算所得的平均应力应变曲线与实验实测应力应变曲线的对比。可以看出，本节的数值模拟结果与实验结果基本吻合。在应变率 1×10^{-4}s^{-1} 和 200s^{-1} 下数值计算所得的弹性模量和强化模量略高于实验结果，是因为在实验材料中不可避免的存在一些裂纹、不完好界面等初始损伤，降低了材料性能，而在数值模拟中各相材料均是理想的。在应变率 500s^{-1} 下数值计算所得的弹性模量略低于实验结果，是因为由于材料模型的限制未考虑材料弹性模量的应变率效应。

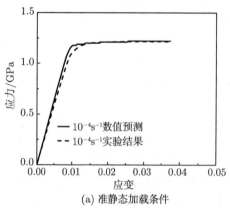
(a) 准静态加载条件

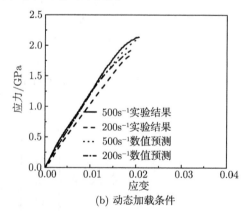
(b) 动态加载条件

图 5-8　计算结果与实验结果的对比

5.9 基于不动点迭代方法的均匀化理论及数值模拟

图 5-9 所示为三种应变率下，第四步迭代中单胞在某载荷步的应变、应力云图。可以看出，在准静态加载条件下，单胞的边界处无应力或应变集中现象，说明本文施加单胞边界条件的方法是合理的。在动态加载条件下，单胞的应力应变云图列于图 5-9(c)、(d) 和图 5-9(e)、(f) 中，可以看出，在高应变率条件下，边界条件的高速变化引起了少量单胞边界处的应力集中现象，说明本文中所施加的单胞边界条件虽然比较接近实际单胞边界的运动情况，但毕竟是一些不连续的数值，不可避免的存在一定误差。也可以看出，即使在高应变率条件下，单胞边界上也几乎没有应变集中现象，说明本文单胞边界条件的误差是有限的，可以满足工程需要。

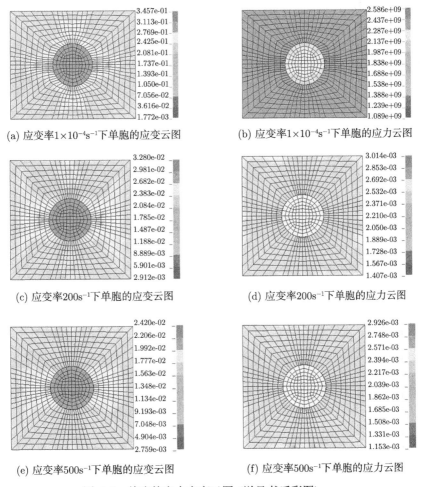

(a) 应变率 $1\times10^{-4}\mathrm{s}^{-1}$ 下单胞的应变云图　　(b) 应变率 $1\times10^{-4}\mathrm{s}^{-1}$ 下单胞的应力云图

(c) 应变率 $200\mathrm{s}^{-1}$ 下单胞的应变云图　　(d) 应变率 $200\mathrm{s}^{-1}$ 下单胞的应力云图

(e) 应变率 $500\mathrm{s}^{-1}$ 下单胞的应变云图　　(f) 应变率 $500\mathrm{s}^{-1}$ 下单胞的应力云图

图 5-9　单胞的应力应变云图 (详见书后彩图)

由图 5-9(a)~(f) 可以看出，在受力变形时弹性模量较大的颗粒承担了大部分应力，正因为如此，增强颗粒的加入大大提高了材料的刚度和强度。而应变主要集中在颗粒附近的基体相中，在材料变形时这个区域很容易发生破坏，因此增强颗粒的加入会降低材料的断裂韧性，于是出现了材料实验中复合材料的断裂应变小于基体的断裂应变的现象。在与受拉方向垂直的方向上，界面附近的基体所承受的应力和应变都最小，不会发生破坏，所以未来增强颗粒与基体界面将在与拉力同方向的界面处发生部分脱粘。

2. 颗粒形状对钛基复合材料力学性能的影响

为研究颗粒形状对钛基复合材料力学性能的影响，保持单胞尺寸为 $15\mu m \times 15\mu m$ 以及颗粒体积百分含量 $V_f = 0.03$ 不变，分别计算颗粒形状为圆柱形、球形、长径比 L/d=0.5、0.8、1.33、2 的椭球形的钛基复合材料在应变率 $1\times 10^{-4} s^{-1}$(准静态)、$200 s^{-1}$ 和 $500 s^{-1}$ 下的等效力学性能。图 5-10 所示为不同颗粒形状的单胞示意图：

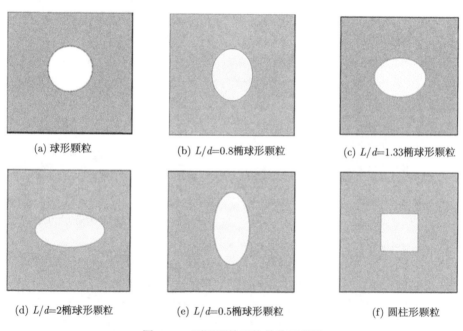

(a) 球形颗粒　　(b) L/d=0.8椭球形颗粒　　(c) L/d=1.33椭球形颗粒

(d) L/d=2椭球形颗粒　　(e) L/d=0.5椭球形颗粒　　(f) 圆柱形颗粒

图 5-10　不同颗粒形状单胞示意图

按照 5.10.1 节所述的分析方法对上述复合材料的等效力学性能进行数值预测，图 5-11～图 5-13 分别为不同颗粒形状的钛基复合材料在应变率 $1\times 10^{-4} s^{-1}$(准静态)、$200 s^{-1}$ 和 $500 s^{-1}$ 下计算所得的平均应力应变曲线。可以看出，含有不同形状增强颗粒的复合材料，应力–应变曲线基本重合。所以得出结论：对于增强相体积分数很小的情况 (这里 V_f=0.03)，颗粒形状对复合材料的弹性模量、屈服应力和强化模量的影响很小。

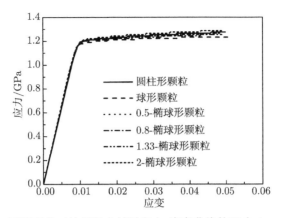

图 5-11　颗粒形状对钛基复合材料应力-应变曲线的影响 ($1\times 10^{-4}\text{s}^{-1}$)

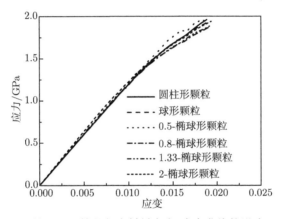

图 5-12　颗粒形状对钛基复合材料应力-应变曲线的影响 (200s^{-1})

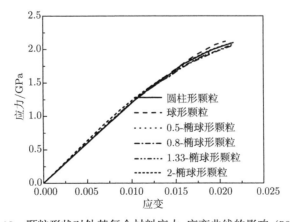

图 5-13　颗粒形状对钛基复合材料应力-应变曲线的影响 (500s^{-1})

图 5-14 所示为在应变率 200s^{-1} 下,含有不同形状增强颗粒的单胞在 $t = 60\mu\text{s}$

时的应力应变云图。可以看出,球形颗粒单胞中的应力主要集中在颗粒上,而椭球形颗粒单胞中的应力除了集中在颗粒上外,在沿拉伸方向的基体中也有一定的分布,但随着椭球长径比的增大,基体中分布的应力明显减少。当长径比等于 2 时,应力除了在椭球两端部的基体中有少量分布外,已主要集中于颗粒上。对于圆柱形颗粒单胞,最大应力分布在平行于拉伸方向颗粒的上下表面处,在颗粒的其它

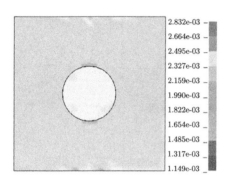 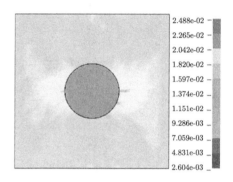

(a) 球形颗粒

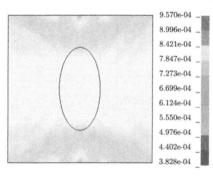 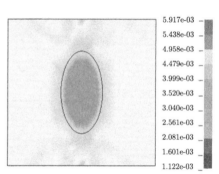

(b) L/d=0.5 的椭球形颗粒

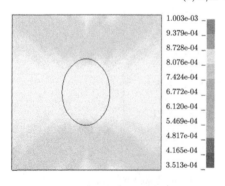 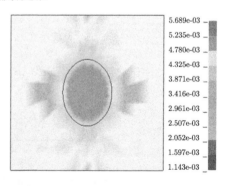

(c) L/d=0.8 的椭球形颗粒

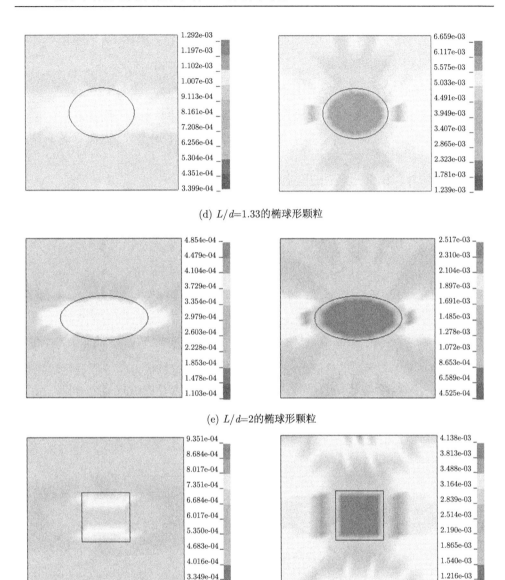

(d) $L/d=1.33$ 的椭球形颗粒

(e) $L/d=2$ 的椭球形颗粒

(f) 圆柱形颗粒

图 5-14 不同颗粒形状单胞的应力–应变云图 (详见书后彩图)

部位及沿拉伸方向的基体中也有一定分布。观察图 5-14(a)~(f) 可以看出，在含有不同形状增强颗粒的单胞中，最大应变几乎全部发生在沿拉伸方向颗粒附近的基体中。在含有椭球形颗粒的单胞中，随着椭球长径比的增大，应变集中的趋势也更加明显。可以预测，对于受单向拉伸载荷作用的复合材料，沿拉伸方向颗粒附近的基体为材料中最容易发生破坏的部位,而增强颗粒的长径比越大,该部位越容易发生破坏。

3. 颗粒体积百分含量对钛基复合材料力学性能的影响

为研究颗粒体积百分含量对钛基复合材料力学性能的影响,保持单胞尺寸为 $15\mu m \times 15\mu m$ 以及颗粒形状为球形不变,分别计算颗粒体积分数为 V_f=0.03、0.1、0.2、0.3 的钛基复合材料在应变率 $1\times 10^{-4}s^{-1}$(准静态)、$200s^{-1}$ 和 $500s^{-1}$ 下的等效力学性能。不同颗粒体积百分含量的单胞模型如图 5-15 所示:

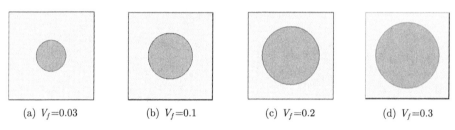

(a) V_f=0.03   (b) V_f=0.1   (c) V_f=0.2   (d) V_f=0.3

图 5-15 不同颗粒体积百分含量的单胞示意图

仍采用 5.9.1 节所述的计算方法对以上三种材料的等效力学性能进行数值预测。图 5-16~图 5-18 为计算所得的三种颗粒体积百分含量的钛基复合材料在应变率 $1\times 10^{-4}s^{-1}$(准静态)、$200s^{-1}$ 和 $500s^{-1}$ 下的应力应变曲线。可以看出,随着增强相体积分数的增加,颗粒增强钛基复合材料的弹性模量、屈服应力和强化模量都明显提高。

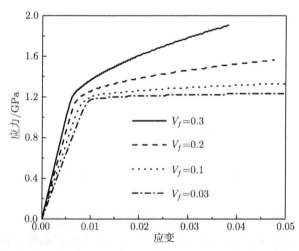

图 5-16 颗粒体积百分含量对钛基复合材料应力-应变曲线的影响 ($1\times 10^{-4}s^{-1}$)

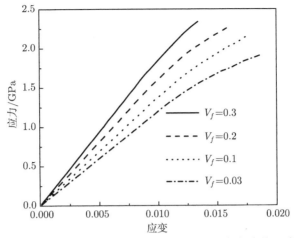

图 5-17 颗粒体积百分含量对钛基复合材料应力-应变曲线的影响 ($200s^{-1}$)

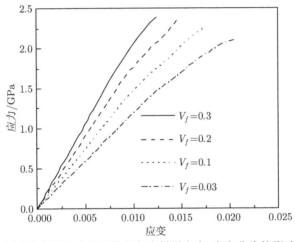

图 5-18 颗粒体积百分含量对钛基复合材料应力-应变曲线的影响 ($500s^{-1}$)

4. 颗粒大小对钛基复合材料力学性能的影响

为研究颗粒大小对钛基复合材料力学性能的影响,保持颗粒形状为球形,颗粒体积分数 $V_f=0.03$ 不变,分别计算单胞尺寸为 $15\mu m \times 15\mu m$、$20\mu m \times 20\mu m$、$30\mu m \times 30\mu m$,颗粒粒度为 $5\mu m$、$7\mu m$、$11\mu m$ 的钛基复合材料在应变率 $1\times 10^{-4} s^{-1}$(准静态)、$200s^{-1}$ 和 $500s^{-1}$ 下的等效力学性能。图 5-19~图 5-21 为具有不同颗粒尺寸和单胞尺寸的钛基复合材料在不同应变率下的应力-应变曲线。可以看出,无论是在动态加载条件下还是静态加载条件下,各条应力-应变曲线都相差很小,于是可得出结论:在颗粒体积百分含量及颗粒形状相同的条件下,颗粒及单胞尺寸对复合材料弹性模量、屈服应力和强化模量的影响不大。

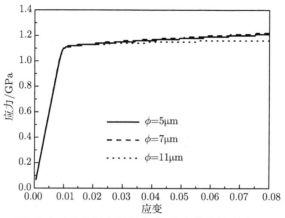

图 5-19　颗粒大小对钛基复合材料应力-应变曲线的影响 ($1\times10^{-4}\text{s}^{-1}$)

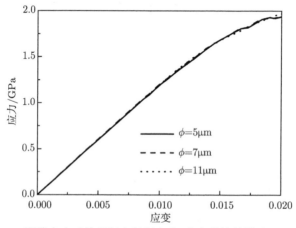

图 5-20　颗粒大小对钛基复合材料应力-应变曲线的影响 (200s^{-1}))

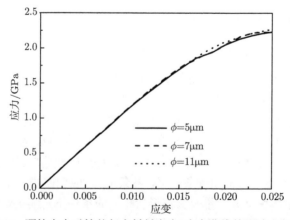

图 5-21　颗粒大小对钛基复合材料应力-应变曲线的影响 (500s^{-1})

5.9 基于不动点迭代方法的均匀化理论及数值模拟

5. 颗粒增强钛基复合材料破坏形态的数值预测

本节假设复合材料有两种失效方式,一是相材料的失效,二是不同相材料间界面的失效。

对于相材料的失效,在动力学有限元中,引入了侵蚀的概念,即当某一单元的特征参量(应力、应变或其他参量)达到指定的临界数值时,便认为该单元完全破坏,丧失承载能力,将单元进行删除,连续的单元被删除则可显示出裂纹的扩展过程。

对于不同相材料间界面的失效,本节选用 LS — DYNA 中的界面接触关键字 *CONSTRAINED_TIE-BREAK 来实现,它的失效判据为塑性应变,即当某接触节点周围单元的塑性应变大于某临界值时,该处界面出现局部开裂现象。

根据以上失效准则,分别在界面脱粘和不脱粘的情况下预测了颗粒体积分数 V_f =0.03,颗粒形状分别为圆柱形、球形、椭球形的 TiC 颗粒增强钛基复合材料在单向拉伸荷载作用下经变形、损伤直至破坏的过程。由于本书篇幅限制,此处只列出每种复合材料在裂纹开始萌生、中间状态及裂纹贯穿时的材料形态,如图 5-22~图 5-24 所示(图中的不同颜色表示应变云图,越接近红色的区域应变越大,越接近蓝色的区域应变越小)。

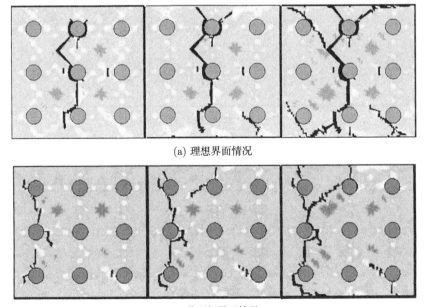

(a) 理想界面情况

(b) 非理想界面情况

图 5-22 球形颗粒增强钛基复合材料的破坏形态(详见书后彩图)

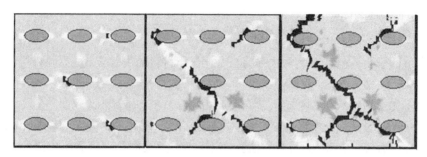

(a) 理想界面情况

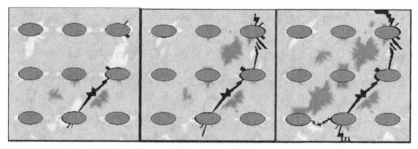

(b) 非理想界面情况

图 5-23　椭球形颗粒增强钛基复合材料的破坏形态 (详见书后彩图)

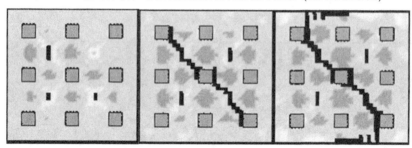

(a) 理想界面情况

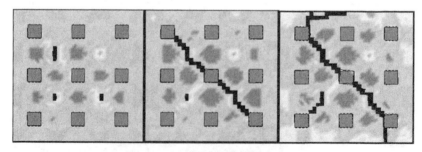

(b) 非理想界面情况

图 5-24　圆柱形颗粒增强钛基复合材料的破坏形态 (详见书后彩图)

可以看出，裂纹在应变集中处开始萌生，倾向于沿增强颗粒的较长直径方向扩展，界面性质对复合材料裂纹扩展方式的影响不大。由于球体的各个方向直径相同，所以球形颗粒增强复合材料中的裂纹沿垂直于拉力的颗粒直径方向扩展 (见图 5-22(a)、(b))。由图 5-23(b) 可以看出，椭球形颗粒增强复合材料中的裂纹有沿椭球长轴方向扩展的趋势，但由于外载荷的影响，其裂纹最终沿与长轴成约 45 度角的方向扩展 (见图 5-23(a)、(b))。圆柱形颗粒增强复合材料的裂纹主要沿增强颗粒矩形截面的对角线方向扩展 (见图 5-24(a)、(b))。由以上分析可以得出结论：椭球形颗粒及圆柱形颗粒增强复合材料的裂纹扩展路径比球形颗粒增强复合材料的裂纹扩展路径长，整体试样拉断所消耗的功较大，因此材料的韧性增加。上述各种复合材料的破坏形式均以颗粒周围基体的拉断以及颗粒与基体界面的脱粘为主，与材料实验中观测到的现象一致。

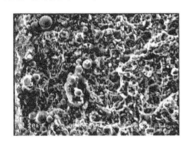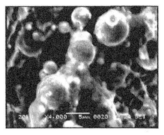

图 5-25　TP650 的断口形态

5.10　平面问题的弹塑性有限元理论及程序

5.9 节基于均匀化理论，利用有限元商业软件对颗粒增强钛基复合材料的静动态力学响应进行了数值计算。本节采用弹塑性有限元理论，给出了二维有限元弹塑性程序的实现方法，然后结合前文所述的均匀化理论，可直接对颗粒增强钛基复合材料准静态和动态高温力学性能进行计算和分析。

5.10.1　平面问题的弹性理论

首先简要介绍弹性范围内固体力学的各种二维有限元问题。对于平面问题，总的来说，如果一个物体承受一组体积力 b，我们可采用虚功原理来建立方程，虚功原理表达式为

$$\int_{\Omega} [\delta \boldsymbol{\varepsilon}]^{\mathrm{T}} \boldsymbol{\sigma} \mathrm{d}\Omega - \int_{\Omega} [\delta \boldsymbol{u}]^{\mathrm{T}} \boldsymbol{b} \mathrm{d}\Omega - \int_{\Gamma_t} [\delta \boldsymbol{u}]^{\mathrm{T}} \boldsymbol{t} \mathrm{d}\Gamma = 0 \tag{5-151}$$

其中 $\boldsymbol{\sigma}$ 为应力分量，$\boldsymbol{t}$ 为边界力矢量，$\delta \boldsymbol{u}$ 为虚位移矢量，$\delta \boldsymbol{\varepsilon}$ 为虚应变矢量，Ω 为定义域，Γ_t 为给定边界力的那一部分边界，Γ_u 则为给定位移的那一部分边界。

下面我们来研究平面应力问题，考虑某些典型的情况，如薄板 (z 方向的厚度与板在 xy 平面上的尺寸相比很小) 承受在 xy 平面内载荷作用的情况。假设沿板厚应力为常数，且 σ_z、τ_{xz} 和 τ_{zy} 可忽略不计，即 $\sigma_z = \tau_{xz} = \tau_{zy} = 0$，而 σ_x、σ_y 和 τ_{xy} 非零。则位移的表达式可以写为

$$\boldsymbol{u} = [u, v]^{\mathrm{T}} \tag{5-152}$$

其中，u 和 v 分别为 x 和 y 方向上的位移。

应变矢量的分量表达式如下

$$\boldsymbol{\varepsilon} = [\varepsilon_x, \varepsilon_y, \gamma_{xy}]^{\mathrm{T}} \tag{5-153}$$

其中正应变在小位移时可表示为

$$\varepsilon_x = \frac{\partial u}{\partial x}, \quad \varepsilon_y = \frac{\partial v}{\partial y} \tag{5-154}$$

同时，小位移时的剪应变可表示为

$$\gamma_{xy} = \frac{\partial u}{\partial y} + \frac{\partial v}{\partial x} \tag{5-155}$$

而虚位移矢量的分量形式为

$$\delta \boldsymbol{u} = [\delta u, \delta v]^{\mathrm{T}} \tag{5-156}$$

则相应的虚应变为

$$\delta \boldsymbol{\varepsilon} = \left[\frac{\partial (\delta u)}{\partial x}, \frac{\partial (\delta v)}{\partial y}, \frac{\partial (\delta u)}{\partial y} + \frac{\partial (\delta v)}{\partial x} \right]^{\mathrm{T}} \tag{5-157}$$

由此推出的应力应变关系式为

$$\boldsymbol{\sigma} = [\sigma_x, \sigma_y, \tau_{xy}]^{\mathrm{T}} = \boldsymbol{D} \boldsymbol{\varepsilon} \tag{5-158}$$

其中，σ_x、σ_y 为正应力，τ_{xy} 为剪应力。

对于线弹性问题而言，应力-应变矩阵，即本构矩阵为

$$\boldsymbol{D} = \frac{E}{1-\nu^2} \begin{bmatrix} 1 & \nu & 0 \\ \nu & 1 & 0 \\ 0 & 0 & \dfrac{1-\nu}{2} \end{bmatrix} \tag{5-159}$$

其中，E 和 ν 分别表示弹性模量和泊松比。

体积力 $\boldsymbol{b}$ 为

$$\boldsymbol{b} = [b_x, b_y]^{\mathrm{T}} \tag{5-160}$$

5.10 平面问题的弹塑性有限元理论及程序

式中 b_x 和 b_y 分别表示 x 和 y 方向上的单位体积体力。

边界力 t 可表示为

$$t = [t_x, t_y]^{\mathrm{T}} \tag{5-161}$$

其中 t_x 和 t_y 分别为 x 和 y 方向上的单位长度边界力。

体积单元 $\mathrm{d}\Omega$ 为

$$\mathrm{d}\Omega = t\mathrm{d}x\mathrm{d}y \tag{5-162}$$

其中，t 为板厚。

而对于平面应变问题，即垂直于 xy 平面的厚度尺寸与 xy 平面的特征尺寸相比大得多，且物体只受 xy 平面内载荷作用的问题，如重力坝、厚壁圆筒等。对于此类问题，假定 z 方向的位移可以忽略，而且平面内的位移 u 和 v 与 z 无关。

同样的，用矢量形式表示的位移和应变分别为

$$\boldsymbol{u} = [u, v]^{\mathrm{T}} \tag{5-163}$$

$$\boldsymbol{\varepsilon} = [\varepsilon_x, \varepsilon_y, \gamma_{xy}]^{\mathrm{T}} \tag{5-164}$$

其中，u 和 v 分别为平面内 x 和 y 方向上的位移，ε_x、ε_y、γ_{xy} 与平面应力问题中含义相同，分别为正应变和剪应变。

同理得到虚位移和虚应变为

$$\delta\boldsymbol{u} = [\delta u, \delta v]^{\mathrm{T}} \tag{5-165}$$

$$\delta\boldsymbol{\varepsilon} = \left[\frac{\partial(\delta u)}{\partial x}, \frac{\partial(\delta v)}{\partial y}, \frac{\partial(\delta u)}{\partial y} + \frac{\partial(\delta v)}{\partial x}\right]^{\mathrm{T}} \tag{5-166}$$

则应力-应变关系可写为

$$\boldsymbol{\sigma} = [\sigma_x, \sigma_y, \tau_{xy}]^{\mathrm{T}} = \boldsymbol{D}\boldsymbol{\varepsilon} \tag{5-167}$$

式中的本构矩阵 $\boldsymbol{D}$ 对于线弹性材料可表示为

$$\boldsymbol{D} = \frac{E}{(1+\nu)(1-2\nu)} \begin{bmatrix} 1-\nu & \nu & 0 \\ \nu & 1-\nu & 0 \\ 0 & 0 & \frac{1-2\nu}{2} \end{bmatrix} \tag{5-168}$$

其中，垂直于 xy 平面的应力，即 z 方向应力不等于零且值为

$$\sigma_z = \nu(\sigma_x + \sigma_y) \tag{5-169}$$

对于一个单位厚度的薄片问题，体积单元可典型的表示为

$$\mathrm{d}\Omega = \mathrm{d}x\mathrm{d}y \tag{5-170}$$

5.10.2 平面问题的塑性理论

塑性理论的基本任务,是对弹塑性特性的材料,理论上的描述其应力应变关系。材料的塑性特性是由不依赖于时间且不可恢复的应变来表征,且当应力达到某一特定值后,应变就会维持下去。

材料在发生塑性屈服以前,应力应变关系可用线弹性表达式的标准形式表示如下:

$$\sigma_{ij} = C_{ijkl}\varepsilon_{kl} \tag{5-171}$$

其中,σ_{ij} 是应力分量,系数 C_{ijkl} 是弹性常数张量,而 ε_{kl} 是应变分量。对于各向同性材料,系数 C_{ijkl} 的显式形式可表示为:

$$C_{ijkl} = \lambda\delta_{ij}\delta_{kl} + \mu\delta_{ik}\delta_{jl} + \mu\delta_{il}\delta_{jk} \tag{5-172}$$

其中,λ 和 μ 是拉梅常数,δ_{ij}(Kronecker delta) 定义为

$$\delta_{ij} = \begin{cases} 1, & i = j \\ 0, & i \neq j \end{cases} \tag{5-173}$$

确定材料发生塑性变形时应力大小的屈服准则,一般可以写成:

$$f(\sigma_{ij}) = k(\kappa) \tag{5-174}$$

其中,f 是 σ_{ij} 的函数,k 是强化参数 κ 的函数,且要由实验确定。

任何屈服准则在物理上都是不依赖所选取的坐标系方向的,所以屈服函数只能是以下三个应力不变量的函数:

$$\begin{aligned} J_1 &= \sigma_{ij} \\ J_2 &= \frac{1}{2}\sigma_{ij}\sigma_{ij} \\ J_3 &= \frac{1}{3}\sigma_{ij}\sigma_{jk}\sigma_{ki} \end{aligned} \tag{5-175}$$

下面来介绍以下四个主要的屈服准则:

1. Tresca 屈服准则 (1864 年)

此准则主要适用于金属材料,认为当最大切应力达到某一定值时开始屈服。假设 σ_1、σ_2 和 σ_3 为主应力,且 $\sigma_1 \geq \sigma_2 \geq \sigma_3$,则

$$\sigma_1 - \sigma_3 = Y(\kappa) \tag{5-176}$$

时材料开始屈服,式中材料参数 Y 是关于强化参数 κ 的函数,且可由实验确定。

2. Von Mises 屈服准则 (1913 年)

从式 (5-176) 可以看出，Tresca 屈服准则并没有考虑中间主应力的影响，所以难免会产生一定的误差。而 Mises 屈服准则认为，当材料微元的八面体切应力达到一定数值，或者说材料中单位体积的剪切应变能达到一定数值时，材料将开始屈服。所以 Mises 屈服准则对于大多数金属材料而言比 Tresca 屈服准则更加接近实际情况。Mises 屈服准则的表达式为

$$\bar{\sigma} = \sqrt{3J_2'} = \sqrt{3}k(\kappa) \tag{5-177}$$

其中，$\bar{\sigma}$ 为等效应力，J_2' 为应力偏量的第二不变量，k 为待确定的材料参数。

3. Mohr-Coulomb 屈服准则 (1773 年)

Mohr-Coulomb 屈服准则主要适用于分析混凝土、岩土和土壤问题等。

若 $\sigma_1 \geqslant \sigma_2 \geqslant \sigma_3$，则该屈服准则的表达式可写成：

$$\sigma_1 - \sigma_3 = 2c\cos\phi - (\sigma_1 + \sigma_3)\sin\phi \tag{5-178}$$

其中 σ_1、σ_2 和 σ_3 为主应力，c 为粘聚力，ϕ 为内摩擦角。

4. Drucker-Prager 屈服准则 (1952 年)

Drucker 和 Prager 两人对 Mohr-Coulomb 屈服准则进行了近似，在 Von Mises 屈服准则中加入了一个附加项，来表示静水压分量对屈服的影响，即：

$$\alpha J_1 + \sqrt{J_2'} = k' \tag{5-179}$$

为使每个截面上 Drucker-Prager 圆和 Mohr-Coulomb 六边形的外顶点都能相吻合，则

$$\alpha = \frac{2\sin\phi}{\sqrt{3}(3-\sin\phi)}, \quad k' = \frac{6c\cos\phi}{\sqrt{3}(3-\sin\phi)} \tag{5-180}$$

为使每个截面上 Drucker-Prager 圆和 Mohr-Coulomb 六边形的内部顶点也都能相吻合，则

$$\alpha = \frac{2\sin\phi}{\sqrt{3}(3+\sin\phi)}, \quad k' = \frac{6c\cos\phi}{\sqrt{3}(3+\sin\phi)} \tag{5-181}$$

此外我们需要知道，弹塑性增量形式的应力应变关系为

$$d\boldsymbol{\sigma} = \boldsymbol{D}_{ep}d\boldsymbol{\varepsilon} \tag{5-182}$$

式中

$$\boldsymbol{D}_{ep} = \boldsymbol{D} - \frac{\boldsymbol{d}_D \boldsymbol{d}_D^{\mathrm{T}}}{A + \boldsymbol{d}_D^{\mathrm{T}}\boldsymbol{a}}, \quad \boldsymbol{d}_D = \boldsymbol{D}\boldsymbol{a} \tag{5-183}$$

其中，D 为弹性矩阵，a 为流动矢量，标量 A 可由单向应力-塑性应变曲线的局部斜率求得，即

$$A = H' \tag{5-184}$$

而 H' 为强化参数且有

$$H'(\overline{\varepsilon_p}) = \frac{\mathrm{d}\sigma}{\mathrm{d}\varepsilon_p} = \frac{\mathrm{d}\sigma}{\mathrm{d}\varepsilon - \mathrm{d}\varepsilon_e} = \frac{1}{\mathrm{d}\varepsilon/\mathrm{d}\sigma - \mathrm{d}\varepsilon_e/\mathrm{d}\sigma} \tag{5-185}$$

因而可有简单的单向屈服试验来确定，即：

$$H' = \frac{E_\mathrm{T}}{1 - E_\mathrm{T}/E} \tag{5-186}$$

式中，E 为弹性模量，E_T 为弹塑性切向模量。

5.10.3 有限元问题的离散化基本方程表达式

在编制弹塑性分析程序时，要采用相同的基本单元公式，本文的研究选择采用具有曲线边界的 8 结点 Serndipity 四边形单元，如图 5-26 所示。

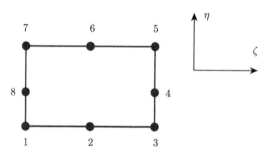

图 5-26 8 结点 Serndipity 四边形单元

其中角结点的形函数为

$$N_i^{(e)} = \frac{1}{4}(1+\xi\xi_i)(1+\eta\eta_i)(\xi\xi_i + \eta\eta_i - 1) \quad (i=1,3,5,7) \tag{5-187}$$

边中结点的形函数为

$$N_i^{(e)} = \frac{\xi_i^2}{2}(1+\xi\xi_i)(1-\eta^2) + \frac{\eta_i^2}{2}(1+\eta\eta_i)(1-\xi^2) \quad (i=2,4,6,8) \tag{5-188}$$

其中的局部结点的 ξ 和 η 值如表 5-3 所示，而具体的形函数程序计算语句为：

```
{       SHAPE(1)=(-1.0+ST+SS+TT-SST-STT)/4.0
        SHAPE(2)=(1.0-T-SS+SST)/2.0
        SHAPE(3)=(-1.0-ST+SS+TT-SST+STT)/4.0
```

5.10 平面问题的弹塑性有限元理论及程序

```
SHAPE(4)=(1.0+S-TT-STT)/2.0
SHAPE(5)=(-1.0+ST+SS+TT+SST+STT)/4.0
SHAPE(6)=(1.0+T-SS-SST)/2.0
SHAPE(7)=(-1.0-ST+SS+TT+SST-STT)/4.0
SHAPE(8)=(1.0-S-TT+STT)/2.0                    }
```

表 5-3 局部结点的 ξ 和 η 值

局部结点号	ξ_i	η_i
1	-1	-1
2	0	-1
3	1	-1
4	1	0
5	1	1
6	0	1
7	-1	1
8	-1	0

在有限元计算中，离散化的位移、应变和对应的虚位移、虚应变可表示为如下关系式：

$$\boldsymbol{u} = \sum_{i=1}^{n} \boldsymbol{N}_i \boldsymbol{d}_i, \quad \boldsymbol{\varepsilon} = \sum_{i=1}^{n} \boldsymbol{B}_i \boldsymbol{d}_i \tag{5-189a}$$

$$\delta\boldsymbol{u} = \sum_{i=1}^{n} \boldsymbol{N}_i \delta\boldsymbol{d}_i, \quad \delta\boldsymbol{\varepsilon} = \sum_{i=1}^{n} \boldsymbol{B}_i \delta\boldsymbol{d}_i \tag{5-189b}$$

其中，$\boldsymbol{d}_i$ 是 i 结点的结点变量的矢量，$\delta\boldsymbol{d}_i$ 是 i 结点的虚结点变量的矢量，$\boldsymbol{N}_i = \boldsymbol{I} N_i$ 是总体的形函数矩阵，$\boldsymbol{B}_i$ 是总体的应变位移矩阵，n 是全部网格的结点总数[60]。

把式 (5-189) 代入虚功原理表达式 (5-151) 中，可得

$$\sum_{i=1}^{n} [\delta\boldsymbol{d}_i]^{\mathrm{T}} \left\{ \int_\Omega [\boldsymbol{B}_i]^{\mathrm{T}} \boldsymbol{\sigma} \mathrm{d}\Omega - \int_\Omega [\boldsymbol{N}_i]^{\mathrm{T}} \boldsymbol{b} \mathrm{d}\Omega - \int_{\Gamma_t} [\boldsymbol{N}_i]^{\mathrm{T}} \boldsymbol{t} \mathrm{d}\Gamma \right\} = 0 \tag{5-190}$$

对于每个结点 i，均可把上式简化为如下形式：

$$\int_\Omega [\boldsymbol{B}_i]^{\mathrm{T}} \boldsymbol{\sigma} \mathrm{d}\Omega - \int_\Omega [\boldsymbol{N}_i]^{\mathrm{T}} \boldsymbol{b} \mathrm{d}\Omega - \int_{\Gamma_t} [\boldsymbol{N}_i]^{\mathrm{T}} \boldsymbol{t} \mathrm{d}\Gamma = 0 \tag{5-191}$$

若位移可表达为

$$\boldsymbol{u}^{(e)} = \sum_{i=1}^{r} \boldsymbol{N}_i^{(e)} \boldsymbol{d}_i^{(e)} \tag{5-192}$$

其中，对于单元 e，i 为局部结点号，$\boldsymbol{N}^{(e)}$ 为形函数矩阵，$\boldsymbol{N}^{(e)} = \boldsymbol{I} N^{(e)}$，$\boldsymbol{d}_i^{(e)}$ 为变量矢量，每个单元中的局部结点总数为 r。

在等参单元的表达式中，每个单元内的 x 和 y 坐标都可以表示为如下式子：

$$\begin{bmatrix} x^{(e)} \\ y^{(e)} \end{bmatrix} = \sum_{i=1}^{r} \begin{bmatrix} N_i^{(e)} & 0 \\ 0 & N_i^{(e)} \end{bmatrix} \begin{bmatrix} x_i^{(e)} \\ y_i^{(e)} \end{bmatrix} \tag{5-193}$$

则雅可比矩阵可计算得到：

$$\boldsymbol{J}^{(e)} = \begin{bmatrix} \dfrac{\partial x}{\partial \xi} & \dfrac{\partial y}{\partial \xi} \\ \dfrac{\partial x}{\partial \eta} & \dfrac{\partial y}{\partial \eta} \end{bmatrix} = \begin{bmatrix} \sum_{i=1}^{r} \dfrac{\partial N_i^{(e)}}{\partial \xi} x_i^{(e)} & \sum_{i=1}^{r} \dfrac{\partial N_i^{(e)}}{\partial \xi} y_i^{(e)} \\ \sum_{i=1}^{r} \dfrac{\partial N_i^{(e)}}{\partial \eta} x_i^{(e)} & \sum_{i=1}^{r} \dfrac{\partial N_i^{(e)}}{\partial \eta} y_i^{(e)} \end{bmatrix} \tag{5-194}$$

及其逆矩阵为

$$\left[\boldsymbol{J}^{(e)}\right]^{-1} = \begin{bmatrix} \dfrac{\partial \xi}{\partial x} & \dfrac{\partial \eta}{\partial x} \\ \dfrac{\partial \xi}{\partial y} & \dfrac{\partial \eta}{\partial y} \end{bmatrix} = \dfrac{1}{\det \boldsymbol{J}^{(e)}} \begin{bmatrix} \dfrac{\partial y}{\partial \eta} & -\dfrac{\partial y}{\partial \xi} \\ -\dfrac{\partial x}{\partial \eta} & \dfrac{\partial x}{\partial \xi} \end{bmatrix} \tag{5-195}$$

在程序实现中，雅可比矩阵 XJACM()、雅可比矩阵的行列式 DJACB() 及雅可比矩阵的逆矩阵 XJACI() 可由子程序 JACOB2 求得如下：

```
{    ！计算高斯点处的雅可比矩阵
     DO 20 IDIME=1,NDIME
     DO 20 JDIME=1,NDIME
     XJACM(IDIME,JDIME)=0.0
     DO 20 INODE=1,NNODE
     XJACM(IDIME,JDIME)=XJACM(IDIME,JDIME)+DERIV(IDIME,INODE)*&
     ELCOD(JDIME,INODE)
  20 CONTINUE                                                      }
{    ！计算雅可比矩阵的行列式
     DJACB=XJACM(1,1)*XJACM(2,2)-XJACM(1,2)*XJACM(2,1)             }
{    ！计算雅可比矩阵的逆
     XJACI(1,1)=XJACM(2,2)/DJACB
     XJACI(2,2)=XJACM(1,1)/DJACB
     XJACI(1,2)=-XJACM(1,2)/DJACB
     XJACI(2,1)=-XJACM(2,1)/DJACB                                  }
```

则应变-位移关系可由下式表达：

$$\varepsilon^{(e)} = \sum_{i=1}^{r} \boldsymbol{B}_i^{(e)} \boldsymbol{d}_i^{(e)} \tag{5-196}$$

5.10 平面问题的弹塑性有限元理论及程序

式中 $\boldsymbol{B}_i^{(e)}$ 为应变矩阵。

离散单元的体积可给出为:

$$\mathrm{d}\Omega^{(e)} = h^{(e)} \det \boldsymbol{J}^{(e)} \mathrm{d}\xi \mathrm{d}\eta \tag{5-197}$$

其中, 在平面应力问题中 $h^{(e)}$ 等于 $t^{(e)}$, 在平面应变问题中 $h^{(e)}$ 等于 1。

利用复合微分法则, 直角坐标系下的形函数导数可以推导如下:

$$\frac{\partial N_i^{(e)}}{\partial x} = \frac{\partial N_i^{(e)}}{\partial \xi}\frac{\partial \xi}{\partial x} + \frac{\partial N_i^{(e)}}{\partial \eta}\frac{\partial \eta}{\partial x}, \quad \frac{\partial N_i^{(e)}}{\partial y} = \frac{\partial N_i^{(e)}}{\partial \xi}\frac{\partial \xi}{\partial y} + \frac{\partial N_i^{(e)}}{\partial \eta}\frac{\partial \eta}{\partial y} \tag{5-198}$$

其中, $\frac{\partial \xi}{\partial x}$、$\frac{\partial \eta}{\partial x}$、$\frac{\partial \eta}{\partial y}$ 和 $\frac{\partial \xi}{\partial y}$ 可由雅克比矩阵的逆矩阵即式 (5-195) 得出, 程序语句为

```
{       DERIV(1,1)=(T+S2-ST2-TT)/4.0
        DERIV(1,2)=-S+ST
        DERIV(1,3)=(-T+S2-ST2+TT)/4.0
        DERIV(1,4)=(1.0-TT)/2.0
        DERIV(1,5)=(T+S2+ST2+TT)/4.0
        DERIV(1,6)=-S-ST
        DERIV(1,7)=(-T+S2+ST2-TT)/4.0
        DERIV(1,8)=(-1.0+TT)/2.0
        DERIV(2,1)=(S+T2-SS-ST2)/4.0
        DERIV(2,2)=(-1.0+SS)/2.0
        DERIV(2,3)=(-S+T2-SS+ST2)/4.0
        DERIV(2,4)=-T-ST
        DERIV(2,5)=(S+T2+SS+ST2)/4.0
        DERIV(2,6)=(1.0-SS)/2.0
        DERIV(2,7)=(-S+T2+SS-ST2)/4.0
        DERIV(2,8)=-T+ST                        }
```

因为每个单元的应力-应变存在如下线性形式关系:

$$\boldsymbol{\sigma}^{(e)} = \boldsymbol{D}^{(e)} \boldsymbol{\varepsilon}^{(e)} = \boldsymbol{D}^{(e)} \left(\sum_{j=1}^{r} \boldsymbol{B}_j^{(e)} \boldsymbol{d}_j^{(e)} \right) \tag{5-199}$$

则单元 e 对式 (5-190) 中第一项 $\int_\Omega [\boldsymbol{B}_i]^\mathrm{T} \boldsymbol{\sigma} \mathrm{d}\Omega$ 提供的值为

$$\sum_{j=1}^{r} \boldsymbol{K}_{ij}^{(e)} \boldsymbol{d}_j^{(e)} \equiv \int_{\Omega^{(e)}} \left[\boldsymbol{B}_i^{(e)}\right]^\mathrm{T} \boldsymbol{D}^{(e)} \left(\sum_{j=1}^{r} \boldsymbol{B}_j^{(e)} \boldsymbol{d}_j^{(e)} \right) \mathrm{d}\Omega \tag{5-200}$$

其中，$K_{ij}^{(e)}$ 是单元刚度矩阵 $K^{(e)}$ 的子矩阵。

单元 e 对式 (5-190) 中第二项 $\int_{\Omega}[N_i]^{\mathrm{T}}b\mathrm{d}\Omega$ 提供的值为

$$f_{B_i^{(e)}} = \int_{\Omega^{(e)}}\left[N_i^{(e)}\right]^{\mathrm{T}}b^{(e)}\mathrm{d}\Omega \tag{5-201}$$

单元 e 对式 (5-190) 中第三项 $\int_{\Gamma_t}[N_i]^{\mathrm{T}}t\mathrm{d}\Gamma$ 提供的值为

$$f_{T_i^{(e)}} = \int_{\Gamma_t^{(e)}}\left[N_i^{(e)}\right]^{\mathrm{T}}t^{(e)}\mathrm{d}\Gamma \tag{5-202}$$

其中，$\Gamma_i^{(e)}$ 是 Γ_t 中与单元 e 的边界相重合的部分。

5.10.4 刚度矩阵和一致载荷矢量的计算方法及程序实现

下面我们来考虑单元刚度矩阵 $K^{(e)}$ 的一般求法。

在自然坐标系中进行积分，可得联系结点 i、j 的单元刚度矩阵为

$$K_{ij}^{(e)} = \int_{-1}^{+1}\int_{-1}^{+1}\left[B_i^{(e)}\right]^{\mathrm{T}}D_{ep}^{(e)}B_i^{(e)}h^{(e)}\det J^{(e)}\mathrm{d}\xi\mathrm{d}\eta \tag{5-203}$$

若设

$$T_{ij}^{(e)} = \left[B_i^{(e)}\right]^{\mathrm{T}}D_{ep}^{(e)}B_i^{(e)}h^{(e)}\det J^{(e)} \tag{5-204}$$

则

$$K_{ij}^{(e)} = \int_{-1}^{+1}\int_{-1}^{+1}T_{ij}^{(e)}\mathrm{d}\xi\mathrm{d}\eta \tag{5-205}$$

$K^{(e)}$ 的具体求解方法列在表 5-4 中，其元素可由数值积分方法来计算，首先使用子程序 BMATPS 计算应变矩阵 B，使用子程序 MODPS 计算弹性矩阵 D，然后用子程序 DBE 计算矩阵 DB，即本构矩阵 D 与应变矩阵 B 的乘积。对于本构矩阵 D，当材料还未屈服即处于弹性阶段时，采用弹性本构 D 矩阵的形式，而当材料屈服之后，则采用塑性矩阵 D_{ep} 来代替 D。

对具有 $n\times n$ 个抽样点的四边形单元进行数值积分，得到：

$$K_{ij}^{(e)} = \sum_{p=1}^{n}\sum_{q=1}^{n}T\left(\overline{\xi_p},\overline{\eta_q}\right)_{ij}W_pW_q \tag{5-206}$$

其中，$(\overline{\xi_p},\overline{\eta_q})$ 为抽样点位置，W_p 和 W_q 为加权因子。

在用位移法对有限元结构进行分析时，加载的唯一许可形式除了初始应力外，被规定为节点处的集中载荷。因此在正式进入求解前，必须把诸如重力及分配到单元表面上的压力加载形式等，简化为等效节点力。由于在各种基于等参元的有限元

程序中通常含有对随意的形状区域进行的面积和体积积分，因此等效节点力的计算必须通过执行这个任务的子程序来完成，而不能依靠手工直接输入。

表 5-4　用数值积分方法求解等参单元刚度矩阵

SUBROUTINE STIFFP
维数和公用区
所有单元进入循环
检索当前单元的几何尺寸和材料性能
将刚度数组置零
调用设置本构矩阵 $D_{ep}^{(e)}$ 的子程序
所有积分点进入循环
检索当前积分点的抽样位置 $\left(\overline{\xi_p}, \overline{\eta_q}\right)$
调用形函数子程序 SFP2——$\left(\overline{\xi_p}, \overline{\eta_q}\right)$ 已知由此即可求出 $\left(\overline{\xi_p}, \overline{\eta_q}\right)$ 处的形函数 $N_i^{(e)}$ 及其导数 $\dfrac{\partial N_i^{(e)}}{\partial \xi}$ 和 $\dfrac{\partial N_i^{(e)}}{\partial \eta}$
调用 JACOB2——在点 $\left(\overline{\xi_p}, \overline{\eta_q}\right)$ 处给出 $N_i^{(e)}$、$\dfrac{\partial N_i^{(e)}}{\partial \xi}$ 和 $\dfrac{\partial N_i^{(e)}}{\partial \eta}$ 后，这将求出形函数对直角坐标的导数 $\dfrac{\partial N_i^{(e)}}{\partial x}$ 和 $\dfrac{\partial N_i^{(e)}}{\partial y}$，雅克比矩阵 $J^{(e)}$、逆矩阵 $\left[J^{(e)}\right]^{-1}$ 和行列式 $\det J^{(e)}$，以及在所有的 $\left(\overline{\xi_p}, \overline{\eta_q}\right)$ 点处得 x 和 y 坐标
调用应变矩阵程序 ——在点 $\left(\overline{\xi_p}, \overline{\eta_q}\right)$ 处给出 $N_i^{(e)}$、$\dfrac{\partial N_i^{(e)}}{\partial \xi}$ 和 $\dfrac{\partial N_i^{(e)}}{\partial \eta}$，这将求出应变矩阵 $B_i^{(e)}$
调用程序计算 $D_{ep}^{(e)} B^{(e)}$
计算 $\left[B_i^{(e)}\right] D_{ep}^{(e)} B_i^{(e)} \det J^{(e)} \times$ 积分加权量，并把它们组集到单元刚度数组 $K_{ij}^{(e)}$ 中去
把 $D_{ep}^{(e)} B^{(e)}$ 组集到应力数组中去，以备后面由结点位移求应力
结束求积分的循环
把刚度矩阵和应力矩阵写入文件以备求解程序中使用
结束单元循环
RETURN
END

下面我们就来研究等效节点力的计算及相应程序。

以节点 i 上的体积力为例来分析其计算原理，其所产生的等效节点力计算公式为

$$\boldsymbol{f}_{B_i^{(e)}} = \int_{-1}^{+1}\int_{-1}^{+1} \left[\boldsymbol{N}_i^{(e)}\right]^{\mathrm{T}} \boldsymbol{b}^{(e)} h^{(e)} \det \boldsymbol{J}^{(e)} \mathrm{d}\xi \mathrm{d}\eta \tag{5-207}$$

若把式 (5-207) 的被积函数记为

$$\boldsymbol{g}_i^{(e)} = \left[\boldsymbol{N}_i^{(e)}\right]^{\mathrm{T}} \boldsymbol{b}^{(e)} h^{(e)} \det \boldsymbol{J}^{(e)} \tag{5-208}$$

则有
$$f_{B_i^{(e)}} = \int_{-1}^{+1} \int_{-1}^{+1} g_i^{(e)} \mathrm{d}\xi \mathrm{d}\eta \tag{5-209}$$

同样的，对于具有 $n \times n$ 个抽样点的四边形单元，数值积分得到
$$f_{B_i^{(e)}} = \sum_{p=1}^{n} \sum_{q=1}^{n} g\left(\overline{\xi_p}, \overline{\eta_q}\right)_i^{(e)} W_p W_q \tag{5-210}$$

在具体的程序实现中，我们通过子例行程序 LOADPS 计算等效节点力。具体的，通过读取输入的控制变量 IPLOD(集中载荷)、IGRAV(重力载荷)、IEDGE(边界载荷) 和 ITEMP(温度载荷) 的值判断作用载荷形式，变量值为 1 说明该材料受到该种载荷作用，从而需要计算得到对应的等效节点力，为 0 则没有。

对于集中载荷，作用力与和受载结点相连的每一个单元都有关系。由于每一个单元所提供的值都要在方程求解之前进行组集，因此在找到含有该结点号的单元之前，必须对所有单元进行搜索，然后联系结点载荷和该单元相应的自由度。

与之对应的等效节点力的计算程序语句为：

```
{    DO 50 IDOFN=1,2
     NGASH=(INODE-1)*2+IDOFN
50   RLOAD(IELEM,NGASH)=POINT(IDOFN)      }
```

对于重力载荷，由于其作用方向并不一定与面内任一坐标轴一致，因此有必要首先确定出重力作用方向，可设该方向与 y 轴正方向的夹角为 θ，则对任一个单元，i 结点处的等效节点力为

$$\begin{bmatrix} P_{xi} \\ P_{yi} \end{bmatrix}^{(e)} = \int_{\Omega^{(e)}} N_i^{(e)} \rho g \begin{bmatrix} \sin\theta \\ -\cos\theta \end{bmatrix} \mathrm{d}\Omega \tag{5-211}$$

其中，ρ 为材料密度。

对式 (5-211) 进行数值积分：
$$\begin{bmatrix} P_{xi} \\ P_{yi} \end{bmatrix}^{(e)} = \sum_{n=1}^{\text{NGAUS}} \sum_{n=1}^{\text{NGAUS}} \rho g t \begin{bmatrix} \sin\theta \\ -\cos\theta \end{bmatrix} N_i(\xi_n, \eta_m) W_n W_m \det J \tag{5-212}$$

其中，t 为平面问题的单元厚度。

与之对应的等效节点力计算程序段为

```
{    DO 70 INODE=1,NNODE
     NGASH=(INODE-1)*2+1
     MGASH=(INODE-1)*2+2
     RLOAD(IELEM,NGASH)=RLOAD(IELEM,NGASH)+GXCOM*SHAPE(INODE)*DVOLU
70   RLOAD(IELEM,MGASH)=RLOAD(IELEM,MGASH)+GYCOM*SHAPE(INODE)*DVOLU }
```

5.10 平面问题的弹塑性有限元理论及程序

对于分布载荷，结点 i 的一致结点力可表示为

$$P_{xi}^{(e)} = \int_{\Gamma^{(e)}} N_i^{(e)} \left(p_t \frac{\partial x}{\partial \xi} - p_n \frac{\partial y}{\partial \xi} \right) d\xi \tag{5-213}$$

$$P_{yi}^{(e)} = \int_{\Gamma^{(e)}} N_i^{(e)} \left(p_n \frac{\partial x}{\partial \xi} + p_t \frac{\partial y}{\partial \xi} \right) d\xi \tag{5-214}$$

其中，p_n 和 p_t 分别为法向和切向分布载荷，$\Gamma^{(e)}$ 为承载单元的边界且积分沿该边界进行。

与之对应的等效节点力计算程序语句为

```
{    DO 140 KNODE=INODE,JNODE
     KOUNT=KOUNT+1
     NGASH=(KNODE-1)*NDOFN+1
     MGASH=(KNODE-1)*NDOFN+2
     IF(KNODE.GT.NCODE) NGASH=1
     IF(KNODE.GT.NCODE) MGASH=2
     RLOAD(NEASS,NGASH)=RLOAD(NEASS,NGASH)+SHAPE(KOUNT)*PXCOM*DVOLU
140  RLOAD(NEASS,MGASH)=RLOAD(NEASS,MGASH)+SHAPE(KOUNT)*PYCOM*DVOLU }
```

而对于温度载荷，首先要计算与温度上升有关的初始应变。对于平面应力问题，初始应变可简单表示为

$$\varepsilon_x^0 = \alpha T$$
$$\varepsilon_y^0 = \alpha T$$
$$\gamma_{xy}^0 = 0 \tag{5-215}$$

其中，α 为线性热膨胀系数，T 为温升。另外，在厚度方向上的初始应力分量 σ_z^0 为 0。

对于平面应变问题，厚度方向的初始应力不为 0，但相应的应变则为 0。故

$$\varepsilon_x^0 = -\frac{\nu \sigma_x^0}{E} + \alpha T, \quad \varepsilon_y^0 = -\frac{\nu \sigma_x^0}{E} + \alpha T, \quad \varepsilon_z^0 = 0 = \frac{\sigma_x^0}{E} + \alpha T, \quad \gamma_{xy}^0 = 0 \tag{5-216}$$

其中，ν 为泊松比。上面四个式子相互消元可得

$$\varepsilon_x^0 = (1+\nu)\alpha T$$
$$\varepsilon_y^0 = (1+\nu)\alpha T$$
$$\gamma_{xy}^0 = 0 \tag{5-217}$$

此外还有

$$\sigma_z^0 = -E\alpha T \tag{5-218}$$

以上计算温度引起的初始应变的程序语句为

```
{       EIGEN=THERM*ALPHA
        IF(NTYPE.EQ.2) GO To 220
        STRAN(1)=-EIGEN
        STRAN(2)=-EIGEN
        STRAN(3)=0.0
        GO To 230
220     STRAN(1)=-(1.0+POISS)*EIGEN
        STRAN(2)=-(1.0+POISS)*EIGEN
        STRAN(3)=0.0                                     }
```

接下来，利用 $\sigma^0 = D\varepsilon^0$ 计算对应于应变的初始应力。然后利用下式将应变变换成等效结点力：

$$P_{\sigma^0}^e = -\int_{V_e} [B]^T \sigma^0 \mathrm{d}V \tag{5-219}$$

计算初始应力的程序段为：

```
{230    Do 250 ISTRE=1,NSTRE
        STRES(ISTRE)=0.0
        Do 240 JSTRE=1,NSTRE
 240    STRES(ISTRE)=STRES(ISTRE)+DMATX(ISTRE,JSTRE)*STRAN(JSTRE)
 250    STRIN(ISTRE,KGAST)=STRES(ISTRE)
        IF(NTYPE.EQ.2) STRIN(4,KGAST)=-YOUNG*EIGEN
        IF(NTYPE.EQ.1)
        STRIN(4,KGAST)=0.0                               }
```

转换为对应的等效结点力的程序语句为：

```
{       EXTRA=0.0
        Do 260 INODE=1,NNODE
        NGASH=(INODE-1)*NDOFN+1
        MGASH=(INODE-1)*NDOFN+2
        RLOAD(IELEM,NGASH)=RLOAD(IELEM,NGASH)+EXTRA&
        -(CARTD(1,INODE)*STRES(1)+CARTD(2,INODE)*STRES(3))*DVOLU
 260    RLOAD(IELEM,MGASH)=RLOAD(IELEM,MGASH)&
        -(CARTD(1,INODE)*STRES(3)+CARTD(2,INODE)*STRES(2))*DVOLU }
```

如果作用的载荷同时有上面介绍的载荷类型中的几种，那么还需要对每种节点力进行累加，求出总的节点力，并将其最终存入数组 RLOAD() 中。

5.10.5 二维弹塑性准静态有限元总程序

本节所编制的程序都采用模块法,各种主要的有限元计算过程都使用了独立的子例行程序来实现。用于计算平面弹塑性准静态问题的有限元总程序框架如图 5-27 所示。

其中的每个子程序的功能作用列在表 5-5 中。

表 5-5 准静态程序中各个子程序名称及其一般功能

程序名称	功能
DIMEN	将与动态维数处理有关的变量预先赋值
INPUT	输入给定的几何尺寸、边界条件、材料性能参数
LOADPS	计算由集中力、分布载荷、重力载荷、温度载荷等的等效结点力
ZERO	把所要累加数据的数组置零
INCREM	按照给定的载荷系数增量施加载荷
ALGOR	设置指示变量以识别解法类型:初始刚度法、切线刚度法、初始刚度与切线刚度组合法等
STIFFP	计算弹性、弹塑性材料的单元刚度
FRONT	用波阵法求解联立方程组
RESIDU	计算残余力矢量
INVAR	计算等效应力大小
YIELD	求出流动矢量 a
FLOWPL	根据不同分析,求出矢量 d_D
CONVER	检查求解过程是否收敛
OUTPUT	输出载荷增量下的结果

主程序段的变量定义为

```
{ DIMENSION ASDIS(13000), COORD(6241,2), ELOAD(2000,18), ESTIF(18,18),
    & EQRHS(7000), EQUAT(14000,7000), FIXED(13000),
    & GLOAD(14000), GSTIF(98007000), IFFIX(13000), LNODS(2000,9),
    & LOCEL(18), MATNO(2000), NACVA(14000), NAMEV(14000),
    & NDEST(18), NDFRO(2000), NOFIX(7000), NOUTP(2),
    & NPIVO(14000), POSGP(4), PRESC(7000,2), PROPS(5,7),
    & RLOAD(2000,18), STFOR(13000), TREAC(400,2), VECRV(14000),
    & WEIGP(4), STRSG(4,18000), TDISP(13000), TLOAD(2000,18),
    & TOFOR(13000), EPSTN(18000), EFFST(18000), TEMPE(6241),
    & STRIN(4,18000), STRAF(4)                                        }
```

其中变量 ASDIS(MSVAB) 表示节点位移向量,COORD(NPOIN,NDIME) 表示节点坐标,ELOAD(NELEM, NEVAB) 表示每个单元的节点力,ESTIF(NEVAB, NEVAB) 表示单元刚度矩阵,EQRHS 表示简化后的右端载荷项,EQUAT 存储约简方程的数组,FIXED(IPOSN) 表示规定位移值,GSTIF(ISTIF) 表示总体刚

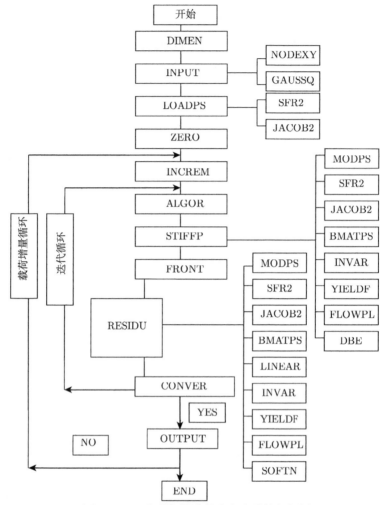

图 5-27 二维弹塑性准静态程序结构框架图

度矩阵，LNODS(NELEM, NNODE) 表示对每个单元列出的单元节点号，LOCEL (NEVAB) 确定每个单元变量总体位置的向量，MATNO(NELEM) 为每个单元的材料组号，NOFIX(NVFIX) 是边界节点号，POSGP(NGAUS) 为高斯点的坐标，PRESC(IVFIX, IDOFN) 表示第 IVFIX 个边界点的第 IDOFN 个自由度具有规定值。PROPS(NMATS, NPROP) 为每个材料组的材料性质，STRSG(NSTRE) 对于平面应力或平面应变单元，为当前单元高斯点处的应力。

在程序进行计算之前，首先需要输入计算材料的尺寸、边界条件和材料参数等计算数据，这些数据需要按要求格式存储在 INPUT.txt 文件中，其相应的变量名称及含义如表 5-6 所示。

5.10 平面问题的弹塑性有限元理论及程序

表 5-6 准静态程序需要输入的材料参数等

变量名	含义
TITLE	标题名称
NPOIN	结点总数
NELEM	单元总数
NVFIX	受约束边界点总数
NTYPE	问题类型参数：平面应力时 =1；平面应变时 =2
NNODE	每个单元节点数：线性四边形单元时 =4；二次 Serendipity 单元 =8；二次 Lagrange 单元 =9
NMATS	不同材料总数
NGAUS	数值积分公式的积分阶数：两点高斯求积法则 =2；三点高斯求积法则 =3
NEVAB	每单元结点的变量数
NCRIT	屈服准则参数：Tresca=1；Von Mises=2；Mohr-Coulomb=3；Drucker-Prager=4
NINCS	增量次数，总的载荷是按此次数施加的
NSTRE	一点的应力分量数：平面应力或平面应变时 =3
NUMEL	单元号
MATNO(NUMEL)	材料性能参数
LNODS(NUMEL,1)	第一个结点连接号
LNODS(NUMEL,2)	第二个节点连接号
……	……
LNODS(NUMEL,9)	第九个结点连接号
NALGO	非线性求解参数：初始刚度法 =1，求解过程开始计算单元刚度而后不变；切线刚度法 =2，对每次载荷增量每次迭代都重新计算单元刚度；组合算法方案 1=3，只对每次载荷增量首次迭代重新计算单元刚度；组合算法方案 2=4，只对每次载荷增量第二次迭代重新计算单元刚度
IPOIN	结点号
COORD(IPOIN,1)	结点的 x 坐标
COORD(IPOIN,2)	结点的 y 坐标
NOFIX(IVFIX)	约束结点号
IFPRE	约束符号：01：在 x 方向结点位移受约束；10：在 y 方向结点位移受约束；11：在两个坐标方向结点位移受约束
IGRAV	重力载荷控制参数：0：不考虑重力载荷；1：考虑重力载荷
IEDGE	边界分布载荷控制参数：0：不输入边界分布载荷；1：输入边界分布载荷
ITEMP	温度载荷控制参数：0：不输入温度载荷；1：输入温度载荷
LODPT	结点号
POINT(1)	x 方向上的载荷分量
POINT(2)	y 方向上的载荷分量
THETA	正 y 轴与重力轴的夹角

续表

变量名	含义
GRAVY	重力常数 —— 规定为重力加速度 g 的倍数
NEDGE	作用有分布载荷的单元边界数
NEASS	与单元边相应的单元号
NOPRS(1)	
NOPRS(2)	分布载荷作用的单元边界，形成该表面的结点按逆时针方向顺序排列
NOPRS(3)	
PRESS(1,1)	分布载荷在结点 NOPRS(1) 上的法向分量值
PRESS(1,2)	分布载荷在结点 NOPRS(1) 上的切向分量值
PRESS(2,1)	分布载荷在结点 NOPRS(2) 上的法向分量值
PRESS(2,2)	分布载荷在结点 NOPRS(2) 上的切向分量值
PRESS(3,1)	分布载荷在结点 NOPRS(3) 上的法向分量值
PRESS(3,2)	分布载荷在结点 NOPRS(3) 上的切向分量值
NODPT	结点号
TEMPE	结点温度
TOLER	收敛性容许偏差因子 —— 式 $\dfrac{\sqrt{\left[\sum\limits_{i=1}^{N}(\psi_i^r)^2\right]}}{\sqrt{\left[\sum\limits_{i=1}^{N}(f_i)^2\right]}}\times 100 \leqslant$ TOLER 的 TOLER 项
NOUTP(1)	第一次迭代后结果输出的控制参数：0：不输出；1：输出位移；2：输出位移和反力；3：输出位移、反力和应力
NOVTP(2)	控制收敛结果输出的参数：0：不输出；1：输出位移；2：输出位移和反力；3：输出位移、反力和应力
FACTO	这些增量的作用载荷系数 —— 即对载荷输入规定一个系数

5.10.6 非线性动态瞬变问题的隐式–显式时间积分解法

在非线性动态瞬变问题的分析中，通常采用时间步进法，这种直接积分的方法一般可分为两类，显式积分方法和隐式积分方法。此外，在一些问题中，可能会遇到这样的情况，在区域内既存在适合使用显式方法的"软"的子域，又存在适于隐式积分方法的"硬"子域，此时可以采用显式和隐式相结合的算法。

对于动态瞬变问题，其动平衡方程可由虚功原理推导为

$$\int_{\Omega}[\delta\varepsilon_n]^{\mathrm{T}}\boldsymbol{\sigma}_n\mathrm{d}\Omega-\int_{\Omega}[\delta\boldsymbol{u}_n]^{\mathrm{T}}[\boldsymbol{b}_n-\rho_n\ddot{\boldsymbol{u}}_n-c_n\dot{\boldsymbol{u}}_n]\mathrm{d}\Omega-\int_{\Gamma_t}[\delta\boldsymbol{u}_n]^{\mathrm{T}}\boldsymbol{t}_n\mathrm{d}\Gamma=0 \quad (5\text{-}220)$$

表示运动物体在 t_n 时刻的平衡方程，其中 $\delta\boldsymbol{u}_n$ 是虚位移矢量，$\delta\varepsilon_n$ 是对应的虚应变，$\boldsymbol{b}_n$ 是体力矢量，$\boldsymbol{t}_n$ 是面力矢量即边界力，$\boldsymbol{\sigma}_n$ 是应力矢量，ρ_n 是质量密度，c_n 是阻尼参数，Γ_n 为给定了边界力 $\boldsymbol{t}_n$ 的边界，Γ_u 为给定了边界位移 $\boldsymbol{u}_n$ 的边界，区域边界 Ω 是两者之和。

与前面所述的准静态有限元离散方法相似，结点 i 在 t_n 时刻有

5.10 平面问题的弹塑性有限元理论及程序

$$u_n = \sum_{i=1}^{m} N_i [d_i]_n \varepsilon_n = \sum_{i=1}^{m} B_i [d_i]_n$$

$$\delta u_n = \sum_{i=1}^{m} N_i [\delta d_i]_n \delta\varepsilon_n = \sum_{i=1}^{m} B_i [\delta d_i]_n \tag{5-221}$$

其中，$[d_i]_n$ 为结点位移矢量，$[\delta d_i]_n$ 为结点虚位移矢量，$N_i = N_i I_2$ 为总体形函数矩阵，B_i 为总体应变-位移矩阵，m 为结点总数。

因此式 (2-220) 的离散化形式为

$$\int_\Omega \left\{\sum_{i=1}^{m} B_i [\delta d_i]_n\right\}^{\mathrm{T}} \sigma_n \mathrm{d}\Omega - \int_\Omega \left\{\sum_{i=1}^{m} N_i [\delta d_i]_n\right\}^{\mathrm{T}} [b_n - \rho_n - \ddot{u}_n - c_n \dot{u}_n] \mathrm{d}\Omega$$

$$- \int_{\Gamma_t} \left\{\sum_{i=1}^{m} N_i [\delta d_i]_n\right\}^{\mathrm{T}} t_n \mathrm{d}\Gamma = 0 \tag{5-222}$$

若假设内阻力为

$$[p_i]_n = \int_\Omega [B_i]^{\mathrm{T}} \sigma_n \mathrm{d}\Omega \tag{5-223}$$

作用体力一致力为

$$[f_{Bi}]_n = \int_\Omega [N_i]^{\mathrm{T}} b_n \mathrm{d}\Omega \tag{5-224}$$

惯性力为

$$[f_{Ii}]_n = \int_\Omega [N_i]^{\mathrm{T}} \rho_n [N_1, N_2, \cdots, N_m] \mathrm{d}\Omega \begin{bmatrix} [\ddot{d}_1]_n \\ [\ddot{d}_2]_n \\ \cdots \\ [\ddot{d}_m]_n \end{bmatrix} = \sum_{j=1}^{m} [M_{ij}]_n [\ddot{d}_j]_n \tag{5-225}$$

其中，$[M_{ij}]_n$ 为质量矩阵 M_n 的子矩阵。

阻力为

$$[f_{Di}]_n = \int_\Omega [N_i]^{\mathrm{T}} c_n [N_1, N_2, \cdots, N_m] \mathrm{d}\Omega \begin{bmatrix} [\dot{d}_1]_n \\ [\dot{d}_2]_n \\ \cdots \\ [\dot{d}_m]_n \end{bmatrix} = \sum_{j=1}^{m} [C_{ij}]_n [\dot{d}_j]_n \tag{5-226}$$

其中，$[C_{ij}]_n$ 为阻尼矩阵 C_n 的子矩阵。

边界面力一致力为

$$[f_{Ti}]_n = \int_{\Gamma_t} [N_i]^{\mathrm{T}} t_n \mathrm{d}\Gamma \tag{5-227}$$

则虚功方程可写为

$$[\boldsymbol{p}_i]_n - [\boldsymbol{f}_{Bi}]_n + [\boldsymbol{f}_{Ii}]_n + [\boldsymbol{f}_{Di}]_n - [\boldsymbol{f}_{Ti}]_n = 0 \tag{5-228}$$

对于使用隐式时间积分的 Newmark 算法,在时刻 $(t_n + \Delta t)$,我们可以把非线性瞬变动态问题中的式 (5-228) 写成如下的一般形式:

$$\boldsymbol{M}\boldsymbol{a}_{n+1} + \boldsymbol{p}_{n+1} = \boldsymbol{f}_{n+1} \tag{5-229}$$

其中,$\boldsymbol{M}$ 为质量矩阵、$\boldsymbol{a}_{n+1}$ 和 $\boldsymbol{f}_{n+1}$ 分别表示加速度矢量、内力矢量和作用力矢量,且 $\boldsymbol{p}_{n+1}$ 与位移 $\boldsymbol{d}_{n+1}$ 和速度 $\dot{\boldsymbol{d}}_{n+1}$ 以及历程有关。在隐式算法中,除了 $\boldsymbol{M}$ 可由对角线矩阵直接求解外,通常都要进行矩阵的因式分解,由前消和回代来求得。

而对于显式算法,假设质量矩阵 $\boldsymbol{M}$ 是对角线矩阵并用表达式

$$\boldsymbol{M}\boldsymbol{a}_{n+1} + \boldsymbol{p}\left(\tilde{\boldsymbol{d}}_{n+1}, \tilde{\boldsymbol{v}}_{n+1}\right) = \boldsymbol{f}_{n+1} \tag{5-230}$$

因为我们从前一步的计算中得到修正值,所以这个算法是显式的。

虽然显式时间积分是一种很简单有效的时间积分方法,但该方法是有条件稳定的,当存在单元很硬需要采用很小的时间步长时,显示算法的优点就无从体现了。这时若采用隐式算法,则可取较大的时间步长,而且时间步长可根据精度要求来定。但隐式算法又需要较多的矩阵因式分解,这对计算机内存又有了较高的要求。因此两种方法各有优劣,要根据具体情况灵活选择。

下面我们来讨论隐式–显式结合方法,这一方法由 Hughes、Park 等提出,其具体计算流程如表 5-7 所示。

在隐式–显式算法中,需满足方程

$$\boldsymbol{M}\boldsymbol{a}_{n+1} + \boldsymbol{p}^I\left(\boldsymbol{d}_{n+1}, \boldsymbol{v}_{n+1}\right) + \boldsymbol{p}^E\left(\tilde{\boldsymbol{d}}_{n+1}, \tilde{\boldsymbol{v}}_{n+1}\right) = \boldsymbol{f}_{n+1} \tag{5-231}$$

在这种算法下,假设有限元网格包括有两组单元:隐式组和显式组,分别用上标 I 和 E 表示,如图 5-28 所示。因此就需要在每个时间步内迭代,式中 $\boldsymbol{M} = \boldsymbol{M}^I + \boldsymbol{M}^E$,$\boldsymbol{f}_{n+1} = \boldsymbol{f}_{n+1}^I + \boldsymbol{f}_{n+1}^E$,并假定 $\boldsymbol{M}^E$ 为对角线矩阵。

将该算法下不同单元类型及对应等效刚度矩阵特点总结如下,如图 5-28 和图 5-29 所示:

一、当只有显式单元时,$\boldsymbol{K}^*$ 就是对角线矩阵,也就是 $\boldsymbol{K}^*$ 与 $\boldsymbol{M}^E$ 外形结构相同,参见图 5-28(a) 和图 5-29(a)。

二、当只有隐式单元时,$\boldsymbol{K}^*$ 与 $\boldsymbol{K}^I$ 外形结构相同,参见图 5-28(b) 和图 5-29(b)。

三、对于同时含有隐式组和显式组的网格,可以看出它由两个外形结构相应部分组合而成,参见图 5-28(c) 和图 5-29(c)。

5.10 平面问题的弹塑性有限元理论及程序

表 5-7 隐式–显式算法流程表

1	令迭代计数变量 $i = 0$
2	开始预估阶段，令 $$\begin{cases} \boldsymbol{d}_{n+1}^{[i]} = \widetilde{\boldsymbol{d}}_{n+1} = \boldsymbol{d}_n + \Delta t \boldsymbol{v}_n + \Delta t^2 (1 - 2\beta) \boldsymbol{a}_n / 2 \\ \boldsymbol{v}_{n+1}^{[i]} = \widetilde{\boldsymbol{v}}_{n+1} = \boldsymbol{v}_n + \Delta t (1 - \gamma) \boldsymbol{a}_n \\ \boldsymbol{a}_{n+1}^{[i]} = \left[\boldsymbol{d}_{n+1}^{[i]} - \widetilde{\boldsymbol{d}}_{n+1} \right] / (\Delta t^2 \beta) = 0 \end{cases}$$
3	利用下述方程计算残余力 $$\boldsymbol{\psi}^{[i]} = \boldsymbol{f}_{n+1} - \boldsymbol{M} \boldsymbol{a}_{n+1}^{[i]} - \boldsymbol{p}^I \left(\boldsymbol{d}_{n+1}^{[i]}, \boldsymbol{v}_{n+1}^{[i]} \right) - \boldsymbol{p}^E \left(\widetilde{\boldsymbol{d}}_{n+1}, \widetilde{\boldsymbol{v}}_{n+1} \right)$$
4	如需要时，用下式计算等效刚度矩阵 $$\boldsymbol{K}^* = \boldsymbol{M} / (\Delta t^2 \beta) + \gamma \boldsymbol{C}_T^I / (\Delta t \beta) + \boldsymbol{K}_T^I \left(\boldsymbol{d}_{n+1}^{[i]} \right)$$ 否则就用前面已计算好的刚度矩阵 $\boldsymbol{K}^*$。($\boldsymbol{K}_T^I = \partial \boldsymbol{p}^I / \partial \boldsymbol{d}$，$\boldsymbol{C}_T^I = \partial \boldsymbol{p}^I / \partial \boldsymbol{v}$)
5	当需要求解 $\boldsymbol{K}^* \Delta \boldsymbol{d}^{[i]} = \boldsymbol{\psi}^{[i]}$ 时，要执行因式分解、前消和回代
6	在进入修正阶段，令 $$\begin{cases} \boldsymbol{d}_{n+1}^{[i+1]} = \boldsymbol{d}_{n+1}^{[i]} + \Delta \boldsymbol{d}^{[i]} \\ \boldsymbol{a}_{n+1}^{[i+1]} = \left[\boldsymbol{d}_{n+1}^{[i+1]} - \widetilde{\boldsymbol{d}}_{n+1} \right] / (\Delta t^2 \beta) \\ \boldsymbol{v}_{n+1}^{[i+1]} = \boldsymbol{v}_{n+1} + \Delta t \gamma \boldsymbol{a}_{n+1}^{[i+1]} \end{cases}$$
7	如果 $\Delta \boldsymbol{d}^{[i]}$ 和 $\boldsymbol{\psi}^{[i]}$ 或者这两者之一不满足收敛性条件时，令 $i = i + 1$ 并转到第 3 步，否则继续进行下去
8	为在下一个时间步内用，令 $$\begin{cases} \boldsymbol{d}_{n+1} = \boldsymbol{d}_{n+1}^{[i+1]} \\ \boldsymbol{v}_{n+1} = \boldsymbol{v}_{n+1}^{[i+1]} \\ \boldsymbol{a}_{n+1} = \boldsymbol{a}_{n+1}^{[i+1]} \end{cases}$$ 同时，令 $n = n + 1$，形成 $\boldsymbol{p}$ 并开始下一时间步

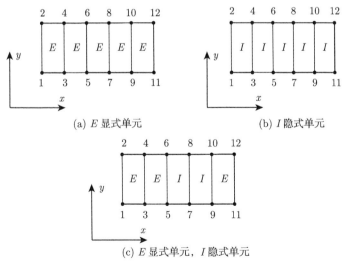

图 5-28 二维有限元单元网格 (每个结点两个自由度)

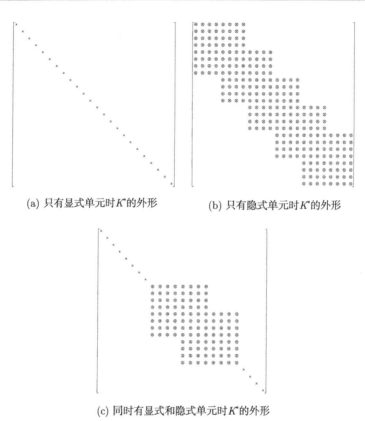

(a) 只有显式单元时 K^e 的外形 (b) 只有隐式单元时 K^e 的外形

(c) 同时有显式和隐式单元时 K^e 的外形

图 5-29　相应等效刚度矩阵 K^* 的外形结构

5.10.7　二维弹塑性动态瞬变有限元总程序

以 5.10.6 节所介绍的隐式-显式时间积分方法为基础，编组了用于求解非线性动态瞬变的二维弹塑性有限元计算程序。该程序可用于弹性小变形和大变形、弹塑性小变形的动态瞬变分析，而分析时的时间积分算法也有显式、隐式和隐式-显式相结合三种算法可选择。此外，程序中还提供了四种弹塑性材料模型供计算使用：Tresca、Von Mises、Drucker-Prager 和 Mohr-Coulomb。该程序与之前的准静态程序一样写成模块形式，如图 5-30 所示，表 5-8 列出了该程序的主要子程序及其一般功能。

主程序中的变量定义为：

```
{     DIMENSION COORD(53,2),STIFF(6000),DISPI(106),POSGP(10),
     &          IFPRE(2,53),STIFS(6000),VELOI(106),WEIGP(10),
     &          LNODS(10,9),STIFI(6000),ACCEI(106),NPRQD(10),
     &          RLOAD(10,18),XMASS(6000),DISPL(106),NGRQS(10),
```

5.10 平面问题的弹塑性有限元理论及程序

```
    & PROPS(10,13),DAMPI(6000),VELOL(106),INTGR(10),
    & LEQNS(18,10),DAMPG(6000),ACCEL(106),MATNO(10),
    & STRIN(4,90),YMASS(106),ACCEK(106),MAXAI(106),
    & STRAG(4,90),FORCE(106),ACCEJ(106),MAXAJ(106),
    & STRSG(4,90),RESID(106),DISPT(106),ACCEH(600),
    & EPSTN(90),TEMPE(106),DISPQ(106),ACCEV(600),
    & NITER(2000),MHIGH(106),EFFST(90),VELOT(106)          }
```

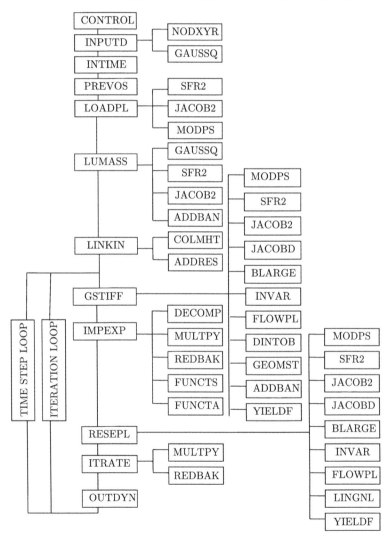

图 5-30 二维弹塑性动态瞬变程序结构框架图

其中，我们可以通过改变变量数组的维数大小来满足不同结构大小的计算要求。程序中要求输入的参数同样按要求的格式存储在 INPUT.txt 文件中，见表 5-9 所示：

表 5-8　动态瞬变程序中各个子程序名称及其功能

程序名称	功能
CONTROL	对程序中别处使用的动态维数变量赋值，若主程序的 DIMENSION 语句有任何变化，则该程序中的值也应作相应的变化
INPUTD	读写大部分控制参数、结点坐标、单元连接信息、边界条件和材料性能等数据
NODXYR	用以检验 8-结点和 9-结点的二次单元每个边界的中结点坐标，若发现边界的中结点两个坐标都为零，那么这两个坐标就由其相邻的两个角结点用线性插值方法来确定
GAUSSQ	为数值积分提供抽样点的位置和加权因子。这里的高斯求积法只限于两点或三点的积分法则
INTIME	读写时间积分、绘制应力和位移历程所需求的全部数据
PREVOS	读写初始力和初始应力
LOADPL	读出载荷数据，且计算与热载荷有关的一致结点力
SFR2	计算 4-结点、8-结点和 9-结点单元内部的、任一抽样点 ξ_p, η_p 上的形函数 $N_i^{(e)}(\xi, \eta)$ 及其导数 $\partial N_i^{(e)}/\partial \xi, \partial N_i^{(e)}/\partial \eta$
JACOB2	计算任一抽样点 ξ_p, η_p（通常即高斯点）处得下列各量值：1. 高斯点的直角坐标并存入 GPCOD() 数组；2. 雅可比矩阵并存入 XJACM()；3. 雅可比矩阵的行列式 DJACB；4. 雅可比矩阵的逆矩阵并存入 XJACI()；5. 单元形函数的直角坐标导数 $\partial N_i^{(e)}/\partial x, \partial N_i^{(e)}/\partial y$（或 $\partial N_i^{(e)}/\partial r, \partial N_i^{(e)}/\partial z$）
MODPS	计算弹性矩阵
LUMASS	对有限元网格计算集总质量矢量和一致质量矩阵，也读出集中质量，并将其组集到总对角线质量矢量中去
ADDBAN	把单元刚度矩阵组集到紧凑形式的总刚度矩阵中去
LINKIN	根据存储受约束自由度组 IFPRE 计算方程数
COLMHT	利用方程数和单元的自由度的总数 (NEVAB)，求出总体矩阵对角线元素以上的列的竖高
ADDRES	根据每一列的高度求出总体矩阵对角线元素的地址
GSTIFF	将单元刚度矩阵形成紧凑的几何非线性刚度矩阵
BLARGE	用变形的雅可比矩阵 $[J_D]_n$，计算几何非线性位移时的应变-位移矩阵，在小位移分析时要将 NLAPS 预置零
INVAR	计算应力不变量及不同屈服准则的屈服值，屈服准则的选择是由参数 NCRIT 决定
JACOBD	对一个单元内的抽样点计算变形的雅可比矩阵 $[J_D]_n$
FLOWPL	根据进行不同类型的分析求出矢量 d_D
DINTOB	将模量矩阵 D 和应变矩阵 B 相乘
GEOMST	把初应力矩阵加到刚度矩阵中去
YIELDF	用来选择屈服函数并计算矢量 a(AVECT)
IMPEXP	为直接时间积分而生成部分等效载荷

5.10 平面问题的弹塑性有限元理论及程序

续表

程序名称	功能
DECOMP	把一个矩阵分解为下三角线阵、对角线阵和上三角线阵的乘积 (LDL^T)
MULTPY	计算方阵 AMATX 和数组 START 的积,并把结果存储在 FINAL 中
REDBAK	在矩阵分解之后 (即分解成 LDL^T 形式) 用前消和回代求解
FUNCTS	这个函数对给的时间步可随时间而变化的函数赋值,海氏函数 $f(t) = 1.0H(t)$ 或调和函数 $f(t) = a + b\sin\omega t$ 均可被确定
FUNCTA	这个函数用来为给定的时间步对加速度图数据进行内插,AFACT 是加速度图记录的时间步长与计算用的时间步长之比
RESEPL	计算弹塑性材料的内力矢量
LINGNL	计算选定积分点上的总弹性应变值以及相应的弹性应力,在计算中如果考虑几何非线性性质,则要用变形雅可比矩阵求应变值
ITRATE	生成总体等效载荷矢量、求解位移增量并检验收敛性
OUTDYN	提供大部分行式打印输出,对每一NOUPT步输出位移和应力,对每一NOUPT 步也写入在规定结点和积分点上的位移和应力的历程,还计算并输出主应力和主方向

表 5-9 动态瞬变程序中要求输入的参数

变量名	含义
NPOIN	结点总数
NELEM	单元总数
NDOFN	每个结点的自由度数 (=2)
NMATS	不同的材料数
NVFIX	自由度受约束的结点总数
NTYPE	问题的类型:平面应力 =1;平面应变 =2;轴对称 =3
NNODE	每个单元的结点数
NPROP	材料性能数 (=11)
NGAUS	对刚度矩阵的积分法则
NDIME	坐标维数 (=2)
NSTRE	应力分量数 (平面应力或平面应变问题 =3;轴对称问题 =4)
NCRIT	屈服准则 (1: Tresca; 2: Von Mises; 3: Mohr Coulomb; 4: Drucker-Prager
NCONM	集总数量 ($\geqslant 1$ 表示集总质量数;=0 表示无集总质量)
NPREV	读入前面状态的指示变量 (= 1 时表示要读入前面状态;= 0 时表示不要读入)
NLAPS	大位移分析指示变量 (弹性分析 =0;弹塑性小位移分析 =1;弹性大位移分析 =2)
NGAUM	质量矩阵积分法则的阶数
NRADS	读结点坐标 (r,z) 时 =0;读轴对称分析时的结点坐标 (R,H) 时 =1
IELEM	单元号
MATNO	材料识别号

续表

变量名	含义
LNODS(IELEM,1)	
……	结点连接号
LNODS(IELEM,9)	
IPOIN	当前结点
COORD(IPOIN,1)	x 坐标
COORD(IPOIN,2)	y 坐标
IPOIN	约束结点号
IFPRE(IVFIX,1)	在 x 方向受固定 (=0: 自由; =1: 固定)
IFPRE(IVFIX,2)	在 y 方向受固定 (=0: 自由; =1: 固定)
NUMAT	材料识别号
PROPS(NUMAT,1)	弹性模量 E
PROPS(NUMAT,2)	泊松比 ν
PROPS(NUMAT,3)	平面应力问题中的厚度 t
PROPS(NUMAT,4)	单位体积质量密度 ρ
PROPS(NUMAT,5)	温度系数 α_t
PROPS(NUMAT,6)	参考屈服值 "F0" (Tresca: $F_0 = \sigma_Y$; Von Mises: $F_0 = \sigma_Y$; Mohr Coulomb: $F_0 = c \cos \phi$; Drucker-Prager: $F_0 = 6c \cos \phi / \left[\sqrt{3} \left(3 - \sin \phi \right) \right]$)
PROPS(NUMAT,7)	强化参数 H': $H' = \dfrac{E_T}{1 - E_T/E}$ 式中 E_T 是强化切向模量, E 是切向模量, σ_Y 是屈服应力, c 是粘聚力, ϕ 是摩擦角
PROPS(NUMAT,8)	摩擦角 ϕ
PROPS(NUMAT,9)	流动性参数 γ
PROPS(NUMAT,10)	指数 δ
PROPS(NUMAT,11)	NFLOW 数码 (NFLOW=1: 幂次律; NFLOW≠1: 指数律)
NSTEP	时间步总数
NOUTD	在 NOUTD 时间步, 写入所需的位移和应力历程
NOUTP	在每个 NOUTP 步 (NOUTP≤500), 输出位移和应力
NREQS	在每个 NOUTP 步, 选择输出应力的积分点数
NREQD	在 NOUTD 步选择输出位移的结点数
NACCE	加速度纵坐标数 (如 IFUNC≠0, 则不用 NACCE, 此项不填)
IFUNC	时间函数符号: IFUNC=0: 加速度时间历程; IFUNC=1: Heaviside 函数, $f(t)=1.0$; IFUNC=2: 谐激励函数, $f(t) = a_0 + b_0 \sin \omega t$
IFIXD	谐激励的指示变量: IFIXD=0: 读出水平加速度和垂直加速度; IFIXD=1: 读出垂直加速度; IFIXD=2: 读出水平加速度 (若 IFUNC≠0, 则不用 IFIXD, 此项不填
MITER	最大迭代数
KSTEP	在完成这些时间步之后, 要重新形成刚度矩阵
TPRED	=1 时用标准算法; =2 时用修正算法

续表

变量名	含义
DTIME	时间步长
DTEND	激励力结束时的时间
DTREC	加速度记录的时间步
AALFA	$\alpha=$ 阻尼参数, $C=\alpha M$, $\alpha=2\xi_i\omega_i$
BEETA	$\beta=$ 阻尼参数, $C=\beta K$, $\alpha+\beta\omega_i^2=2\xi_i\omega_i$
DELTA	Newmark 积分参数 $\delta=0.25(\gamma+0.5)^2$
GAMMA	Newmark 积分参数, 对稳定解 $\gamma\geqslant 0.5$
AZERO	
BZERO	谐激励 $f(t)=a_0+b_0\sin\omega t$ 中的常数
OMEGA	
TOLER	规定的容许偏差
NPRQD(1)	需要位移历程的第 1 个结点
NPRQD(2)	需要位移历程的第 2 个结点
……	……
NPRQD(NREQD)	需要位移历程的第 NREQD 个结点
NGRQS(1)	需要应力历程的第 1 个积分点
NGRQS(2)	需要应力历程的第 2 个积分点
……	……
NGRQS(NREQS)	需要应力历程的第 NREQS 个积分点
INTGR(IELEM)	=1: 隐式单元; =2: 显式单元
NGASH	结点号
XGASH	初始的 x 方向位移; 初始的 x 方向速度; x 方向的等效结点载荷
YGASH	初始的 y 方向位移; 初始的 y 方向速度; y 方向的等效结点载荷
KGUVS	积分点
STRESS(1)	初始应力 σ_x 或 σ_r
STRESS(2)	初始应力 σ_y 或 σ_z
STRESS(3)	初始应力 σ_{xy} 或 σ_{rz}
STRESS(4)	初始应力 σ_z 或 σ_θ
IGRAV	重力载荷指示变量
IEDGE	边界载荷指示变量
IPLOD	点载荷指示变量
ITEMP	温度载荷指示变量
LODPT	结点号
POINT(1)	x 方向上的载荷
POINT(2)	y 方向上的载荷
THETA	正 y 轴与重力轴夹角
GRAVY	重力常数
NEDGE	受载边数目
NEASS	受载边的单元号

续表

变量名	含义
NOPRS(1)	
NOPRS(2)	沿边界按反时针方向顺序读入的结点号
NOPRS(3)	
PRESS(1,1)	
PRESS(2,1)	边界载荷在每个结点上的法向分量
PRESS(3,1)	
PRESS(1,2)	
PRESS(2,2)	边界载荷在每个结点上的切向分量
PRESS(3,2)	
NODPT	结点号
TEMPE	结点温度
IPOIN	具有集总质量的当前结点
XCMAS	与 x 方向有关的集总质量
YCMAS	与 y 方向有关的集总质量

5.10.8 颗粒增强钛基复合材料力学性能的数值计算结果及分析

本节采用上述的复合材料有限元分析方法，以两个有限元程序为数值计算工具，对颗粒度为 0.005mm，体积百分数为 3% 的 TiC 颗粒增强钛基复合材料的静动态高温力学性能进行研究。

(1) 有限元分析的模型建立

在求解 TiC 颗粒增强钛基复合材料的宏观等效力学性能参数的每一次迭代过程中，都需要进行以下三步：

首先，建立宏观均值模型进行有限元分析。

以基体钛的力学性能参数作为初值 ξ_0，在 ANSYS 有限元软件中建立如图 5-31 所示的宏观均质模型，该模型尺寸以试验尺寸为基准，确定为 15mm×3mm，此外为模拟材料的拉伸试验，将模型的边界条件设为一端固定，一端受拉。将单元类型设为平面 8 结点单元 PLANE82(下文中均采用同种单元类型)，划分模型为 100×20 个网格，如图 5-32 所示。建好模型后，便可以通过 ANSYS 有限元软件将节点坐标、边界条件、单元结点号、单元面积等信息输出，并按照第二章中说明的程序输入文件内容编写输入文件 INPUT.txt，并选择适当的程序进行有限元计算。

图 5-31 宏观均质模型

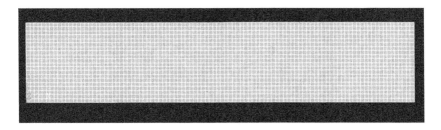

图 5-32 宏观均质模型的网格划分

其次,建立宏细观过渡模型进行有限元分析。

对于颗粒粒度为 0.005mm,体积百分含量为 3%的 TiC 颗粒增强钛基复合材料,其单胞的尺寸可以计算得到为 0.015mm×0.015mm,而宏观均质模型中每个单元的尺寸可计算得到为 0.15mm×0.15mm。明显的,单个单元的尺寸还远大于单胞尺寸,因此我们无法直接取出单胞模型和它的边界条件。此时,我们需要建立一个过渡模型。选取宏观均质模型中的任意 3×3 个单元即尺寸为 0.45mm×0.45mm 区域,以该区域尺寸为准且以基体的力学性能参数为材料参数,建立如图 5-33 所示的均质模型,即为宏细观过渡模型。将该模型划分为 30×30 个有限元网格如图 5-34 所示。根据第一步中的程序计算结果输出文件 OUTPUT.txt,取出宏观模型中的这 9 个单元所在区域的 24 个边界节点的位移值,并通过线性插值便可以得到宏细观过渡模型中所有 240 个边界节点的位移值。将这些位移值作为唯一边界条件并根据 ANSYS 软件输出的单元结点信息组成新的 INPUT.txt 输入文件,就可以放入适当的程序进行有限元计算。

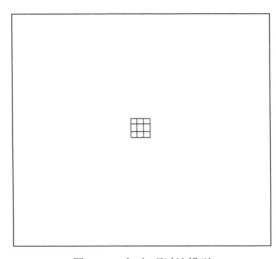

图 5-33 宏-细观过渡模型

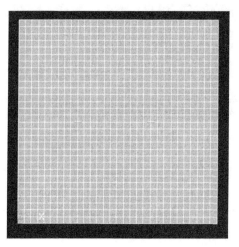

图 5-34 宏细观过渡模型的网格划分

最后,建立单胞模型进行有限元分析。

从上一步得到的宏细观过渡模型可以看出,模型中的每一个单元的尺寸正好是 0.015mm×0.015mm,即为单胞的尺寸。于是我们取出任意一个单元便可以建立起单胞的模型。颗粒粒度即颗粒直径为 0.005mm,将模型划分单元如图 5-35,单元总数为 303 个。同样的,从宏细观过渡模型的计算结果中提取出该单元 8 个结点的位移值,并进行插值计算得到单胞模型的 144 个边界结点的位移值作为单胞模型有限元分析的位移边界条件进行有限元计算。

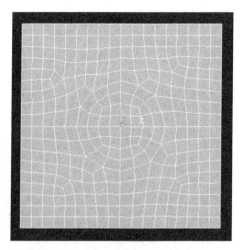

图 5-35 单胞模型的有限元网格

经过以上三步之后,便可以由单胞模型的有限元程序计算结果,并根据式 (5-

5.10 平面问题的弹塑性有限元理论及程序

145) 和式 (5-146) 计算出模型中各个单元的平均应力和平均应变，拟合出应力应变曲线。根据曲线，我们可以得出相应的力学性能参数 ξ_1。接着将 ξ_1 再作为初值重复以上三步，即进行第二次迭代过程，以此类推，求出 ξ_2、ξ_3、……，直到 $\xi_{i+1} - \xi_i \leqslant \varepsilon$ 为止，便可以认为迭代已收敛，而此时得到的第 $(i+1)$ 步的迭代结果 ξ_{i+1} 即为最终我们所要求的颗粒粒度 0.005mm 和颗粒百分比 3%的 TiC 颗粒增强钛基复合材料的力学性能参数，而此时拟合出的应力应变曲线也就成为了复合材料力学行为有限元分析的最终结果。

对于 TiC 颗粒增强钛基复合材料，计算过程中采用的各相材料的力学性能参数如表 5-10 所示。

表 5-10　各相材料的力学性能参数

材料	基体	TiC 颗粒
密度 $\rho/(\mathrm{g/cm^2})$	4.51	4.43
杨氏模量 E/GPa	108	460
泊松比 ν	0.35	0.188
屈服应力 σ_s/GPa	1.20	
强化模量 E_t/GPa	6E-02	
热膨胀系数 α_t/K^{-1}	9E-06	

(2) 准静态高温力学性能计算结果

采用前面建立的有限元模型及迭代步骤，并利用 5.10.5 节中得到的二维弹塑性准静态有限元程序，对 TiC 颗粒增强钛基复合材料在应变率为 $0.001 \mathrm{~s}^{-1}$ 即准静态条件且温度分别为 300℃、500℃、650℃、800℃和 1000℃时的力学性能进行了数值计算，所得应力应变曲线如图 5-36 所示。

从计算结果可以看出，在准静态条件下，不同温度曲线都比较接近于理想弹塑性，应变硬化现象非常微小。而随着温度的升高，屈服强度有明显的下降。

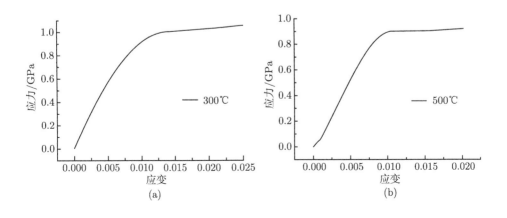

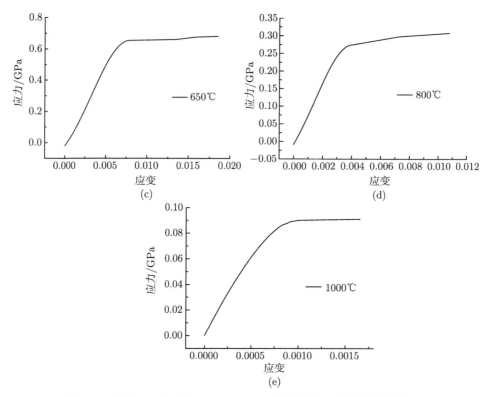

图 5-36 准静态 (应变率为 $0.001\ \mathrm{s}^{-1}$) 时不同温度下的数值计算结果

为了验证数值计算结果的正确性，将五种温度下屈服应力的数值计算结果和实验结果进行了对比，如图 5-37 所示。

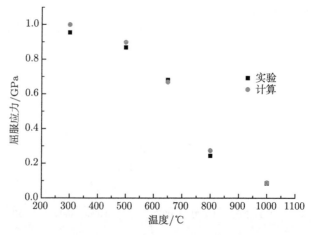

图 5-37 不同温度下数值计算结果与实验结果的屈服应力对比

各个温度屈服点的数值计算误差情况列在表 5-10 中,可以看出,数值计算与实验结果的误差都小于 5%,在可接受范围内。

表 5-10 准静态高温数值计算结果误差分析表

温度/℃	300	500	650	800	1000
数值计算/GPa	0.999	0.898	0.669	0.254	0.088
实验/GPa	0.954	0.868	0.681	0.244	0.085
误差/%	4.298	3.456	1.762	4.098	3.529

(3) 动态高温力学性能计算结果

利用 5.10.7 节中得到的二维弹塑性动态瞬变有限元程序,对 TiC 颗粒增强钛基复合材料在应变率为 $210s^{-1}$、$700s^{-1}$、$1252s^{-1}$ 时的力学性能进行了数值计算,每种应变率下又分别对应了三种温度,即 300℃、560℃ 和 650℃。

经过三次迭代及其中的九次程序计算,应变率为 $210s^{-1}$ 和 $1252s^{-1}$ 时对应的不同温度的计算结果如图 5-38 和图 5-39 所示,且和实验结果进行了对比。

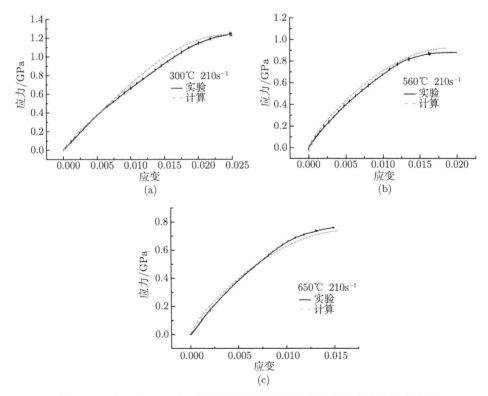

图 5-38 应变率 $210s^{-1}$ 时不同温度下的数值计算结果与实验结果对比图

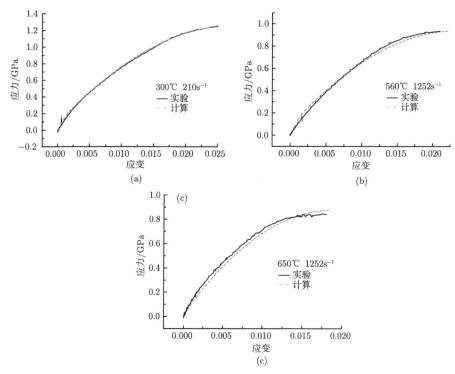

图 5-39 应变率 $1252s^{-1}$ 时不同温度下的数值计算结果与实验结果对比图

通过对比可以发现，数值计算结果与实验结果基本吻合。但是由于数值计算中所采用的单胞边界条件只是加载在不连续的结点上，而且在实验中材料不可避免的存在一些裂纹、不完好界面等初始损伤，而数值模拟中各相材料均是理想的，所以难免会产生一些误差，但这些误差均在工程所允许的范围之内。

因此，我们可以进一步利用该程序预测应变率为 $700 \, s^{-1}$ 时不同温度下的应力应变曲线。同样利用上面的步骤进行迭代计算，得到如图 5-40 所示曲线。

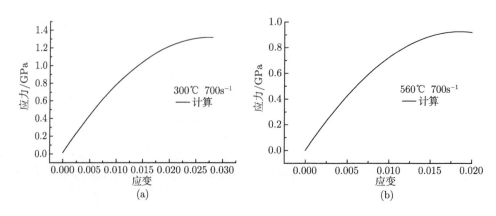

5.10 平面问题的弹塑性有限元理论及程序

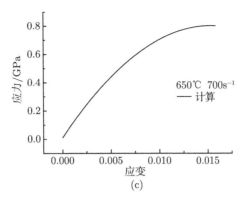

图 5-40 应变率为 $700s^{-1}$ 时各个温度的应力-应变数值计算预测结果

下面我们把数值计算结果单独列在图 5-41 中进行比较分析。为了更好的揭示温度变化引起的差异，对同一应变率下的不同温度曲线进行对比，可以明显地看出温度对 TiC 颗粒增强钛基复合材料的影响规律。在弹性阶段，各个温度下的变化趋势都大致趋于相同。但随着温度的升高，材料表现出温度软化效应，屈服应力明显降低。

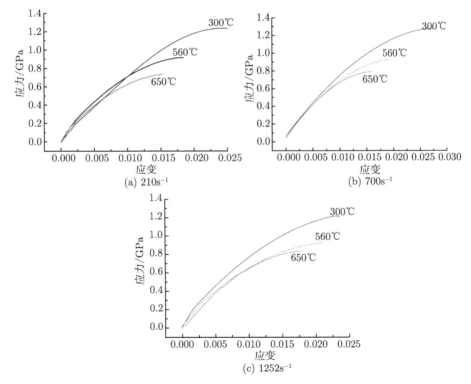

图 5-41 不同温度下的应力应变曲线对比

参 考 文 献

[1] Carter EA. Challenges in modeling materials properties without experimental input. Science, 2008, 321: 800–803

[2] Guo Z, Yang W. MPM/MD handshaking method for multiscale simulation and its application to high energy cluster impacts. International Journal of Mechanical Sciences, 2006, 48: 145–159

[3] 杨卫. 微纳米尺度的力学行为. 世界科技研究与发展, 2004, 26(4): 2–6

[4] Wang C Y, Zhang X. Multiscale modeling and related hybrid approaches. Current Opinion in Solid State and Materials Science, 2006, 10: 2–14

[5] Shilkrot L E, Curtin W A, Miller R E. A coupled atomistic/continuum model of defects in solids. Journal of the Mechanics and Physics of Solids, 2002, 50: 2085–2106.

[6] Xiao S P, Belytschko T. A bridging domain method for coupling continua with molecular dynamics. Computer Methods in Applied Mechanics and Engineering, 2004, 193: 1645–1669

[7] Khare R, Mielke S L, Schatz G C, Belytschko T. Multiscale coupling schemes spanning the quantum mechanical, atomistic forcefield, and continuum regimes. Computer Methods in Applied Mechanics and Engineering, 2008, 197: 3190–3202

[8] Feyel F. A multilevel finite element method (FE2) to describe the response of highly nonlinear structures using generalized continua. Computer Methods in Applied Mechanics and Engineering, 2003, 192: 3233–3244

[9] Liu B, Huang Y, Jiang H, et al. The atomic-scale finite element method. Computer Methods in Applied Mechanics and Engineering, 2004, 193: 1849–1864

[10] Brandt A. Multiscale computation: from fast solvers to systematic upscaling. Computational Fluid and Solid Mechanics, 2003, 2003: 1871–1873

[11] Hassani B, Hinton E. A review of homogenization and topology optimization I—homogenization theory for media with periodic structure. Computers and Structures, 1998, 69: 707–717

[12] Hassani B, Hinton E. A review of homogenization and topology optimization II — analytical and numerical solution of homogenization equations. Computers and Structures, 1998, 69: 719–738

[13] Clayton J D, Chung P W. An atomistic-to-continuum framework for nonlinear crystal mechanics based on asymptotic homogenization. Journal of the Mechanics and Physics of Solids, 2006, 54: 1604–1639

[14] Chung P W, Namburu R R. On a formulation for a multiscale atomistic-continuum homogenization method. International Journal of Solids and Structures, 2003, 40: 2563–2588

[15] Oskay C, Fish J. Eigendeformation-based reduced order homogenization for failure analysis of heterogeneous materials. Computer methods applied mechanics and engineering, 2007, 196: 1216–1243
[16] 姜芳. 颗粒增强钛基复合材料的力学性能研究. 北京: 北京理工大学学位论文, 2006
[17] 孔令超. 用均匀化方法研究细观粒状材料的力学性能. 北京: 北京理工大学学位论文, 2008
[18] 孔令超, 宋卫东, 宁建国, 毛小南. 增强相形态对金属基复合材料力学性能的影响. 有色金属 (冶炼部分), 2008, 6: 34–37
[19] 孔令超, 宋卫东, 宁建国, 毛小南. TiC 颗粒增强钛基复合材料的静动态力学性能. 中国有色金属学报, 2008, 18(10): 1756–1762
[20] 李伟, 宋卫东, 宁建国. 非周期性多尺度问题的平均化方法. 北京理工大学学报, 2009, 29(9): 756–759
[21] 王仁, 黄文彬, 黄筑平. 塑性力学引论. 北京: 北京大学出版社, 2006, 83–88
[22] Hill R. The Mathematical Theory of Plasticity. Oxford University Press, 1950, 243–261
[23] Timoshenko S P, Goodier J N. Theory of Elasticity. McGraw-Hill, New York, 1951, 75–93
[24] Hinton E, Owen D R J. Finite Element Programming. Academic Press, London, 1977, 156–167
[25] Prager W. An Introduction to Plasticity. Addison-Wesley, Amsterdam and London, 1959, 7–13
[26] Owen D R J, Hilton E. Finite Elements in Plasticity: Theory and Practice. Pineridge Press Limited Swansea, U.K., 1980, 62–79
[27] Hinton E, Owen D R J. An Introduction to Finite Element Computation. Pineridge Press, Swansca, U.K., 1979, 234–238
[28] Hughes T J R, Liu W K. Implicit-explicit finite element in transient analysis: stability theory. 1978, 45: 371–374
[29] Park K C. Partitioned transient analysis procedures for coupled field problem. 1980, 05: 121–125
[30] Benssousan A, Lions J L, Papanicoulau G. Asymptotic Analysis for Periodic Structures. Amesterdam, North Holland, 1978

第6章 钛基复合材料的损伤与失效

金属基复合材料的损伤及失效机制通常包括三种形式：增强相的断裂，增强相和基体之间界面的脱开，以及基体内孔洞的成核、长大与汇合导致的基体塑性失效。金属基复合材料的损伤及失效机制主要是通过实验方法进行研究的，但是实验本身一般不能给出定量结果。所以，利用细观力学方法对此种问题进行数值研究也是一种重要的手段。

6.1 金属基复合材料损伤基本理论

金属基复合材料的基体通常为延性的金属或合金，失效前往往要经历一定的塑性变形，从细观层次上看，损伤可能涉及两级孔洞的演化：大孔洞由增强相的脱粘产生，大孔洞或增强相之间基体中的变形局部化产生小一级的孔洞；小一级孔洞形核、长大，最后聚合为延性裂纹，其演化由 Gurson-Tvergaard 模型描述，其屈服函数为

$$\Phi = (\sigma_{\mathrm{eq}}/\sigma_{\mathrm{m}})^2 + 2f^* q_1 \cosh(3q_2 \sigma_{kk}/2\sigma_{\mathrm{m}}) - 1 - q_3 f^{*2} = 0 \tag{6-1}$$

$$f^* = \begin{cases} f & (f \leqslant f_{\mathrm{c}}) \\ f_{\mathrm{c}} + \dfrac{1/q_1 - f_{\mathrm{c}}}{f_{\mathrm{F}} - f_{\mathrm{c}}}(f - f_{\mathrm{c}}) & (f > f_{\mathrm{c}}) \end{cases} \tag{6-2}$$

式中，σ_{kk} 是宏观应力分量；σ_{eq} 是宏观等效应力；σ_{m} 是基体材料的实际屈服应力；f 和 f^* 分别是实际和等效孔洞体积分数；f_{c} 和 f_{F} 是对应于材料损伤开始加速及彻底失效时所对应的孔洞体积分数；q_i 是 Tvergaard 引入的用以反映孔洞相互作用效应的可调参数。微孔洞的增长率 $\dot{f}$ 包括已有孔洞的长大和新孔洞的形核两个部分，即

$$\dot{f} = (1-f)\dot{e}^{\mathrm{p}}_{kk} + A\dot{e}^{\mathrm{p}}_{\mathrm{m}} \tag{6-3}$$

式中，$\dot{e}^{\mathrm{p}}_{kk}$ 是宏观体积塑性应变部分；A 是参数，选择应使孔洞的成核呈正态分布；$\dot{e}^{\mathrm{p}}_{\mathrm{m}}$ 是细观等效塑性应变，可通过宏、细观塑性功率相等的条件求得，即

$$\dot{e}^{\mathrm{p}}_{\mathrm{m}} = \frac{\sigma_{kk}\dot{\varepsilon}^{\mathrm{p}}_{kk}}{(1-f)\sigma_{\mathrm{m}}} \tag{6-4}$$

式 (6-3) 的第一部分可以通过塑性体积不可压缩条件得到，对于应变控制形核的情

6.1 金属基复合材料损伤基本理论

况，式 (6-3) 的第二部分可表为如下形式：

$$A = \frac{f_N}{S_N h \sqrt{2\pi}} \exp\left[-\frac{1}{2}\left(\frac{\varepsilon_\mathrm{m}^\mathrm{p} - \varepsilon_N}{S_N}\right)^2\right] \tag{6-5}$$

式中，f_N 是可以形核粒子的体积分数；ε_N 是形核时所对应的应变；S_N 为形核应变的标准差；h 为硬化函数。基体设为幂硬化材料，实际屈服应力为

$$\sigma_\mathrm{m} = \sigma_0 \left(1 + \frac{E_\mathrm{m}\varepsilon_\mathrm{m}^\mathrm{p}}{\sigma_0}\right)^N \tag{6-6}$$

式中，N 为硬化指数；E_m 为弹性模量；σ_0 为初始屈服应力。

脆性材料的失效准则是采取最大主应力准则形式。如果 σ_1、σ_2 和 σ_3 分别用来表示三个主应力，那么失效准则为

$$\max(\sigma_1, \sigma_2, \sigma_3) \geqslant \sigma_0 \tag{6-7}$$

其中，σ_0 是脆性材料的单向抗拉强度。

金属基复合材料的界面往往很薄，远小于其增强相纤维直径的尺寸。Needleman 和 Tvergaard 提出了界面的内聚力模型，用来模拟初始无厚界面层的损伤。

界面的内聚力模型旨在建立界面粘结力与界面位移间距之间的关系，不受常规应变单元对单元长宽尺寸比例的限制，适合于描述薄界面的情况。设 T 是界面中的粘结力，Δ 是界面位移间距，它们之间的关系可写为下述分量形式：

$$T_\mathrm{n} = (1-\lambda_{\max})^2 E_\mathrm{n}\Delta_\mathrm{n} H(\Delta_\mathrm{n}) + K_\mathrm{n}\Delta_\mathrm{n} H(-\Delta_\mathrm{n}) \tag{6-8}$$

$$T_\mathrm{t} = (1-\lambda_{\max})^2 E_\mathrm{t}\Delta_\mathrm{n} H(1-\lambda_{\max}) + \mu K_\mathrm{n}\mathrm{sgn}(\Delta_\mathrm{t}) H(-\Delta_\mathrm{n}) H(\lambda_{\max}-1) \tag{6-9}$$

$$\lambda_{\max} = \left[\left(\frac{\Delta_\mathrm{n}^{\max}}{\delta_\mathrm{n}}\right)^2 H(\Delta_\mathrm{n}^{\max}) + \left(\frac{\Delta_\mathrm{t}^{\max}}{\delta_\mathrm{t}}\right)^2\right]^{1/2} \tag{6-10}$$

式中，$\Delta_\mathrm{n}^{\max}$、$\Delta_\mathrm{t}^{\max}$ 是界面所经历过的最大法向和切向的位移间距，下标 n、t 分别表示界面的法向和切向；H 是单位阶跃函数，用以区别界面法向是受拉状态还是受压状态，同时也用于判定界面是否已经完全分离；μ 为界面的摩擦因数；E_t 表示界面的切向模量；E_n 和 K_n 分别表示界面法向受拉及受压时的模量，为防止计算中界面相互嵌入，K_n 可以取一个大值；δ_n 和 δ_t 为界面受单纯拉伸和单纯剪切时的临界位移间距值；是一个单调增长的无量纲参数，用来表征界面的损伤。$\lambda_{\max} = 0$ 对应于界面完好无损的状态；$\lambda_{\max} \geqslant 1$ 表示界面已经完全脱粘。若在某一段载荷变化过程中，$\lambda_{\max}$ 值不增加，则界面粘结力的增量与界面间距的增量呈线性关系。当界面完全脱粘后，界面之间只有接触效应。满足条件 $|T_\mathrm{t}| \leqslant \mu|T_\mathrm{n}|$ 时，界面相对

位移的增量为零。界面的法向及切向的最大强度可以由界面受纯拉伸及纯剪切得到，即

$$\sigma_n = 4E_n\delta_n/27, \quad \sigma_t = 4E_t\delta_t/27$$

σ_n 和 σ_t 可代替界面模量 E_n 和 E_t 作为表征界面性质的独立参数。

6.2 金属基复合材料的损伤和失效机制

增强相的开裂是逐渐进行的，直到达到临界体积分数，材料发生失效，且增强相的尺寸及纵横比对材料失效也有很大影响。

孔洞的形核发生在塑性变形从开始到结束的整个阶段，通常孔洞在增强相附近形核，孔洞形核因应力的三轴程度及基体加工硬化程度增加而加剧，而大的增强相尺寸、处在晶界的增强相、低的粘着力、承受大的流变应力等有利于孔洞形核。

从能量观点看孔洞形核所需的宏观应变要满足：孔洞形核引起的应变能和势能的减小必须大于表面能的增加，但实际只有小于 10μm 的掺入体才能满足此条件。

6.2.1 金属基复合材料的损伤机制

采用广义自洽有限元迭代平均化方法来研究金属基复合材料的损伤机制，带组分损伤的复合材料的拉伸性质可采用如下形式：

$$1/E_c^{ep} = 1/\overline{E}_m^{ep} + V_f \left(1/E_f - 1/\overline{E}_m^{ep}\right) \bar{a}_f \\ + (V_i - V_{di})\left(1/E_i - 1/\overline{E}_m^{ep}\right)\bar{a}_i + V_{di}\left(1/E_d - 1/\overline{E}_m^{ep}\right)\bar{a}_d \quad (6\text{-}11)$$

式中，E_c^{ep} 是复合材料的增量弹性模量；$\overline{E}_m^{ep}$ 则表示基体的平均增量弹性模量；E_f 和 E_i 分别为增强相和界面的弹性模量，为了保持数值计算的稳定性，界面相中失效的部分作为新的弱化相来处理，此弱相的弹性模量 E_d 选为增强相弹性模量 E_f 的 1/1000；V_f 和 V_i 分别表示增强相的体积分数和初始界面相的体积分数 (即未发生损伤时)；V_{di} 则代表界面中失效部分的体积分数，它随着外荷载的变化而不断演化；$\bar{a}_f$ 和 $\bar{a}_i$ 表示增强相和残余的完好界面相的应力集中因子；$\bar{a}_d$ 是界面中失效部分的应力集中因子 (实际上是个非常小的量)。基体的平均增量弹性模量可写为

$$\overline{E}_m^{ep} = 1 \bigg/ \left(\frac{1}{E_m} + \frac{d\bar{\varepsilon}_m^p}{d\bar{\sigma}_m}\right) \quad (6\text{-}12)$$

式中，E_m 是基体的弹性模量；$d\bar{\sigma}_m$ 和 $d\bar{\varepsilon}_m^p$ 分别为基体的平均 Von Mises 有效应力增量和有效塑性应变增量。

6.2.2 复合材料的失效发展过程及概率方法

复合材料的失效过程分为两个阶段:损伤累积阶段和向完全失效过渡阶段。用具有明显的强度性能离散性的纤维增强的复合材料在加载时损伤累积带有统计特性,这种损伤累积是否过渡到材料完全失效只有用概率方法才能解决。从对复合材料中纤维断裂后应力再分配的研究可以知道,局部失效可能被限制,不再发展或者造成材料邻接部分的失效,在此基础上进一步应用概率知识对材料的整体行为作出评价。

早期人们的注意力集中在失效的第一阶段,即损伤累积阶段,很多研究的基础是纤维束的强度与原始纤维的强度及强度离散性的关系。这些研究的基本假设为复合材料的强度只与纤维的强度性能有关。当纤维断裂时,它们并非完全失效,能继续发挥作用,直到断成某一临界长度。有人将复合材料看成一根链,链环由临界长度的纤维束组成,链的强度与链环的强度之间存在概率关系,就用这种关系来评价复合材料的强度。这个模型反映了复合材料中纤维作用的一个方面,即随着链环数量的增加,复合材料的强度对原始纤维强度离散性变化的依赖性将大大降低。这是材料强度的上限,只有存在损伤累积阶段时才有意义。如果纤维含量高,此失效的第一阶段或者根本不能实现,或者起的作用不大。主要的任务是研究从损伤累积向材料完全失效的过渡。

在有关复合材料整体失效的研究中将失效看成一条主裂纹扩展的结果。裂纹的扩展是在一根纤维的断裂引起的应力集中作用下若干邻近纤维相继断裂的概率过程,邻近纤维的临界断裂数是材料失效的依据,它由实验求得。这样的评价结果是复合材料强度的下限。

综合上述两种模型能很好评价复合材料的强度,但对于用什么方法来改善复合材料的性能不能给出足够的信息。

线性断裂力学是分析脆性纤维增强塑性基体复合材料强度性能的主要方向之一,当复合材料上作用的外应力为

$$\sigma_c < (1 - V_f)\sqrt{E_f \sigma_{mb} \varepsilon_{mb} / \pi n} \tag{6-13}$$

时,个别纤维的断裂将不造成材料灾难性的失效。式中 σ_{mb} 和 ε_{mb} 分别为基体的强度和应变的极限值,n 为束中纤维的数量。但是,断裂力学仅从整体上考虑材料失效的具体机理。有人将断裂力学与概率方法结合起来研究损伤的累积,在得到邻近纤维断裂及向材料完全失效的概率的同时,也考虑了临界尺寸裂纹(或断裂纤维临界数量的发生)。

6.2.3 损伤统计累积时复合材料的承载能力

复合材料纵向加载时,如果纤维中的应力超过最弱纤维的强度,则这些纤维将

发生断裂,但纤维并非完全失效,而只是它们的端部卸载,剩下的部分重新加载和可能重新断裂,直到断成临界长度量级的断片。纤维的断裂导致形成承载能力降低的有缺陷的部分,其尺寸与应力的再分配有关,在轴向约等于两倍的载荷传递区长度或纤维的临界长度。考虑到这种情况,可将复合材料看成由长度为 l_c 的层组成。损伤累积过程的基本假设是纤维的断裂均匀地发生于材料的全体积中,即材料各个截面的弱化基本一致。如果纤维的断裂只在截面中累积,则意味着向材料完全失效的过渡。在此假设的基础上可将某一层 (因而整个复合材料) 承受的轴向载荷看成由无缺陷部分承受的载荷,有缺陷部分承受的载荷,以及由于形成缺陷,无缺陷部分承受的额外载荷组成:

$$P_c = \sigma_c F_c = \sigma_w F_w + \sigma_d F_d + \Delta\sigma_0 F_0 \tag{6-14}$$

式中,P_c 为总载荷;σ_w、σ_d、$\Delta\sigma_0$ 分别为无缺陷、有缺陷和过载部分的平均应力;F_c 为复合材料的截面积;F_w、F_d、F_0 分别为无缺陷、有缺陷和过载部分的截面积。因此,当复合材料上作用的外应力为

$$\sigma_c = \sigma_w F_w/F_c + \sigma_d F_d/F_c + \Delta\sigma_0 F_0/F_c \tag{6-15}$$

时,有缺陷部分的截面积 F_d 与某一层中纤维的断裂数成正比,而 F_d/F_c 等于某一层中断裂的纤维数与总纤维数之比。随着载荷的增加某一层中断裂的纤维数也增加,用损伤累积函数 $W(\sigma_f)$ 表征随纤维中载荷增大、缺陷部分的相对截面积的增加,则

$$W(\sigma_f) = F_d/F_c \tag{6-16}$$

无缺陷部分的相对截面积为

$$F_w/F_c = 1 - W(\sigma_f) \tag{6-17}$$

超载部分的截面积也正比于层中断裂纤维的量为

$$F_0/F_c = K_0 W(\sigma_f) \tag{6-18}$$

式中,K_0 为系数。将式 (6-16)~式 (6-18) 代入式 (6-15),得

$$\sigma_c = \sigma_w [1 - W(\sigma_f)] + (\sigma_d + K_0\Delta\sigma_0) W(\sigma_f) \tag{6-19}$$

式 (6-19) 表示应力分布,如图 6-1 所示。

6.2 金属基复合材料的损伤和失效机制

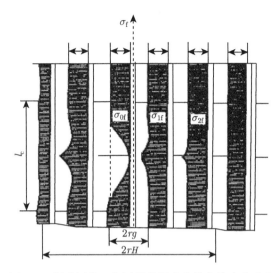

图 6-1 断裂纤维及邻近纤维长度上的拉伸应力分布

σ_w 可用混合律公式表示为

$$\sigma_w = \sigma_f V_f + \sigma'_m (1 - V_f) \tag{6-20}$$

σ_d 和 $\Delta\sigma_0$ 也可用混合率公式表示，不过应添加平均系数，即

$$\sigma_d = K_{0f}\sigma_f V_f + K_{0m}\sigma'_m (1 - V_f) \tag{6-21}$$

$$\Delta\sigma_0 = K_0 = \Delta K_f \sigma_f V_f + \Delta K_m \sigma'_m (1 - V_f) \tag{6-22}$$

式中，系数 K_{0f} 表征断裂纤维的端部承受的载荷，即

$$K_{0f} = \frac{2}{\sigma_f^\infty l_c} \int_0^{l_c/2} \sigma_{f0}(z)\,\mathrm{d}z \tag{6-23}$$

用系数 K_{0m} 表征有缺陷部分承受的载荷，即

$$K_{0m} = \frac{2}{\sigma_m^\infty l_c \pi r_d} \int_0^{l_c/2} \int_{r_f}^{r_d} \sigma_{m0}(z,r)\,2\pi r \mathrm{d}r \mathrm{d}z \tag{6-24}$$

系数 ΔK_f 表征断裂纤维邻近的纤维额外承受的载荷，即

$$\Delta K_f = \frac{2}{\sigma_f^\infty l_c} \int_0^{l_c/2} (\sigma_{f1}(z) + \sigma_{f2}(z) + \cdots + \sigma_{fk}(z) - K\sigma_f^\infty)\,\mathrm{d}z \tag{6-25}$$

系数 ΔK_m 表征基体额外承受的载荷

$$\Delta K_m = \frac{2}{\sigma_f^\infty l_c \pi (r_0^2 - r_d^2)} \int_0^{l_c/2} \int_{r_d}^{r_0} [\sigma_m(z,r) - \sigma_m^\infty]\,2\pi r \mathrm{d}r \mathrm{d}z \tag{6-26}$$

上述各式中, $\sigma_{f0}(z)$, $\sigma_{f1}(z)$, $\cdots$ 为纤维长度上拉伸应力的分布函数; $\sigma_{m0}(z,r)$, $\sigma_m(z,r)$ 为有缺陷部分及其周围过载部分中基体的轴向应力分布函数; r_d, r_0 为有缺陷和过载部分的半径。式 (6-19) 中除 $W(\sigma_f)$ 外, 其他各量都已知, 下面将确定损伤累积函数 $W(\sigma_f)$。

6.2.4 损伤累积函数和短纤维段的强度分布

在大量纤维的强度试验的基础上可以建立某一应力范围内纤维断裂的概率密度函数 $g(\sigma_f)$ 或概率函数 $G(\sigma_f)$, 如果纤维的长度为 L, 则它们表征此长度上缺陷的分布。但在复合材料中纤维的断裂可能不止一次, 直到断成约为临界长度 l_c 的小段。因此, 在这临界长度上缺陷的分布对于复合材料失效过程的发展起着决定性的作用。为了得到长为 l_c 的纤维小段的强度分布函数, 假设纤维是由 n 键环组成的链, $n = L/l_c$, 如果一个链环的断裂概率为 $F(\sigma_f)$, 则其不断裂的概率为 $[1-F(\sigma_f)]$, 从而用 n 键环不断裂的概率 $[1-F(\sigma_f)]^n$ 来表示整个链环 $[1-G(\sigma_f)]$ 不断裂的概率, 因此

$$F(\sigma_f) = 1 - [1 - G(\sigma_f)]^{1/n} \tag{6-27}$$

其微分形式为

$$f(\sigma_f) = \frac{g(\sigma_f)}{n} [1 - G(\sigma_f)]^{1/n-1} \tag{6-28}$$

当纤维含量少或纤维中的应力水平低时, 个别纤维的断裂不会引起邻近纤维的断裂, 则 $G(\sigma_f)$ 只与纤维强度的原始分布及 L/l_c 有关。根据 $F(\sigma_f)$ 的定义, 如果长 L 的纤维断成 K 段, 则断裂概率为

$$F^{(K)}(\sigma_f) = 1 - [1 - G(\sigma_f)]^{1/K} \tag{6-29}$$

当 $K=1$ 时, $F^{(1)}(\sigma_f) = G(\sigma_f)$。每层中有一根纤维断裂时总的断裂数为 $F^{(1)}(\sigma_f)N/n$, 式中 N 为复合材料中的纤维总数。在某处断裂的纤维可能发生二次断裂, 其概率为 $F^{(2)}(\sigma_f)$, 此时在每一层中还可能有 $F^{(2)}(\sigma_f)N/n$ 次断裂, 断裂纤维再次断裂时在每层中将增加 $F^{(K)}(\sigma_f)N/n$ 的断裂数。当 $K=3, 4, \cdots, n_0$ 时, 损伤累积函数便可写成

$$W(\sigma_f) = \frac{1}{n}\sum_{K=1}^{n} F^{(K)}(\sigma_f) = 1 - \frac{1}{n}\sum_{K=1}^{n}[1 - G(\sigma_f)]^{1/K} \tag{6-30}$$

这里只分析了个别纤维的断裂不引起邻近纤维断裂的简单情况, 由于应力再分配造成的纤维过载断裂时损伤累积函数的建立比较复杂, 可参考有关文献。

用数学式近似表示强度分布的实验数据, 常用 Weibull 函数表示脆性纤维的强度分布:

$$G(\sigma_f) = 1 - \exp\left[-(La)\sigma_f^\beta\right] \tag{6-31}$$

6.2 金属基复合材料的损伤和失效机制

$$g(\sigma_f) = \beta(La)\sigma_f^{\beta-1}\exp\left[-(La)\sigma_f^\beta\right] \tag{6-32}$$

式中，α 与纤维的平均强度 σ_{fb} 有关，即

$$\overline{\sigma}_{fb} = (La)^{-1/\beta}\Gamma\left(1+\frac{1}{\beta}\right) \tag{6-33}$$

式中，$\Gamma(1+1/\beta)$ 为 Γ 函数；β 表征强度的离散性，它与离散系数 D 有如下关系：

$$\sqrt{D}\bigg/\overline{\sigma}_{fb} = \sqrt{\Gamma\left(1+\frac{2}{\beta}\right)\bigg/\Gamma^2\left(1+\frac{1}{\beta}\right)} \tag{6-34}$$

最终可以得到

$$F(\sigma_f) = 1 - \exp\left\{-\frac{1}{n}\left[\Gamma\left(1+\frac{1}{\beta}\right)^\beta\left(\frac{\sigma_f}{\overline{\sigma}_{fb}}\right)^\beta\right]\right\} \tag{6-35}$$

$$f(\sigma_f) = \beta\frac{1}{n}\left[\Gamma\left(1+\frac{1}{\beta}\right)\right]^\beta\left(\frac{\sigma_f}{\overline{\sigma}_{fb}}\right)^{\beta-1}\frac{1}{\overline{\sigma}_{fb}}\exp\left\{-\frac{1}{n}\left[\Gamma\left(1+\frac{1}{\beta}\right)^\beta\left(\frac{\sigma_f}{\overline{\sigma}_{fb}}\right)^\beta\right]\right\} \tag{6-36}$$

应该指出，当 $L/l_c = n$ 很大时，只有纤维强度与其长度存在明显的从属关系的长度范围内，式 (6-27) 和式 (6-28) 才能表征尺寸效应。因此不仅需要知道 l_c，还需知道纤维的长度 L，对一组这样长度的纤维试验后得到的数据可作以后计算的基础。这个长度可在分析纤维的平均统计强度与其尺寸的相互关系的实验数据的基础上得到。如果现有某一标准长度的纤维试验数据，则这些数据也可利用，不过在 $n = L/l_c$ 不应代入标准长度或复合材料中纤维的实际长度，而是根据上面的实验数据得到的极限长度。

6.2.5 复合材料的完全失效的过渡

用应力–应变图以及 K_{0f}、K_{0M}、ΔK_f、ΔK_m 等系数，有助于研究复合材料各组元力学相互作用的特点，如组元的弹性性能、塑性性能和它们的体积分数对材料承载能力变化的影响，以及在一定程度上对失效过程发展的影响。图 6-2 是纤维、基体和复合材料的应力–应变关系。图中的曲线 1 按混合律公式作出，曲线 2 考虑了纤维强度的统计分布。

从图 6-2 可知复合材料可承受的最大许可应力 σ_{cmax} 和最大应变 ε_{max}。但实际的复合材料总是在 $\varepsilon < \varepsilon_{max}$ 时失效，如在 ε_p。为了预报材料的强度性能必须确定此 ε_p，也就是研究从损伤累积阶段向材料完全失效的过渡。

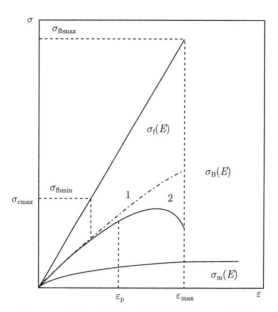

图 6-2 纤维、基体和复合材料的应力-应变图

在很多场合下，分析基体在纤维断裂处的不稳定状态对研究组元的力学相互作用具有重要意义。从狭义来说，基体的不稳定状态是指丧失塑性稳定性，结果使纤维的无效长度增加。从广义来说，基体的不稳定状态是指界面脱粘、基体开裂或流动等现象的总和，结果使纤维端部的无效长度增加。当 $V_f < V_{f\min}$ 时不发生导致纤维无效长度增加的各种现象，无效长度就是两倍的载荷传递长度。当 $V_f > V_{f\min}$ 时，在纤维断裂处基体处于不稳定状态，使无效长度 l_c^* 和临界长度 l_c 增加：

$$l_c^* = l_c \frac{V_f}{1-V_f} \frac{1-V_{f\min}}{V_{f\min}} \tag{6-37}$$

而

$$V_{f\min} = \frac{\sigma_{mb} - \sigma_m(\bar{\varepsilon}_{fb})}{\sigma_{mb} - \sigma_m(\bar{\sigma}_{fb}) + \bar{\sigma}_{fb} - h\tau_0 l_c/d_f} \tag{6-38}$$

式中，σ_{mb} 为基体强度；$\bar{\sigma}_{fb}$ 为纤维的平均统计断裂强度；h 为表征基体强化的系数；τ_0 为界面抗剪强度。

随着 V_f 的增加 l_c^* 可能达到 L 的值。当 $l_c^* = L$ 时，可以求得纤维中有断裂点时纤维完全失效的体积分数 V_f^*。因此，当 $V_f > V_f^*$ 时将由函数 $g(\sigma_f)$ 和 $G(\sigma_f)$ 表示损伤累积。应力-应变的方程将为

$$\sigma_c(\varepsilon) = [V_f \sigma_f(\varepsilon) + (1-V_f)\sigma_m(\varepsilon)][1 - W(\sigma_f)]$$
$$+ [V_f(\sigma_{f0} + \Delta\sigma_{f0}) + (1+V_f)\Delta\sigma_{m0}]W(\sigma_f) \tag{6-39}$$

式中，σ_{f0} 表征断裂纤维的端部承受的应力。如果假设拉伸应力从端部起线性增加，而切应力 $\tau_i = 0.5\sigma_m(\varepsilon)$，则

$$\sigma_{f0} = \left[\frac{1}{2}\frac{\sigma_m(\varepsilon)}{W(\varepsilon)}\int_0^{\sigma_f}\frac{\sigma_f(\varepsilon)}{\sigma_m(\varepsilon)}\omega(\sigma_f)\mathrm{d}\sigma_f\right]\eta(V_{f\min} - V_f) \tag{6-40}$$

式中，$\eta(V_{f\min} - V_f)$ 为表示 $V_f > V_{f\min}$ 时由于基体的不稳定性，纤维的端部不能承受载荷的函数。式 (6-40) 的 (近似) 解可对纤维过载和其中的额外应力存在进行概率评价：

$$\Delta\sigma_{f0} = K_p[1 - W(\sigma_f)]\{1 - [W(K^*\sigma_f) - W(\sigma_f)]\}\sigma_f(\varepsilon) \tag{6-41}$$

式中，K^* 为过载系数，$V_f < V_{f\min}$ 时 $K^* = 1 + K_p\left(1 - \dfrac{l_c^* - l_c}{L}\right)$，基体承受的额外应力为

$$\Delta\sigma_{m0} = \{\sigma_m(\varepsilon) + [\sigma_{mb} - \sigma_m(\varepsilon)]V_f\}\eta(V_{f\min} - V_f) \tag{6-42}$$

图 6-3 为铝–硼复合材料的应力–应变曲线。如果将图中曲线的峰值对纤维体积分数作图，如图 6-4 所示。可以发现，当 $V_f < V_{f\min}$ 时，复合材料的强度高于用等强度纤维增强的复合材料的强度；当 $V_f > V_{f\min}$ 时，原始纤维强度离散性的存在使复合材料的强度明显降低。应用 "不稳定" 的概念可以正确地但只能定性地研究复合材料的强度与纤维体积分数的关系。

复合材料的完全失效往往是主裂纹扩展的结果，这种扩展是由基体的失效和若干邻近纤维的相继断裂引起的。由个别纤维的断裂造成邻近纤维的过载断裂是复合材料完全失效的主要机制之一。用本章中的模型在计算机上进行模拟时，由损伤累积向材料整体失效的过渡就能自动表示出来。

对铝–硼复合材料失效过程的计算机模拟结果表明，纤维体积分数低时损伤逐步累积，发生 "累积破环"。短纤维段的强度很高，纤维强度的离散性甚至使复合材料的强度有某些提高。纤维的体积分数接近 0.1 时，在大于临界应力的作用下因过载断裂的纤维数开始大于第一次断裂的纤维，材料完全失效的概率明显增加。当 $V_f > 0.2$ 时，纤维强度的离散性使材料强度急剧下降。当 $V_f > 0.3$ 时，第一批纤维一旦断裂或纤维强度有比较严重的离散性时，很快会出现材料完全失效的 "雪崩" 似的过程。

纤维排列的不均匀性 (纤维间距不等) 和缺陷 (无纤维和纤维搭接)，常造成复合材料的早期失效和强度试验数据大的离散性，特别在 0.2~0.5 的纤维体积分数范围内和存在纤维搭接时尤其严重，出现纤维连续断裂、材料 "雪崩" 似的失效过程。在 $V_f = 0.7 \sim 0.8$ 时，如果无纤维搭接，这时与纤维体积分数较低时不同，材料中纤维排列的细小不均匀性不会对复合材料的强度性能有显著影响。

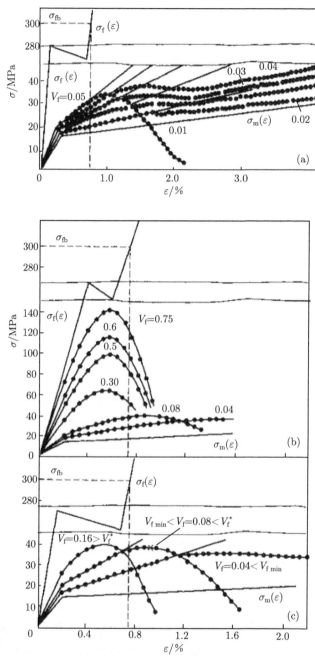

图 6-3 铝–硼复合材料的应力–应变曲线

(a) 纤维体积分数低；(b) 纤维体积分数高；(c) 体积分数的中间过渡区

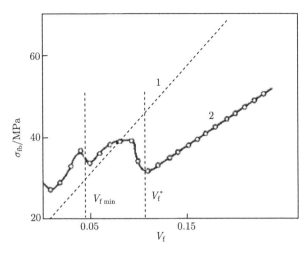

图 6-4 铝-硼复合材料的强度与纤维体积分数的关系
1-按混合率公式；2-考虑了纤维强度的离散性

6.2.6 组元物理化学相互作用的影响

在用液态浸渍法制得的铝-碳复合材料中组元的界面上发生物理化学相互作用，生成化合物。随着相互作用程度的增大，化合物的数量增加，结果使组元的结合强度增加，纤维强度降低，基体脆化。对三种不同界面结合强度的铝-碳复合材料的计算机模拟结果表明 (V_f=0.45，图 6-5)，界面结合强度低时雪崩失效过程很快发展，纤维大量脱粘并拔出，拔出长度大，复合材料的强度低。界面结合强度高时，基体中出现裂纹并迅速向纤维中扩展，发生平面"雪崩"失效过程，材料强度很低。当界面结合强度、基体的强度和塑性三者的关系合适时，既在基体中产生裂纹，又有断裂纤维的脱粘，微观失效机制发生相互抵消作用，即脱粘阻止材料的平面雪崩失效，而基体的失效减慢体积雪崩失效，在这种情况下复合材料的强度最高。分析损伤累积函数 (图 6-5) 可以定性地观察复合材料失效的不同特性。在界面结合强度低和高（I 和 II）时，损伤的平稳累积很快过渡到雪崩过程，而在界面结合强度合适（II）时，有一较长的损伤逐步累积阶段。由图 6-5 可见，在界面结合强度低和合适时计算结果与实验值非常一致。在界面结合强度高时计算值高于实验值，这可能由试样制备和夹紧时产生的缺陷及不对称所造成。

用计算模拟的方法可以分析基体的塑性对复合材料强度的影响。当 $\bar{\varepsilon}_{mb}/\bar{\varepsilon}_{fb}$ = 1/2 时（式中 $\bar{\varepsilon}_{mb}$ 为基体的平均断裂应变，$\bar{\varepsilon}_{mb} = (\bar{\sigma}_{mb} - \sigma_{mT})/E_{mT} + \sigma_{mT}/E_m$，$\bar{\sigma}_{mb}$ 为基体的平均断裂强度，σ_{mT} 为基体的屈服强度，E_{mT} 为基体的强化模量；ε_{fb} 为纤维的平均断裂应变），复合材料的强度低于按混合律计算的结果。当 $\bar{\varepsilon}_{mb}/\bar{\varepsilon}_{fb}$ 增到 3 时，铝-硼复合材料的强度和断裂应变都有提高，若继续增大 $\bar{\varepsilon}_{mb}/\bar{\varepsilon}_{fb}$，则强度

不再增加。这说明从 2 向 3 变化时失效过程的发展有了一定的改变,基体中裂纹的扩展减慢。分析基体的塑性及纤维的体积分数对复合材料失效过程的影响具有重要的实际意义。上面已经指出,提高 V_f 并不能充分发挥纤维的作用,往往导致复合材料变脆,例如,当 V_f 由 0.3 增到 0.4 时,但这仅发生在 $\bar{\varepsilon}_{mb}/\bar{\varepsilon}_{fb}=1.5$ 时;如果增加基体的塑性,如在 $\bar{\varepsilon}_{mb}/\bar{\varepsilon}_{fb}=3$,上面的现象只有在 $V_f=0.5/0.6$ 时才发生。因此可在基体中加合金元素和控制工艺参数来改善基体的塑性,以提高纤维体积分数高的复合材料的强度。三种不同界面结合强度的铝–碳复合材料中的损伤累积函数如图 6-6 所示。

用固态热压法制得的铝–硼复合材料的计算机模拟结果表明,与铝–碳复合材料不同,只有在不大的组元的结合强度时才能达到高的拉伸性能。个别纤维的断裂造成纤维与基体的脱粘,但脱粘长度不大。图 6-7 中示出了铝–硼复合材料的强度与热压温度、界面结合强度及纤维强度的实验值和计算值。由图可见,随着热压温度的升高,界面结合强度增加,失效机制由纤维脱粘和拔出变为基体中产生裂纹及扩展,材料强度下降。由图中也可见,计算结果与实验结果非常一致。这也说明了计算机模拟法适用于评价制备材料的工艺参数对其强度性能的影响。

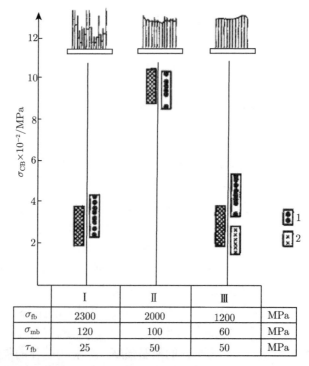

图 6-5 三种不同界面结合强度的铝–碳复合材料强度的计算值

1–与实验值比较;2–考虑到基体中裂纹扩展到一组纤维中的计算结果

6.2 金属基复合材料的损伤和失效机制

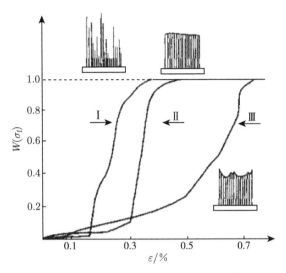

图 6-6 三种不同界面结合强度的铝-碳复合材料的损伤累积函数

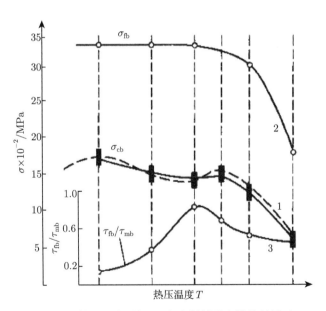

图 6-7 热压温度对铝-硼复合材料强度性能的影响
1-虚线为实验值；2-纤维的平均强度；3-界面相对结合强度

6.3 钛基复合材料的损伤与失效

TiC 颗粒增强钛基复合材料，由于增强体颗粒与基体钛合金之间的热膨胀系数不同，在材料的制备和加工过程中，必然会引入一些微裂纹和微孔洞等微损伤，这种现象已经在大量的实验结果中显现出来。含有微损伤的颗粒增强钛基复合材料在承受冲击载荷时，内部的微损伤开始启动扩展和汇合，将导致宏观材料力学性能劣化，最终导致宏观开裂或材料破坏。

实际上复合材料的初始损伤如微裂纹和微孔洞，是在材料中较低的微结构层次上产生的，但是损伤却涉及多个层次，发展到最后可能导致整个平台的失效。对于复合材料这种多层次的力学行为，已有的宏观力学模型使我们不能很好地预见材料内部的结构损伤，难以反映深层次的物理机制；而纯细观力学过多地注重颗粒增强复合材料基本量的静态预测，也难于较准确地预测材料整体的变化趋势。在此基础上，如何建立材料微观结构与材料宏观力学性能的关系成了揭示颗粒增强复合材料力学响应规律的关键。

要很好地描述颗粒增强复合材料因微损伤演化导致失效的过程，需要从材料内部微裂纹的形核长大的角度建立动态损伤本构，能够反映颗粒增强复合材料内部裂纹的分布规律和演化特性。本节研究了 TiC 颗粒增强钛基复合材料的裂纹扩展特征，在断裂力学基础上，建立了脆性材料基于平面翼型裂纹扩展模型的二维损伤本构关系，退化后得到考虑 TiC 颗粒增强钛基复合材料单轴拉伸状态下的动态损伤演化本构模型。

6.3.1 TiC 颗粒增强钛基复合材料中微裂纹的扩展规律

TiC 颗粒增强钛基复合材料在承受载荷时，基体先产生塑性变形，将载荷转移到增强体 TiC 粒子，增强体承受大部分载荷，当 TiC 颗粒周围的应力集中增加到某个临界值时，就会导致 TiC 与基体的脱粘，或者会使原本有缺陷的 TiC 大粒子断裂，成为最初的裂纹源。曾泉浦等也发现，当 TiC 颗粒增强钛基复合材料中存在具有缺陷的 TiC 粒子时，TiC 中的孔洞或裂纹以及 TiC 颗粒与基体晶界上的孔洞，在承受载荷时将首先发展成为裂纹源，如图 6-8 所示。

已萌生的裂纹，在继续加载过程中扩展成微裂纹，但并不是所有已萌生的裂纹都扩展，有的在扩展过程中碰到阻力就会停止扩展，有的裂纹则继续扩展。毛小南等指出，裂纹在基体中扩散时，所需的裂纹扩展力比裂纹在 TiC 粒子中扩散力小，那么裂纹在扩展过程中遇到规则的 TiC 粒子则必然发生钝化。若裂纹扩展过程中遇到有裂纹的 TiC 粒子，则裂纹扩展所需的扩展力相应减小，裂纹首先和 TiC 上的裂纹联合，使发生裂纹扩展所需能量减少，裂纹容易扩展。图 6-9 是典型的裂纹扩展过程。

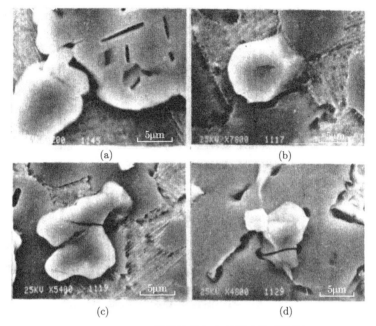

图 6-8 TiCp 增强钛基复合材料中的裂纹源

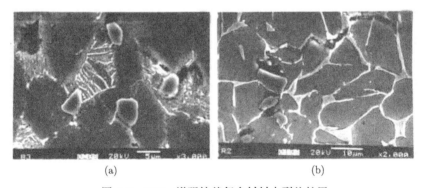

图 6-9 TiCp 增强钛基复合材料中裂纹扩展

金云学等原位观测了裂纹的萌生及扩展过程。研究表明，TiC 颗粒表面及应力集中处最容易萌生微裂纹；在不同位置萌生的微裂纹中，处于有利位向的微裂纹不断扩展，并与周围的裂纹连接形成主裂纹；主裂纹扩展主要是通过自身扩展和与周围裂纹连接相结合的方式进行，当裂纹扩展受阻时，在裂纹前方颗粒处形成新的裂纹或在基体中形成塑性坑，并通过扩展相互连接；裂纹扩展到一定程度后，材料将全面失稳而迅速断裂。其中典型微裂纹扩展情形如图 6-10 所示。

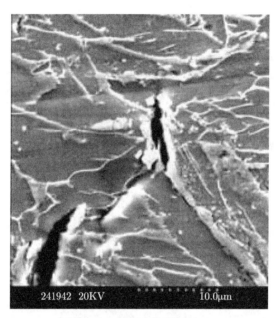

图 6-10 微裂纹的翼型扩展

通过分析可以确定，在 TiC 颗粒增强钛基复合材料中，裂纹源的形核主要集中在具有缺陷的增强相上或增强相与基体间的界面缺陷处，可扩展的微裂纹在基体中以翼型裂纹的形式进行长大汇合，最终形成宏观裂纹导致材料失效。

6.3.2 TiC 颗粒增强钛基复合材料的动态拉伸损伤机制

TiC 颗粒增强钛基复合材料在动态拉伸状态下的破坏经历了微裂纹的形核、扩展和汇合，最终形成宏观裂纹进而破坏，其损伤机制属于脆性损伤机制，与大部分的陶瓷、岩石等脆性材料的损伤机制相似。现在对于陶瓷和岩石等脆性材料翼型裂纹损伤演化的研究已经取得了很大突破，但是研究的对象主要是压缩状态下脆性材料的损伤演化规律，对于动态拉伸状态下的研究甚少。

应该指出无论在拉伸还是压缩情况下，在线弹性变形阶段之后和达到最大承载能力之前，脆性材料都会经历一个非线性变形阶段，伴随着模量的逐渐降低，其损伤本质是一样的，不同的只是失效模式的表现形式存在一定的差异。在拉伸状态下，微裂纹的法线矢量接近于最大主应力方向时会首先扩展，材料的断裂面往往垂直于最大拉伸应力；而在压缩情况下，损伤破坏则复杂一些，还会涉及微裂纹的闭合，材料沿最大压应力方向发生轴向劈裂。当以翼型裂纹扩展模型分析 TiC 颗粒增强钛基复合材料的动态拉伸状态下的损伤演化行为时，完全可以借鉴已有的脆性材料压缩状态下的翼型裂纹演化模型。

6.3 钛基复合材料的损伤与失效

图 6-11 给出了平面状态下翼型裂纹扩展模型单元,其中图 6-11(a) 为原始翼型裂纹模型,即初始拉伸形核裂纹与主应力存在一定的角度 (ϕ),但是因为随着微裂纹的生长和滑移,最终的生长方向将与主应力相平行,于是 Ashby 和 Hallam 建议采用图 6-11(b) 的简化模型。假设初始微裂纹长度为 $2c$,与主应力的 σ_1 的夹角为 θ,随着外载荷的增加,作用在原始微裂纹缺陷表面上的局部剪应力可以克服摩擦极限时,微裂纹将沿裂纹面进行滑移,若裂纹尖端的应力集中因子满足裂纹扩展准则,则在尖端处萌生拉伸裂纹,初生拉伸裂纹长度为 l。

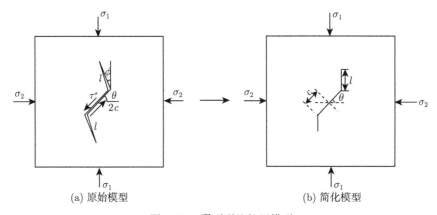

(a) 原始模型   (b) 简化模型

图 6-11 翼型裂纹扩展模型

Ravichandran 和 Subhash 给出了双轴准静态加载下的翼型裂纹尖端的应力集中因子 K_{I} 和 K_{II} 的表达式:

$$K_{\mathrm{I}} = \frac{2c\tau^* \cos\theta}{\sqrt{\pi(l+l_*)}} - \sigma_2\sqrt{\pi l} \tag{6-43a}$$

$$K_{\mathrm{II}} = \frac{-2c\tau^* \sin\theta}{\sqrt{\pi(l+l_*)}} \tag{6-43b}$$

其中,$l_*=0.27c$;τ^* 是促使原始裂纹面上下滑移的有效剪切应力,考虑了初始裂纹面上的滑移阻力,其具体的表达式为

$$\tau^* = \frac{1}{2}(\sigma_1 - \sigma_2)\sin 2\theta - \frac{1}{2}\mu[(\sigma_1+\sigma_2)+(\sigma_1-\sigma_2)\cos 2\theta] \tag{6-44}$$

式中,μ 为摩擦系数,而裂纹面上的滑移阻力 τ_f 可以表示为

$$\tau_\mathrm{f} = \frac{1}{2}\mu[(\sigma_1+\sigma_2)+(\sigma_1-\sigma_2)\cos 2\theta] \tag{6-45}$$

应该指出,上面的推导是基于压缩受力状态的,所以应力都是以压缩为正,但是对于 TiC 颗粒增强钛基复合材料,主要考虑的是拉伸状态下的损伤特征,前面已经分析压缩状态和拉伸状态下材料损伤机制的差异。针对具体的受力状态,只要将应力的正负考虑进来就能较好地区分受力状态到底是压缩还是拉伸了。

6.3.3 平面损伤本构关系

1. 二维损伤本构的建立

假设材料是只有小变形和小转动发生的弹性材料，在二维主轴坐标系中，应力张量和应变张量则可以用一个矩阵来表示：

$$\boldsymbol{\sigma} = \begin{pmatrix} \sigma_1 \\ \sigma_2 \end{pmatrix}, \quad \boldsymbol{\varepsilon} = \begin{pmatrix} \varepsilon_1 \\ \varepsilon_2 \end{pmatrix} \tag{6-46}$$

式中，用黑体表示张量。总应变可以分解为材料弹性应变 ε^e(微裂纹未扩展前) 和微裂纹扩展引起的损伤应变 ε^d 两部分：

$$\varepsilon = \varepsilon^e + \varepsilon^d \tag{6-47}$$

材料弹性应变部分与外加载荷之间的关系满足

$$\varepsilon^e = \boldsymbol{S} : \boldsymbol{\sigma} \tag{6-48}$$

柔度张量 $\boldsymbol{S}$ 可以写成二阶矩阵形式：

$$\boldsymbol{S} = \frac{(k+1)(1+\nu)}{4E} \begin{bmatrix} 1 & \dfrac{k-3}{k+1} \\ \dfrac{k-3}{k+1} & 1 \end{bmatrix} \tag{6-49}$$

式中，E 和 ν 为材料弹性模量和泊松比，对于平面应力问题 $k = [(3-\nu)/(1+\nu)]$，平面应变问题 $k = 3 - 4\nu$。

式 (6-47) 中的损伤应变 ε^d 是由翼型裂纹扩展引起的应变，先考虑一个裂纹引起的柔度张量的变化，然后推广到多裂纹的情况。设单个微裂纹扩展引起的应变改变量 $\Delta\varepsilon$ 与外加应力的线性关系可以写成

$$\begin{pmatrix} \Delta\varepsilon_1 \\ \Delta\varepsilon_2 \end{pmatrix} = \begin{bmatrix} \Delta S_{11} & \Delta S_{12} \\ \Delta S_{21} & \Delta S_{22} \end{bmatrix} \begin{pmatrix} \sigma_1 \\ \sigma_2 \end{pmatrix} \tag{6-50}$$

式中，$\Delta \boldsymbol{S}$ 为单个微裂纹扩展引起的柔度张量改变量。

假设单位面积内的微裂纹数 (即裂纹密度) 为 N，则所有的裂纹扩展引起的非线性损伤应变 $\varepsilon^d = N \cdot \Delta\varepsilon$，总的应变为

$$\begin{pmatrix} \varepsilon_1 \\ \varepsilon_2 \end{pmatrix} = \frac{(k+1)(1+\nu)}{4E} \begin{bmatrix} 1 & \dfrac{k-3}{k+1} \\ \dfrac{k-3}{k+1} & 1 \end{bmatrix} \begin{pmatrix} \sigma_1 \\ \sigma_2 \end{pmatrix} + N \begin{bmatrix} \Delta S_{11} & \Delta S_{12} \\ \Delta S_{21} & \Delta S_{22} \end{bmatrix} \begin{pmatrix} \sigma_1 \\ \sigma_2 \end{pmatrix} \tag{6-51}$$

6.3 钛基复合材料的损伤与失效

用张量表示可以写成

$$\varepsilon = S : \sigma + N\Delta S : \sigma = (S + N\Delta S) : \sigma \tag{6-52}$$

引入损伤张量 D，可以得到材料的损伤本构表示：

$$\sigma = (I - D)S^{-1} : \varepsilon = \left(I + NS^{-1}\Delta S\right)^{-1} : S^{-1} : \varepsilon \tag{6-53}$$

则损伤张量可以表示为

$$D = NS^{-1}\Delta S \left(I + NS^{-1}\Delta S\right)^{-1} \tag{6-54}$$

当损伤张量 D 为零矩阵时，表示翼型裂纹还未发生形核扩展；当损伤张量 D 为单位矩阵时，表示材料已经最终破坏。这样就得到了平面状态下的损伤本构：

$$\sigma = (I - D)S^{-1} : \varepsilon \tag{6-55a}$$

$$\dot{\sigma} = S^{-1} : \dot{\varepsilon} - D : S^{-1} : \dot{\varepsilon} - \dot{D} : S^{-1} : \varepsilon \tag{6-55b}$$

对于设定的应变率加载，可以通过损伤张量 D 的率的形式求得应力率，从而可以求得任意时间的应力，即可以通过

$$\begin{cases} \sigma^{i+1} = \sigma^i + \Delta t \dot{\sigma} \\ D^{i+1} = D^i + \Delta t \dot{D} \\ t^{i+1} = t^i + \Delta t \end{cases} \tag{6-56}$$

式中，Δt 为时间步长，通过上式可以得到不同应变率加载下的应力-应变关系。

2. 损伤张量的求解

对于式 (6-55) 给出的损伤本构，关键是对损伤张量 D 的求解。通过式 (6-54) 可以发现，只要知道了单个微裂纹扩展引起的柔度张量的改变量 ΔS 和涉及的裂纹密度 N，损伤张量 D 就可以求得了。

对于单个微裂纹扩展引起的柔度张量改变量 ΔS 的求解，采取断裂力学理论中的能量法，利用能量守恒原理来平衡加载的系统做功和由翼型裂纹拉伸扩展和摩擦滑移造成的能量耗散，用公式表达可以描述成

$$W = 2U_e + W_f \tag{6-57}$$

式中，W 表示载荷对弹性体所做的功，U_e 表示由于裂纹扩展而释放的弹性应变能，W_f 表示裂纹面之间的摩擦滑动而消耗的能量。由于翼型裂纹存在两侧拉伸裂纹，所以公式中弹性应变能 U_e 前要乘 2。

对于图 6-11 中所示的代表单元，载荷对弹性体单位面积内所做的功可以表示为

$$W = \sigma_1 \Delta \varepsilon_1 + \sigma_2 \Delta \varepsilon_2 \tag{6-58}$$

根据式 (6-50)，可将单个微裂纹扩展引起的应变改变量 $\Delta \varepsilon$ 用柔度张量的改变量 ΔS 表示，于是上式可以写为

$$W = \Delta S_{11} \sigma_1^2 + 2\Delta S_{12} \sigma_1 \sigma_2 + \Delta S_{22} \sigma_2^2 \tag{6-59}$$

由于裂纹扩展而释放的弹性应变能 U_e 可以根据系统的弹性应变能释放率与翼型裂纹尖端的应力集中因子之间的关系进行求解。其中弹性应变能 U_e 与弹性应变能释放率 G 之间的关系为

$$G = \frac{1}{2} \left. \frac{\partial U_e}{\partial l} \right|_P \tag{6-60}$$

式中，P 表示一定的加载条件。由于裂纹扩张将造成了两个裂纹表面，所以此处存在一个 1/2 的关系。而平面翼型裂纹扩展时，弹性应变能释放率又与翼型裂纹尖端的应力集中因子存在下列关系：

$$G = \frac{(k+1)(1+\nu)}{4E} \left(K_{\mathrm{I}}^2 + K_{\mathrm{II}}^2 \right) \tag{6-61}$$

其中，应力集中子 K_{I} 和 K_{II} 的表达式已经由式 (6-43) 给出。从而得到了能量释放率与拉伸裂纹长度 l 的关系：

$$G(l) = \frac{(k+1)(1+\nu)}{4E} \left[\frac{4c^2 (\tau^*)^2}{\pi (l+l_*)} + \sigma_2^2 \pi l - 4c\tau^* \sigma_2 \cos\theta \sqrt{\frac{l}{l+l_*}} \right] \tag{6-62}$$

对上式进行积分，可以得到弹性应变能 U_e 与拉伸裂纹长度 l 的关系：

$$\begin{aligned} U_e(l) = & \frac{2c^2(k+1)(1+\nu)}{4E} \left\{ (\tau^*)^2 \ln\left(1+\frac{l}{l_*}\right) + \frac{1}{8}\sigma_2^2 \left(\frac{\pi l}{c}\right)^2 \right. \\ & \left. -\pi\tau^* \sigma_2 \cos\theta \left(\frac{l_*}{c}\right) \left[\sqrt{\frac{l}{l_*}\left(1+\frac{l}{l_*}\right)} - \ln\left(\sqrt{\frac{l}{l_*}} + \sqrt{\left(1+\frac{l}{l_*}\right)}\right) \right] \right\} \end{aligned} \tag{6-63}$$

裂纹面之间的摩擦滑动而消耗的能量 W_f 与裂纹滑移的摩擦阻力 τ_f 和裂纹面滑移距离 δ 存在一定的关系，可以表示为

$$W_f = 2c\tau_f \delta \tag{6-64}$$

Ravichandran 和 Subhash 给出了裂纹面滑移距离 δ 与初始裂纹尖端的应力集中因子 K_{I} 的联系：

$$K_{\mathrm{I}} = \frac{2E}{(k+1)(1+\nu)} \frac{\delta \cos\theta}{\sqrt{2\pi(l+l_{**})}} - \sigma_2 \sqrt{\frac{\pi l}{2}} \tag{6-65}$$

6.3 钛基复合材料的损伤与失效

与式 (6-43a) 联立，可以得到裂纹面滑移距离 δ 与拉伸裂纹长度 l 的关系：

$$\delta(l) = \frac{c(k+1)(\nu+1)}{\sqrt{2}E}\left[2\tau^*\sqrt{\frac{l+l_{**}}{l+l_*}} - \frac{(\sqrt{2}-1)\sigma_2}{\sqrt{2}\cos\theta}\frac{\pi l_{**}}{c}\sqrt{\frac{l}{l_{**}}\left(1+\frac{l}{l_{**}}\right)}\right] \quad (6\text{-}66)$$

将上式代入式 (6-64) 中，于是可以得到摩擦滑动而消耗的能量 W_f 与拉伸裂纹长度 l 的关系：

$$W_\mathrm{f}(l) = \frac{\sqrt{2}c^2\mu(k+1)(\nu+1)}{E}\left[2\left(\tau^*\sigma_1\cos^2\theta + \tau^*\sigma_2\sin^2\theta\right)\sqrt{\frac{l+l_{**}}{l+l_*}}\right.$$
$$\left. - \frac{(\sqrt{2}-1)(\sigma_1\sigma_2\cos\theta + \sigma_1\sigma_2\sin\theta\tan\theta)}{\sqrt{2}}\frac{\pi l_{**}}{c}\sqrt{\frac{l}{l_{**}}\left(1+\frac{l}{l_{**}}\right)}\right] \quad (6\text{-}67)$$

式中，$l_{**}=0.083c$。

联立式 (6-57)、式 (6-59)、式 (6-63) 和式 (6-67)，通过对比系数可得到单个微裂纹扩展引起的柔度张量改变量 $\Delta \boldsymbol{S}$ 的各分量 ΔS_{ij}，其具体表达式为

$$\Delta S_{11}(l) = \frac{4c^2(1+k)(1+\nu)}{E}\left[\frac{(\sin\theta-\mu\cos\theta)^2\cos^2\theta}{\pi}\ln\left(1+\frac{l}{l_*}\right)\right.$$
$$\left. + \frac{\mu(\sin\theta-\mu\cos\theta)\cos^3\theta}{\sqrt{2}}\sqrt{\frac{l+l_{**}}{l+l_*}}\right] \quad (6\text{-}68\mathrm{a})$$

$$\Delta S_{22}(l) = \frac{4c^2(1+k)(1+\nu)}{E}\left\{\frac{(\cos\theta+\mu\sin\theta)^2\sin^2\theta}{\pi}\ln\left(1+\frac{l}{l_*}\right) + \frac{1}{8\pi}\left(\frac{\pi l}{c}\right)^2\right.$$
$$+ \frac{(\cos\theta+\mu\sin\theta)^2\sin 2\theta}{2}\left(\frac{l_*}{c}\right)\left[\sqrt{\frac{l}{l_*}\left(1+\frac{l}{l_*}\right)} - \ln\left(\sqrt{\frac{l}{l_*}}+\sqrt{1+\frac{l}{l_*}}\right)\right]$$
$$- \frac{\mu(\cos\theta+\mu\sin\theta)\sin^3\theta}{\sqrt{2}}\sqrt{\frac{l+l_{**}}{l+l_*}}$$
$$\left. - \frac{(\sqrt{2}-1)\mu\sin\theta\tan\theta}{4}\left(\frac{\pi l_{**}}{c}\right)\sqrt{\frac{l}{l_{**}}\left(1+\frac{l}{l_{**}}\right)}\right\} \quad (6\text{-}68\mathrm{b})$$

$$\Delta S_{12}(l) = -\frac{4c^2(1+k)(1+\nu)}{E}\left\{\frac{[(1-\mu^2)\sin 2\theta - 2\mu\cos 2\theta]\sin 2\theta}{4\pi}\ln\left(1+\frac{l}{l_*}\right)\right.$$
$$+ \frac{(\sin\theta-\mu\cos\theta)\cos^2\theta}{2}\left(\frac{l_*}{c}\right)\left[\sqrt{\frac{l}{l_*}\left(1+\frac{l}{l_*}\right)} - \ln\left(\sqrt{\frac{l}{l_*}}+\sqrt{1+\frac{l}{l_*}}\right)\right]$$
$$+ \frac{\mu(\cos 2\theta+\mu\sin 2\theta)\sin 2\theta}{4\sqrt{2}}\sqrt{\frac{l+l_{**}}{l+l_*}}$$

$$+\frac{(\sqrt{2}-1)\mu\cos\theta}{8}\left(\frac{\pi l_{**}}{c}\right)\sqrt{\frac{l}{l_{**}}\left(1+\frac{l}{l_{**}}\right)}\Bigg\} \tag{6-68c}$$

单个微裂纹扩展引起的柔度张量改变量 ΔS 是一个关于拉伸裂纹长度 l 的二阶函数张量，根据式 (6-54) 可以判定损伤张量 D 也是一个关于拉伸裂纹长度 l 和裂纹密度 N 相关的二阶函数矩阵，可以表示为 $D(l,N)$。

6.3.4 一维动态拉伸损伤本构

前面给出的损伤本构是建立在脆性材料翼型裂纹扩展模型基础上的，是一个通式，涉及具体的本构表述和损伤破坏模式与主应力 σ_1 和 σ_2 的相对大小和方向都存在直接的关系，现将上述结果退化到一维拉伸载荷下材料的损伤本构。对于一维拉伸载荷，则图 6-11 中的主应力 $\sigma_1=0$，主应力 σ_2 取为拉伸应力，内含有负号，则式 (6-54) 可化为

$$\begin{pmatrix}\varepsilon_1\\\varepsilon_2\end{pmatrix}=\frac{1}{E}\begin{bmatrix}1 & -\nu\\-\nu & 1\end{bmatrix}\begin{pmatrix}0\\\sigma_2\end{pmatrix}+N\begin{bmatrix}\Delta S_{11} & \Delta S_{12}\\\Delta S_{21} & \Delta S_{22}\end{bmatrix}\begin{pmatrix}0\\\sigma_2\end{pmatrix} \tag{6-69}$$

即可以得到

$$\varepsilon_1=\frac{-\nu}{E}\sigma_2+N\Delta S_{12}\sigma_2 \tag{6-70a}$$

$$\varepsilon_2=\frac{1}{E}\sigma_2+N\Delta S_{22}\sigma_2 \tag{6-70b}$$

在一维拉伸状态下，我们关注的应力-应变曲线就是 σ_2-ε_2 的关系，故设定 σ_2 即为应力 σ，ε_2 即为应变 ε，从而得到了含损伤的一维拉伸应力-应变关系：

$$\sigma=\frac{E}{1+NE\Delta S_{22}}\varepsilon=\overline{E}\varepsilon=(1-D)E\varepsilon \tag{6-71}$$

式中，$\overline{E}$ 为有效弹性模量，损伤参量 D 成为与为裂纹密度 N 和拉伸裂纹长度 l 有关的函数，其表达式为

$$D(N,l)=\frac{NE\times\Delta S_{22}(l)}{1+NE\times\Delta S_{22}(l)} \tag{6-72}$$

将式 (6-68b) 给出的 $\Delta S_{22}(l)$ 的表达式代入上式，可以得到

$$D(N,l)=N\left\{A\ln\left(1+\frac{l}{l_*}\right)+2\pi l^2+B\left[\sqrt{\frac{l}{l_*}\left(1+\frac{l}{l_*}\right)}-\ln\left(\sqrt{\frac{l}{l_*}}+\sqrt{1+\frac{l}{l_*}}\right)\right]\right.$$
$$\left.-C\sqrt{\frac{l+l_{**}}{l+l_*}}-D\sqrt{\frac{l}{l_{**}}\left(1+\frac{l}{l_{**}}\right)}\right\}\bigg/\left(1+N\bigg\{A\ln\left(1+\frac{l}{l_*}\right)+2\pi l^2\right.$$

6.3 钛基复合材料的损伤与失效

$$+ B\left[\sqrt{\frac{l}{l_*}\left(1+\frac{l}{l_*}\right)} - \ln\left(\sqrt{\frac{l}{l_*}} + \sqrt{1+\frac{l}{l_*}}\right)\right] - C\sqrt{\frac{l+l_{**}}{l+l_*}}$$

$$\left.\left.- D\sqrt{\frac{l}{l_{**}}\left(1+\frac{l}{l_{**}}\right)}\right\}\right)$$

$$= \frac{Nf(l)}{1+Nf(l)} \tag{6-73}$$

式中，涉及的参数 A、B、C、D 均为只与初始微裂纹尺寸 $2c$、初始微裂纹取向 θ 以及微裂纹相对滑移摩擦系数 μ 相关的参量，为了方便后续讨论，设定了函数 $f(l)$。

对式 (6-73) 求微分可以得到损伤的演化规律，但是因为损伤参量是微裂纹密度和裂纹扩展长度的函数，所以还需要清楚微裂纹的形核规律和裂纹扩展速度。

大部分研究表明，微裂纹密度 N 与应变 ε 之间满足双参数的 Weibull 分布关系，即

$$N = \kappa \varepsilon^m \tag{6-74}$$

其中，N 是给定应变水平下的单位体积内所激活的裂纹数，κ 和 m 是描述材料破坏特性的参数。

Huang 等给出了裂纹的扩展速度 ν_c 与应力场强度因子之间的经验关系：

$$\nu_\text{c} = \nu_\text{cm} \frac{K_\text{I} - K_\text{IC}^\text{d}}{K_\text{I} - K_\text{IC}^\text{d}/2} \tag{6-75}$$

式中，K_IC^d 为动态载荷下的断裂韧性，与加载条件有关；ν_cm 为裂纹扩展的极限速度，一般取为 $0.3\sim0.5$ 倍的瑞利波速。瑞利波速 C_R 大小可以表述为

$$C_\text{R} = \frac{0.862 + 1.14\nu}{1+\nu}\sqrt{\frac{E}{2(1+\nu)\rho}} \tag{6-76}$$

式中，ρ 为材料密度，E 为弹性模量，ν 为泊松比。

现在对式 (6-73) 求微分，可以得到损伤演化方程：

$$\dot{D}(N,l) = \frac{\dot{N} \times f(l) + N \times \dot{f}(l)}{[1+Nf(l)]^2} \tag{6-77}$$

式中，符号带点的表述为演化的率形式，其中 $\dot{N}$ 和 $\dot{f}(l)$ 的具体表述为

$$\dot{N} = \kappa m \varepsilon^{m-1} \dot{\varepsilon} \tag{6-78a}$$

$$\dot{f}(l) = \left[\frac{A}{l+l_*} + 4\pi l + \frac{Bl}{l_*\sqrt{l(1+l_*)}} - \frac{C(l_* - l_{**})}{2\sqrt{l+l_{**}}(1+l_*)^{\frac{3}{2}}} - \frac{D(l_{**}+2l)}{2l_{**}\sqrt{l(1+l_{**})}}\right]\nu_\text{c} \tag{6-78b}$$

根据一维拉伸应力–应变关系式 (6-71)，可以得到含损伤演化的本构关系：

$$\dot{\sigma} = E\dot{\varepsilon} - E\left(\dot{D}\varepsilon + D\dot{\varepsilon}\right) \tag{6-79}$$

结合前面讨论的式 (6-56)，可以得到一维拉伸给定应变率 ($\dot{\varepsilon} = \text{const}$) 加载状态下，任意时刻的应力和损伤参量的值：

$$\begin{cases} t^{i+1} = t^i + \Delta t \\ \varepsilon^{i+1} = \varepsilon^i + \Delta t \dot{\varepsilon} \\ D^{i+1} = D^i + \Delta t \dot{D} \\ \sigma^{i+1} = \sigma^i + \Delta t \dot{\sigma} \end{cases} \tag{6-80}$$

对于给定的应变率下，设初始状态为 $D = 0$，$\varepsilon = 0$，$\sigma = 0$，$l = l^*$，通过损伤率 $\dot{D}$ 和应力率 $\dot{\sigma}$，在时间 t 内可得到相应的损伤、应力和应变等值。设定一个损伤阈值 D_f，就可以得到材料的断裂应力和断裂应变。这样就建立了一维应力状态下的损伤演化本构方程。

6.3.5 模型参数与计算结果讨论

结合应变率 500s^{-1} 下的 TiC 颗粒增强钛基复合材料的试验结果，具体讨论已建立的单轴损伤演化动态本构中各参量对复合材料力学行为的影响情况，进而确定模型参数以模拟 TiC 颗粒增强钛基复合材料室温动态下的力学响应特征。

由于实际的材料内部的微裂纹取向、长度各不相同，为了方便计算，采取了以下假设：假设所有微裂纹平行排列，其初始长度都为 $2c$，按相同的速度 ν_c 扩展，并忽略微裂纹间的相互作用。

当微裂纹与主应力之间的夹角 θ 取 $45°$ 时，最适合初始裂纹扩展，而且扩展长度最长。微裂纹的初始尺寸 $2c$ 一般与增强相 TiC 粒子的尺寸量级相当，并且实验现象已经显示，微裂纹易于在较大尺寸的 TiC 粒子周围形核，故可以推断出微裂纹的初始尺寸要比 TiC 粒子的平均粒径稍大。拉伸载荷下翼型裂纹形成扩展的阈值用应变来控制，与应变率无关，取为 $\varepsilon_0 = 0.004$。材料的动态断裂韧性 $K_{1\text{C}}^\text{d}$ 由于没有可参考的实验值，计算时也取为静态断裂韧性。

1. 形核参数对材料力学行为的影响

微裂纹的形核参数 κ 和 m 对于复合材料的损伤演化至关重要，并且相对难于确定，此处将优先考虑形核参数对于复合材料力学行为的影响。

图 6-12 给出了形核参数 κ 对于复合材料力学行为的影响特征。可以看出，随着 κ 值的增大，材料的断裂应力和断裂应变将减小，这与 κ 表征的物理含义相吻合，即随着 κ 的增大，单位体积内激活的裂纹数增多，从而复合材料的损伤累积迅速增加，使材料的断裂强度和应变降低，材料迅速破坏。

6.3 钛基复合材料的损伤与失效

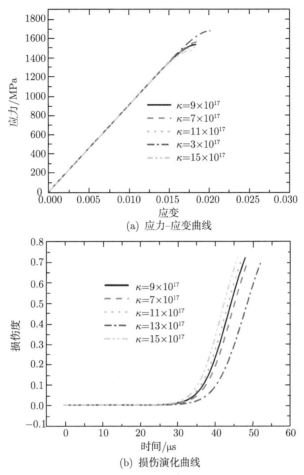

(a) 应力-应变曲线

(b) 损伤演化曲线

图 6-12 形核参数 κ 的影响 ($\dot{\varepsilon}=500\mathrm{s}^{-1}$, $2c=20\mathrm{\mu m}$, $m=9.5$, $\mu=0.7$)

图 6-13 给出了形核参数 m 对复合材料力学行为的影响特征。可以看出，随着 m 值的增加，材料的断裂强度和断裂应变都将增大，这与复合材料较低的变形能力有关。因为室温拉伸状态下，复合材料的应变一般都在 0.1 以下，当 m 值增大时，单位体积内激活的裂纹数减少，从而使损伤累积降低，材料强度得以提高。可以初步确定，κ 取 9×10^{17}，m 取 9.5 时较为适合。

2. 初始微裂纹尺寸对材料力学行为的影响

在前面的讨论中发现，微裂纹主要在较大的 TiC 粒子附近产生，特别是当大粒子中存在缺陷时，会导致材料在拉伸状态下迅速失效，可见初始裂纹的大小对于材料的力学行为也会产生一定的影响。

图 6-14 给出了复合材料中初始微裂纹尺寸对于材料损伤演化的影响规律。为了更好地表明初始裂纹的试验特征，参考的初始裂纹尺寸，TiC 粒子的平均粒径最

小取为 10μm，最大取为 80μm，但是发现在该范围内微裂纹尺寸的大小对 TiC 颗粒增强钛基复合材料力学特性的影响较小，只是初始微裂纹尺寸稍大时，损伤累积稍迅速一些。

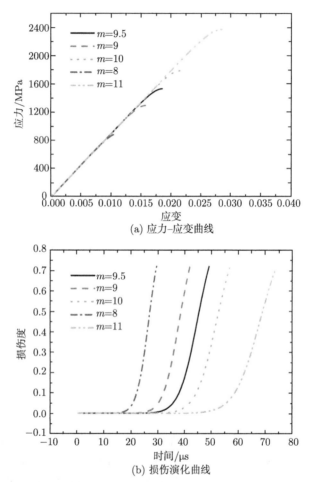

图 6-13 形核参数 m 的影响 ($\dot{\varepsilon}=500\text{s}^{-1}$, $2c=20\mu\text{m}$, $\kappa=9\times10^{17}$, $\mu=0.7$)

3. 界面摩擦系数对材料力学行为的影响

图 6-15 给出了界面摩擦系数 μ 对复合材料力学行为的影响。可以看出，摩擦系数对 TiC 颗粒增强钛基复合材料动态拉伸下的力学特性几乎不造成影响，这与翼型裂纹在单轴拉伸状态下 ($\sigma_1=0$, σ_2 为拉应力，如图 6-11 所示)，初始裂纹面几乎不发生相对滑动而只发生 I 型裂纹张开运动现象相吻合。鉴于摩擦系数对 TiC 颗粒增强钛基复合材料单轴拉伸状态下力学特性没有影响的事实，则摩擦系数可以任意选取 0~1 的数，此后的讨论将仍取初始设定的值 0.7。

6.3 钛基复合材料的损伤与失效

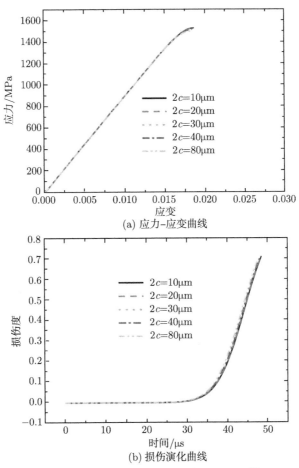

图 6-14 初始微裂纹尺寸 $2c$ 的影响 ($\dot{\varepsilon}=500\text{s}^{-1}$, $\kappa=9\times10^{17}$, $m=9.5$, $\mu=0.7$)

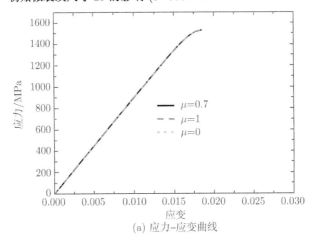

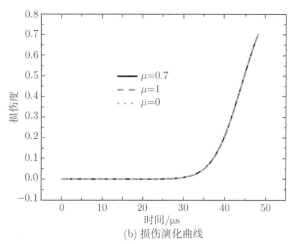

(b) 损伤演化曲线

图 6-15　界面摩擦系数 μ 的影响（$\dot{\varepsilon}=500\mathrm{s}^{-1}$，$\kappa=9\times10^{17}$，$m=9.5$，$2c=20\mu\mathrm{m}$）

4. 损伤演化模型与实验结果的比较

通过上面的分析已经基本上确定了 TiC 颗粒增强钛基复合材料损伤演化本构模型中的相关参数，具体参数如表 6-1 所示。其中 TiC 颗粒增强钛基复合材料的断裂韧性取自文献，弹性模量利用试验结果反演。

表 6-1　单轴拉伸损伤演化模型的相关参数

弹性模量 E/GPa	泊松比 ν	密度 ρ/(kg·m^{-3})	断裂韧性 K_{IC}/(MPa·$\sqrt{\mathrm{m}}$)	摩擦系数 μ
—	0.35	4.5	40	0.7
成核参数 κ	成核参数 m	裂纹取向 θ	微裂纹初始尺寸 $2c$/μm	损伤阈值 D_{f}
9×10^{17}	9.5	45°	20	0.7

图 6-16 给出了三种应变率条件下损伤演化模型的计算结果和试验结果的比较情况。

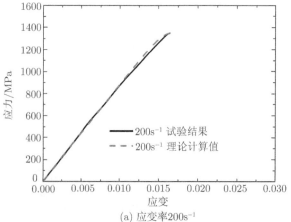

(a) 应变率200s^{-1}

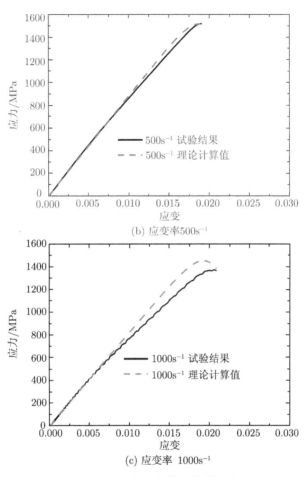

图 6-16 损伤演化模型计算结果

从图 6-16 给出的三个应变率下的理论计算值与试验值的比较可以看出,利用建立的单轴拉伸状态下的动态损伤演化模型计算的结果都与试验结果吻合得较好。颗粒增强复合材料的脆性特征,特别是一些加工工艺造成的初始损伤,使得材料的动态断裂破坏具有很大的随机性和样本个性的偏差,在许可的范围内可以认为建立的损伤演化本构模型能够用来模拟 TiC 颗粒增强钛基复合材料在冲击载荷下的力学行为。

加载初期应变很小,根据微裂纹密度的定义,可以知道单位体积内激活的微裂纹数很少,对材料的弱化作用较小,体现在损伤演化曲线上是一个缓慢上升的阶段,故应力-应变曲线的初始阶段的非线性程度不明显。到了加载后期,随着微裂纹的形核和扩展,损伤累积程度迅速增加,应力-应变曲线的非线性程度较高,当损伤达到一定程度时,材料失稳破坏。

进一步分析图 6-16 可以发现,给出的三个应变率下应力非线性上升阶段的计算结果比试验结果高,其与动载荷作用时,TiC 颗粒增强钛基复合材料中短时间内大量微裂纹形核扩展有关,随着微裂纹数量和尺寸的不断增加,裂纹之间相互作用开始呈现,而模型中并未考虑裂纹间的相互作用,所以造成加载后期的模型计算结果高于真实的试验结果。

6.4 冲击作用下基体材料的失效

从目前现有的一些研究结果可以明显看出,在较强冲击作用下,Ti-6Al-4V 合金表面出现剪切滑移,合金失效于绝热剪切带(ASB),在绝热剪切带中存在大量的空穴,空穴的形成可以使应力集中并与强剪切变形共同作用形成缺陷,这些热缺陷是形变断裂的起点,空穴的形成和长大也受材料这些微观缺陷的影响,材料的断裂过程是由空穴的长大和连接构成的,并且微裂纹沿着绝热剪切带延伸,因此对合金材料冲击作用下形成的绝热剪切带进行研究,对深入研究材料断裂失效起到奠定基础的作用。

绝热剪切带一般都是一个狭长的带状区域,形如图 6-17 所示,宽度在 10～200μm,从基体到绝热剪切带之间有个过渡区域,基体的变形很小,这是绝热剪切带在形貌上的特点,如图 6-18 所示。

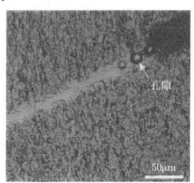

图 6-17　Ti6Al4V 中的绝热剪切带

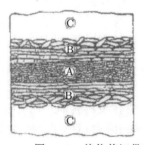

图 6-18　绝热剪切带内微观结构示意图

6.4 冲击作用下基体材料的失效

对不同金属中产生的 ASB 内的精细结构作了大量的观察与分析, 得出了近乎一致的结论: ASB 中心分布着直径约为 0.2μm 的细小等轴晶, 并且这些晶粒内的位错密度较低, 晶粒之间存在大角度晶界, 类似发生了再结晶的组织; 在 ASB 内接近中心的地方可以看到被拉长的晶粒, 其内有由位错胞组成的亚晶; 并且从基体到绝热剪切带中心, 微观组织是逐渐变化和过渡的。一般讨论的再结晶是指金属在变形之后的加热 (冷却) 过程中发生的, 称为静态再结晶。当金属在较高的温度下形变时, 再结晶也可能会在变形过程中发生, 这称为动态再结晶。经典的静态再结晶机制主要有两种: 第一种是由 Derby 和 Ashby 提出的大角度晶界迁移模型; 另一种是由 Li 首先提出, 并且后来由 Doherty 和 Szpunar 修改的亚晶合并模型。经典的动态再结晶机制, Derby 也将其分类为原位动态再结晶和迁移动态再结晶两种。

大角度晶界迁移模型认为: 由于晶界迁移而扫过一直径为 S 的晶粒所需的时间 t 可以由下式决定: $t = S/2g$, 式中 g 为晶界迁移速率, 且 g 可由下式决定: $g = MF$, 其中 M 和 F 分别为晶界迁移率和驱动力, M 由扩散系数 $\delta D = \delta D_0 \exp(-Q/RT)$ 来决定, $M = b\delta D/kT$, b 为柏格斯矢量, Q 为激活能, R 为气体常数, k 为玻尔兹曼常量, T 为热力学温度。驱动力 F 来自亚晶位错墙中的储能, $F = C\gamma_s/L$, γ_s 是亚晶位错墙的表面能, L 是亚晶的直径, C 是几何因子, 一般取 3, 如果这个驱动力要大于一个大角度晶界上形核所造成的表面能增加, 那么将发生再结晶形核导致晶界迁移。Derby 通过位错胞壁的弹性应变能估计了 $\gamma_s = \mu b\theta$, 其中 μ 为剪切模量, b 为柏格斯矢量, θ 为亚晶的取向差角, 因此驱动力 $F = 3\mu b\theta/L$。

由上述分析, 可以建立一对温度的函数来描述再结晶动力学方程, 计算出在某一温度 T 下, 由直径为 L 的亚晶通过晶界迁移机制, 最后获得直径为 S 的再结晶晶粒所需的时间 t。

$$t(T) = \frac{SLkT}{6b^2\mu\theta\delta D_0 \exp(-Q/RT)} \tag{6-81}$$

亚晶合并模型认为: 亚晶与亚晶之间存在小角度晶界 (取向差小于 5°), 亚晶可以通过自身旋转来使相邻两亚晶达到取向一致 (取向差为 0°), 通过这种方式来形成一个可动的大角度晶界。可以用下式来描述亚晶转动的速率:

$$\frac{d\theta}{dt} = \frac{3E_0 Mb\theta}{L^2} \ln\frac{\theta}{\theta_m} \tag{6-82}$$

式中, L 为亚晶的平均直径; M 是位错迁移率; b 是柏格斯矢量; θ_m 是晶界能最大时对应的角度, 一般为 20°~25°; E_0 是位错能, 并且可由下式决定:

$$E_0 = \frac{\mu b}{4\pi(1-\nu)} \tag{6-83}$$

其中, ν 为泊松比, 至于 M 的确定, Doherty 和 Szpunar 认为这个晶界迁移率取决于位错管道的迁移率, 晶体内空位的传输是通过在位错管道内的管道扩散来实现的, 这种扩散方式要比体扩散快得多。在位错管道等上发生的扩散一般称为短路扩散, 相对于体扩散显得更复杂, 一般认为短路扩散的表观激活能为体扩散的 0.4~0.6 倍。因此 M 就可以用管道扩散迁移率 $M^{\mathrm{p}} = 2b^3 D^{\mathrm{p}}/(L^2 kT)$ 来表示, 管道扩散系数 D^{p} 可由 $D^{\mathrm{p}} = D_0 \exp(-Q^{\mathrm{p}}/RT)$ 确定, Q^{p} 取 $(0.4\sim0.6)Q$。设两亚晶从取向差为 $5°$ 转动到 $0°$, 对式 (6-82) 积分可得

$$t(T) = \frac{L^4 kT}{6 E_0 D^{\mathrm{p}} b^4} \int_5^0 \frac{1}{\theta \ln \dfrac{\theta}{\theta_{\mathrm{m}}}} \mathrm{d}\theta \qquad (6\text{-}84)$$

通过式 (6-84) 我们就可以确定在某一温度 T 下, 通过亚晶合并机制所需的时间 t。

关于动态再结晶形核机制, Derby 将其分类为原位再结晶与迁移再结晶两类。原位再结晶是指在变形过程中, 外力的作用使相邻亚晶发生旋转, 最终达到相位一致, 而形成大角度晶界; 迁移再结晶是晶界两边的位错密度差使晶界发生迁移, 吞并周围的晶粒形成大角度晶界。发生动态再结晶的稳态晶粒大小是随着应变速率的增大而减小的, 一般存在下式所示的关系: $d_{\mathrm{s}} \propto \dot{\varepsilon}^{-0.5}$。而关于初始动态再结晶的临界条件, Derby 等认为其与静态再结晶相同, 即只要有足够的储能 (位错、亚晶等) 就会导致动态再结晶的开始。因此经典的动态再结晶理论认为: 材料在变形过程中, 晶粒内位错不断增加, 并形成亚晶等, 当储能达到动态再结晶开始的临界条件时, 即开始发生动态再结晶; 新生的无畸变晶核还来不及长大, 又由于继续变形其内位错密度增大, 当达到临界值时, 在这些晶粒中又开始发生动态再结晶; 如此循环反复, 使得最终经过动态再结晶得到的晶粒尺寸很小。经典的动态再结晶理论是从势能参量 (如储能、位错密度等) 出发来分析其机制和临界条件的, 总的来说还是一种静态的观点, 并没有充分考虑到变形过程中位错的动态行为。因而能否应用于大应变和高应变速率条件下, 还是一个问题。在高应变速率变形条件下, 由于绝热温升效应及位错与亚晶、第二相等的相互作用等, 动态再结晶不同于经典的再结晶机制, Cho 与 Andrade 先后针对扭转与冲击绝热剪切带内金属的动态再结晶提出了一个相类似的机制, Cho 称之为 "几何动态再结晶"。关于产生初始动态再结晶的临界条件, 杜随更等认为应该从热变形过程中位错的动态行为出发, 对动态再结晶的机制与临界条件进行分析, 才能建立合理的理论模型。

6.5 Ti-6Al-4V 再结晶动力学计算

Ti 的扩散常数为: α-Ti 的 $D_0 = 1.0 \times 10^{-5} \mathrm{m}^2 \cdot \mathrm{s}^{-1}$, β-Ti 的 $D_0 = 1.2 \times 10^{-5}\mathrm{m}^2 \cdot \mathrm{s}^{-1}$。自扩散激活能为: α-Ti 的 $Q = 204000 \mathrm{J} \cdot \mathrm{mol}^{-1}$, β-Ti 的 $Q = 161000 \mathrm{J} \cdot \mathrm{mol}^{-1}$; 管

6.5 Ti-6Al-4V 再结晶动力学计算

道扩散激活能为：α-Ti 的 $Q^p=0.4\times 204000=81600\text{J}\cdot\text{mol}^{-1}$，β-Ti 的 $Q^p=0.4\times 161000=64400\text{J}\cdot\text{mol}^{-1}$。

6.5.1 晶界迁移机制动力学计算

由于 Ti-6Al-4V 是一个 (α + β) 双相合金，而 α 相与 β 相的各方面性质都有所不同，因此计算合金时需要分别计算纯 α 相和纯 β 相，这样双相合金 Ti-A6l-4V 的结果就应该介于两者之间。式 (6-81) 给出了晶界迁移机制的数学描述，表 6-2 中给出了该方程中涉及的数据。

表 6-2 Ti-6Al-4V 晶界迁移动力学计算参数

变量名	取值	备注
S	0.1	平均亚晶直径
L	0.2	平均再结晶晶粒直径
b	$3.0\times 10^{-10}\text{m}$	柏格斯矢量
μ	$4.5\times 10^4\text{MPa}$	剪切模量
θ	5	平均亚晶取向差
δ	$6.0\times 10^{-10}\text{m}$	晶界宽度，取为 $2b$
D_0	$1.0\times 10^{-5}\text{m}^2\cdot\text{s}^{-1}$	扩散常数
Q	α: $204\text{kJ}\cdot\text{mol}^{-1}$, β: $161\text{kJ}\cdot\text{mol}^{-1}$	扩散激活能
k	$1.38\times 10^{-23}\text{J}\cdot\text{K}^{-1}$	玻尔兹曼常量
R	$8.314\text{J}\cdot\text{mol}^{-1}$	气体常数

通常情况下剪切带内的温度在 1000K 左右，因此式 (6-81) 中的温度 T 从 1000K 计算到 300K。结果如图 6-19 所示。

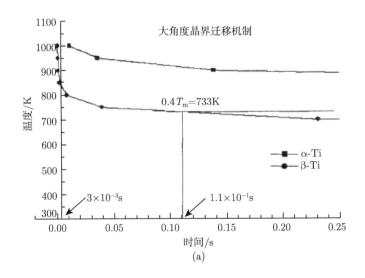

(a)

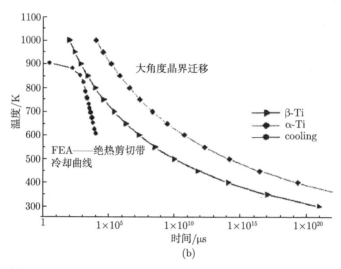

图 6-19 晶界迁移动力学计算结果 (a) 及与冷却曲线比较 (b)

由图 6-19 可以看出：β 相的扩散能力要强于 α 相。纵轴的起始位置被设在 $3×10^{-3}$s 处，是绝热剪切带内的温升从最大值降到 $0.4T_m$ 时所用的时间，经过计算，在 $0.4T_m$ 的温度下，即使是扩散能力强的纯 β 相，通过晶界迁移机制来获得最终的组织也需要 $1.1×10^{-1}$s，比冷却时间慢了两个数量级，而 α 相则会更慢。图 6-19(b) 显示了与冷却曲线比较的全貌。计算结果表明：对于 Ti-6Al-4V 中的 ASB，其晶界迁移机制的动力学计算结果与冷却结果相比较，至少要慢 2 个数量级。

6.5.2 亚晶合并动力学计算

利用式 (6-84) 进行计算，计算参数采用表 6-2 中的参数，管道扩散激活能取自扩散激活能的 0.4 倍。结果如图 6-20 所示。

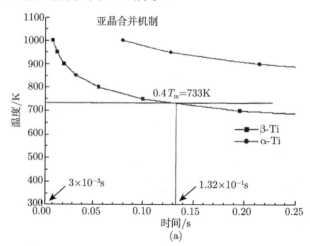

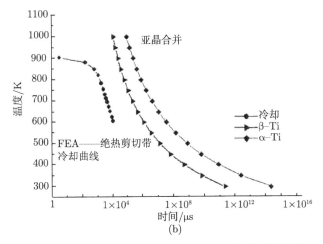

图 6-20　亚晶合并动力学计算结果 (a) 及与冷却曲线的比较 (b)

计算结果表明：亚晶合并机制与晶界迁移机制的计算结果很相近，与冷却曲线相比较，也至少要慢 2 个数量级以上。

6.5.3　Ti-6Al-4V 绝热剪切带内组织演化机制

绝热剪切带内晶粒能否发生静态再结晶，不但要看其内绝热温升是否达到或超过 $0.4T_m$，而且也要考察其在这个温度上持续的时间是否充足。对于双相合金 Ti-6Al-4V，无论是晶界迁移机制还是亚晶合并机制，其动力学计算结果都表明要比冷却时间慢 2 个数量级以上。因此，排除了 Ti-6Al-4V 在冷却过程中发生静态再结晶的可能性，也说明这些经典的基于扩散的再结晶机制不能用来解释钛合金中绝热剪切带内的微观组织演化。

另外的证据是在绝热剪切带内的细等轴晶中并没有发现退火孪晶的存在，根据 McQueen 和 Bergesron 等的研究结果可知：退火孪晶往往出现在静态再结晶中，而在动态再结晶中则很少发现退火孪晶，并且发生动态再结晶后的稳定晶粒要比静态再结晶时的晶粒小得多。

这些证据都表明绝热剪切带内得到的 0.2μm 左右的再结晶晶粒肯定是在变形过程中，发生了动态再结晶的结果。另外一个有意思的现象是：在低温条件下的试验结果表明，绝热剪切带内的温升没有达到 $0.4T_m$，但绝热剪切带内的微观组织与在室温下的试验结果相差无几。这个现象也表明：在高应变速率形变条件下发生的动态再结晶中，温度及扩散作用的影响较之一般低应变速率形变条件下的要小得多。Derby 等对一般的低应变速率形变条件下动态再结晶的稳定晶粒尺寸作过计算，算出的晶粒直径为几微米 (μm) 的量级，这个计算结果也与实际观察到的晶粒尺寸相符，但比高应变速率下的实际结果大了一个数量级。说明在高应变速率下，扩散不是控制动态再结晶的唯一因素，应力对动态再结晶的激活能有较大影响。一种不是基于扩散的，而是基于力学辅助的动态再结晶机制将用来解释绝热剪切带内的组织演化。

Hines 和 Vecchio 等首先描述了所谓的力学辅助机制。他们认为：由扩散控制的再结晶机制不能解释在绝热剪切带中发现的再结晶晶粒，新的机制要包括由力学辅助的亚晶旋转过程和由扩散控制的晶界重构的过程，并将该机制命名为 progressive subgrain misorientation (PriSM) recrystallization，图 6-21 为该模型的示意图。

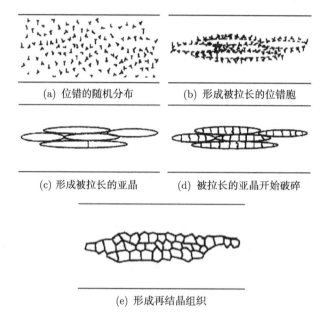

(a) 位错的随机分布　　(b) 形成被拉长的位错胞

(c) 形成被拉长的亚晶　　(d) 被拉长的亚晶开始破碎

(e) 形成再结晶组织

图 6-21　高应变速率条件下绝热剪切带内微观组织演化示意图

在图 6-21 所示的模型中，金属在高应变速率形变条件下，绝热剪切带内的微观组织演化可以这样描述：在开始形成剪切带时，由于动态回复的作用，随机分布的位错开始沿剪切方向形成被拉长的位错胞；原始晶粒为适应进一步变形，而促使位错胞转变为亚晶，并且被拉得很长的亚晶开始破碎；随着流变应力的增加，亚晶继续破碎成等轴状，研究表明得到的等轴晶的尺寸反比于施加的流变应力，但也不会无限制地减小，最终会达到一临界尺寸，Sevillano 等总结了几种金属的临界亚晶尺寸，一般为 0.1～0.2μm；亚晶达到了临界尺寸后，就不再随变形的增加而继续减小，而是通过亚晶旋转来适应新的变形，从而导致了等轴亚晶间取向差的增大而形成大角度晶界；最后，在变形完成后的冷却阶段，晶界上没有新的位错产生，多余的位错通过攀移而湮灭，使晶粒内部位错密度大大降低，最终形成再结晶晶粒。

分析该模型可知，最终得到的再结晶晶粒是已发生动态回复的亚晶通过自身旋转的结果。一般认为：回复与再结晶是一对相互竞争的过程，回复过程将降低系统储能而使再结晶过程难以发生。这个结论只适用于经典的由扩散控制的再结晶机制。在高应变速率变形条件下，剪切变形局域化作用使得材料储能很高，不但会发生动态回复，也能发生动态再结晶，并且动态再结晶过程要依赖于由动态回复过程中产生的等轴亚晶。

另外，在绝热剪切带内之所以能够在很短的时间内形成动态再结晶晶粒，主要取决于这一过程的位错运动。动态再结晶与静态再结晶的主要区别就在于它是在变形过程中动态发生的，而位错运动是决定这一动态过程最根本的微观机制。因此，研究位错对动态再结晶过程的贡献时，除考虑其势能特性 (位错密度) 外，还应着重分析动态再结晶过程中位错的动态行为。在绝热剪切带内微观组织演化过程中，其位错动态行为是这样的：在变形初期，位错密度较低，在恒定的应变速率下，位错滑移运动速率非常高，变形材料由稳态向非稳态的转变倾向占主导地位。若在较低温度下，位错增殖后，由于位错缠结的作用，产生形变硬化效应，使微观变形向低位错密度区域相对移动；若伴随着较大的温升，那么位错攀移的速率将增大，位错运动阻力降低，可动性提高，形变硬化效应减弱，甚至在一定温度下，位错密度增大后并不产生形变硬化效应。同时，位错密度增大后，使得在相同宏观应变速率下位错滑移速率相对降低。随着位错滑移速率 (代表变形金属的硬化效应) 相对降低，或攀移速率 (代表变形金属的软化效应) 的提高，变形材料由非稳态向稳态的转变逐渐成为主导作用。当位错运动阻力相当小，以至于位错的软化作用 (位错的本质属性) 大于强化作用时，微观变形将按最小阻力原理向位错密度较高处 (相对软化) 相对集中，而位错密度较低的区域因局部变形速率相对减小，位错增殖速率降低，通过位错相消或消失在界面、表面等，位错密度会进一步降低。另外，由于绝热温升效应，当微观变形相对集中时，会产生微观上的温度分布不均匀性，使变形相对集中处的温度相对较高，从而进一步促进了位错相对聚积的程度与速度。当位错相对聚积和消散达到一定程度时，低位错密度区域与高位错密度区域将分别成为动态再结晶的晶核与晶界，而导致动态再结晶的发生。这一位错相对聚积与消散过程是一个动态的正反馈过程，从而使动态再结晶可以在很短时间内完成。

应用基于力学辅助的 PriSM 模型并结合绝热剪切过程中位错动态行为的分析，能在定性上较好地解释钛合金在高应变速率形变条件下，以及在很短的时间内，绝热剪切带内的直径约为 $0.2\mu m$ 的再结晶晶粒的形成过程。

参 考 文 献

[1] 周储伟, 杨卫, 方岱宁. 金属基复合材料的强度与损伤分析. 固体力学学报, 2000, 21(2): 161–165

[2] 侯敬春, 胡更开. 金属基复合材料损伤细观力学分析. 复合材料学报, 1996, 13(4): 117–122

[3] Chen Z Y, Chen Y Y, An G Y, et al. Microstructure and properties of in situ Al/TiB$_2$ composite fabricated by in-melt reaction method. Metallurgical and Materials Transactions A, 2000, 31(8): 1959–1964

[4] Grady D E, Kipp M E. Continuum modeling of explosive fracture in oil shale. International Journal of solids and Structure, 1976, 12: 81–97

[5] Walpole L J. On the overall elastic moduli of composite materials. Journal of the Mecheanics and Physics of Solids, 1969, 17, 235–259

[6] 曾泉浦, 毛小南, 陆锋. 颗粒强化钛基复合材料的断裂特征. 稀有金属材料与工程, 1993, 22(1): 17–22

[7] 毛小南, 周廉, 曾泉浦, 等. TiC 颗粒增强钛基复合材料的形变断裂. 稀有金属材料与工程, 2000, 29(4): 217–220

[8] 周储伟, 王鑫伟, 杨卫, 等. 短纤维增强金属基复合材料的多重损伤分析. 复合材料学报, 2001, 18(4): 64–67

[9] Soboyejo W O, Lederich R J, Sastry S M L. Mechanical behavior of damage tolerant TiB whisker-reinforced in situ titanium matrix composites. Acta Metallurgica Et Materialia, 1994, 42(8): 2579–2591

[10] Berry J P. Some kinetic considerations of the Griffith criterion for fracture——I: equations of motion at constant force. Journal of the Mechanics and Physics of Solids, 1960, 8(3): 194–206

[11] Berry J P. Some kinetic considerations of the Griffith criterion for fracture——II: equations of motion at constant deformation. Journal of the Mechanics and Physics of Solids, 1960, 8(3): 207–216

[12] 毛小南, 周廉, 曾泉浦, 等. TiCp 颗粒增强钛基复合材料的强化机理研究. 稀有金属材料与工程, 2000, 29(6): 378–381

[13] Bakuckas J G, Prosser W H, Johnsont W S. Monitoring damage growth in titanium matrix composites using acoustic emission. Journal of Composite Materials, 1994, 28(4): 305–328

[14] Dubey S, Soboyejo W O, Lederich R J. Fatigue and fracture of damage-tolerant in situ titanium matrix composites. Metallurgical and Materials Transactions A, 1997, 28(10): 2037–2047

[15] Naik R A, Johnson W S. Observations of fatigue crack initiation and damage growth in notched titanium matrix composites. National Aeronautics and Space Administration, Langley Research Center, 1990

[16] Gărăjeu M, Michel J C, Suquet P. A micromechanical approach of damage in viscoplastic materials by evolution in size, shape and distribution of voids. Computer Methods, 2000, 183: 223–246

[17] Mochida T, Taya M, Obata M. Effect of damaged particles on the stiffness of a particulate/metal matrix composite. International Journal of The Japan Society of Mechanical Engineers, 1991, 34(2): 187–193

[18] Cheng G X, Zuo J Z, Lou Z W. Continuum damage model of low-cycle fatigue and fatigue damage analysis of welded joint. Engineering Fracture Mechanics, 1996, 55(1): 155–161

[19] Wang T J. A continuum damage model for ductile fracture of weld heat affected zone. Engineering Fracture Mechanics, 1991, 40(6): 1075–1082

[20] Budiansky B, O'Connell R J. Elastic moduli of a cracked solid. Int. J. Sol. S., 1976, 12(2): 81–97

[21] Huang W, Zan X, Nie X, et al. Experimental study on the dynamic tensile behavior of a poly-crystal pure titanium at elevated temperatures. Materials Science and Engineering, 2007, A443: 33–41

[22] 宁建国, 刘海峰, 商霖. 强冲击荷载作用下混凝土材料动态力学特性及本构模型. 固体力学学报, 2008, 29(3): 231–238

[23] Horri H, Nemat-Nasser S. Overall moduli of solids with microcracks: load-induced anisotropy. Journal of the Mechanics and Physics of Solids, 1983, 31(2): 155–171

[24] Horii H, Nemat-Nasser S. Dynamic damage evolution in brittle microcracking solids. Mechanics of Material, 1992, 14: 83–103

[25] Llorca J, Needleman A, Suresh S. An analysis of the effects of matrix void growth on deformation and ductility in metal-ceramic composites. Acta Metallurgica et Materialia, 1991, 39(10): 2317–2335

[26] Ashby M F, Hallam S D. The failure of brittle solids containing small cracks under compressive stress states. Acta Metallurgica, 1986, 34(3): 497–510

[27] Silva A A M D, Santos J F D, Strohaecker T R. An investigation of the fracture behaviour of diffusion-bonded Ti6Al4V/TiC/10p. Composites Science and Technology, 2006, 66: 2063–2068

[28] Llorca J, Martin A, Ruiz J. Particulate fracture during deformation of a spray formed meal-matrix composite. Metallurgical Transaction, 1993, 24A: 1575–1588

第7章 钛基复合材料的应用与发展趋势

7.1 钛基复合材料的应用

钛及钛合金具有低密度、高强度、耐高温、耐低温、耐腐蚀等多种优良特性，可用于海、陆、空、太空及人体的各种环境中。自 20 世纪 50 年代以来，已经被广泛应用于航空、航天、舰船、冶金、化工、石油、医药等各个工业部门，被认为是 21 世纪最有前途的金属材料。钛的比强度在现有的金属材料中是最高的，是航空航天飞行器理想的结构材料，能降低飞行器的结构重量，提高飞行器的结构效率，因此在航空航天领域中获得了日益广泛的应用。在以飞机、导弹为主要作战手段的高科技战争中，钛及钛合金具有举足轻重的地位，已被国家列入重点发展的关键轻型结构材料之一。

钛基复合材料具有比钛合金更高的比强度和比模量，优异的高温性能和极佳的蠕变性能，它克服了原钛合金耐磨性和抗氧化性差等缺点。钛基复合材料是可用于高温等苛刻条件下的结构材料，被认为是能够改善钛材性能和扩展钛材应用的新一代材料，成为超高音速宇航飞行器和下一代先进航空发动机的候选材料。

钛基复合材料增强体的形态主要分为颗粒状、晶须状、纤维状等种类。但是由于纤维价格贵、成本高，且纤维增强钛基复合材料制备工艺复杂，成形困难，从而限制了连续纤维增强钛基复合材料的发展和应用。陶瓷颗粒具有强度好和刚度高等特点，且颗粒增强的钛基复合材料制备工艺简单、成本较低，因此陶瓷颗粒增强钛基复合材料得到了广泛的研究。研究显示钛合金基体中加入强度高、刚度好的陶瓷颗粒增强体，可以得到更好的比强度、比刚度以及优异的抵抗高温蠕变的能力，并显著提高了钛合金的弹性模量，避免了它不耐磨及阻燃性差的缺点，使用温度可以达 600~800℃。TiB 和 TiC 的密度、泊松比都与钛及钛合金相差不多，弹性模量为钛及钛合金的 4~5 倍，比较适合用于钛基复合材料的增强体。

钛基复合材料的研究始于 20 世纪 70 年代，20 世纪 80 年代中期，美国航天飞机 (NASP) 和整体性能涡轮发动机技术 (IHPTET) 以及欧洲、日本同类发展计划的实施，为钛基复合材料的发展提供了良好的机遇和巨大的资金保证，促进了钛基复合材料的发展，使其成为 20 世纪末材料科学领域的研究热点。经过近 20 年来的研究，颗粒增强钛基复合材料进入了成熟期的初级阶段，在一些领域已经使其独特性能得到了发挥，如日本本田汽车研究中心利用粉末冶金工艺制备出 TiB/Ti-4.3Fe-7.0Mo-1.4Al-1.4V 复合材料，实现了复合材料的低成本化，制成了汽车发动机的气门阀以及连杆的净成型件；美国 Dynamet 技术公司开发的 Cerme-Ti 系列 TiC/Ti-6Al-4V 复合材料，根据其高的比强度、比模量以及高的耐磨性能，也成功试制出并应用在了汽车发动机的气门阀、连杆，导弹尾翼，高尔夫击球头板，以及滑雪板凳；丰田公司的 Altezza 汽车采用了粉末冶金制备的 TiB/Ti-6Al-4V 复合材料做进气阀，同时采用了耐热钛基复合材料 TiB/Ti-Al-Zr-Sn-Nb-Mo-Si 做排气阀，减轻了引擎和阀门弹簧的重量，比普通的钢材重量减轻了 40%。这些低成本制备出的阀门，具有好的持久性和高的可靠性；美国陆军坦克-机动车辆与武器司令部 (TACOM) 已经开始评估使用颗粒增强钛基复合材料取代坦克的履带；日本住友金属工业公司开发的 TiC 颗粒弥散增强 Ti-5.7Al-3.5V-11.0Cr 复合材料，用作发动机进气阀、海水泵轴承、造纸辊、电池用模具以及滑动部件等。

纤维增强钛基复合材料的发展最初是以超高音速宇航器和下一代先进航空发动机为主要应用目标。因为用它制造的波纹芯体呈蜂窝结构，在高温下具有很高的承载能力和刚度及低的 [质量] 密度，使其成为 NASP 航天飞机和 IHPTET 发动机理想的候选材料。但是制作工艺复杂，成型工艺困难和原材料昂贵，使得它的推广应用十分困难。Timet 21S 合金作为 SiC 纤维增强钛基复合材料的基体材料是钛铝化合物基材很好的替代材料，它极易轧制成箔材。用 Timet 21S 箔材作基材制成了一系列 SCS-6/Timet 21S 复合材料并在模拟 NASP 使用环境温度 (800°C) 下经受住了长时间周期热暴露的考验。SCS-6/Timet 21S 在 NASP 航天飞机上拟定的应用范围：包括完整的刚性蒙皮；帽状刚性板；尺寸为 $2.4m\times2.4m\times1.2m$ 的椭圆形氢燃料箱外壳等。虽然 NASP 计划已经中止，但这些技术会在新的航天飞机上得到应用。此外，为使纤维增强钛基复合材料的推广应用能具有经济竞争性，Howmet 和 GEAE 公司合作，采用双重铸造 (bicast) 工艺，按铸造金属与钛基复合材料 15:1 的比例，将 SCS-6/Ti-6242 或 SCS-6/Timet 21S 复合材料通过铸造嵌进发动机风扇支撑骨架中，成为用钛基复合材料选择强化风扇支撑骨架的双重铸件，使发动机性能大大改善。

钛基复合材料的应用与许多因素相关联，如复合材料制备方法、二次加工、质量控制技术、回收能力等都制约着钛基复合材料的应用。从钛基复合材料在航空航天和汽车领域的应用来看，应用成本是主要的因素，增强体的成本高是造成复合材料成本居高不下的主要原因。最初钛基复合材料是应航空航天不计成本的要求发展起来的，所以材料的价格不构成主要障碍，但是现在在民用领域，价格必然是决定应用可能性的主要因素之一。制约钛基复合材料应用的几个主要因素有：①复合材料的制备方法。常用的钛基复合材料制备方法有液相法、粉末冶金法、原位复合法等，不同的制备方法对钛基复合材料的价格影响很大。②增强体的成本。应用钛基复合材料时，材料成本在总成本中的比例可达 63%；而应用钢材时，材料的成本只占 14%，差别很大。而复合材料的成本主要是增强体的成本，采用便宜的增强体制备钛基复合材料无疑在价格上具有优势,但材料性能又不一定得到满足,因此应根据具体零件的使用要求和使用状况选择合适的增强体。③生产数量。在工业生产中,生产数量对成本有很大的影响,在评价钛基复合材料在工业上应用的可能性时,必须考虑生产成本的因素。但新材料的应用要达到规模生产的能力还有许多问题要解决,首先是选取最佳的制备条件以获得最佳的材料,其次要有一套检测复合材料质量的体系。④二次加工性能。良好的二次加工性能是钛基复合材料推广应用的基础,颗粒增强钛基复合材料具有良好的切削、成型、轧制、挤压、焊接、锻造等二次加工性能。⑤局部增强手段。由于增强体的价格远高于基体合金的价格,所以在满足材料使用性能的前提下,从降低零件成本的角度可以在需要提高性能的部位采用钛基复合材料。⑥回收能力。回收和再利用能力关系到材料的可持续利用和环境的保护,目前提出的集中回收方法主要有重铸法、分离法和热压法。由于钛基复合材料在切削过程中会产生大量的切屑,因此对切屑的回收方法进行研究是很有意义的。⑦质量控制体系。质量控制体系是钛基复合材料大规模应用的一个必要条件,钛基复合材料的结合状态、增强体的体积分数、材料的性能等都属于质量控制的范围,为了达到快速检测质量的目的,多采用无损检测。

7.2 钛基复合材料的发展趋势

钛基复合材料是发展高技术的一种重要的新型材料,具有广阔的发展前景。1988 年,钛基复合材料市场只有 100 万美元,到了 2000 年就达到了 1400 万美元,平均每年增长 24%。目前对钛基复合材料的研究极为活跃,尤其美国和日本的研究成果代表着世界钛基复合材料发展的最新水平。钛基复合材料是发展我国高技术和实现四个现代化所必不可少的新材料,应该密切关注国外的发展新动向,努力开发我国的钛基复合材料。根据国内外钛基复合材料的研究现状和趋势,结合我国在钛基复合材料的研究方面的基础,本书认为应该重点发展对颗粒(非连续增强体)增强钛基复合材料的研究,希望从以下几个方面对颗粒增强钛基复合材料进行深入研究:

(1) 开展颗粒增强钛基复合材料制备科学基础和制备工艺方法研究。钛基复合材料制备水平的高低直接影响到复合材料性能的好坏和复合材料成本的高低。深入开展颗粒增强钛基复合材料制备科学基础研究,是优化钛基复合材料制备工艺的基础。颗粒增强钛基复合材料的制备工艺方法的研究包括:①钛基复合材料制备工艺参数的优化;②钛基复合材料制备新工艺和新方法的开发;③钛基复合材料制备设备的建设。

(2) 完善颗粒增强钛基复合材料体系。颗粒增强相主要包括颗粒、晶须、短纤维和原位自生相。各种单一相或混杂多相增强的钛基复合材料具有不同的性能特点,此外,不同增强相含量的钛基复合材料的性能也会出现规律性变化。通过完善颗粒增强钛基复合材料体系,充分实现钛基复合材料各种潜在的优异性能,自由设计复合材料的各种性能指标,从而满足不同使用环境对钛基复合材料性能的需求。

(3) 开展颗粒增强钛基复合材料热处理技术的研究。颗粒增强钛基复合材料的性能不但取决于增强体的种类和含量,还与钛合金基体的性能以及界面状态的好坏有很大关系。通过采取适用于钛基复合材料的特殊热处理技术,可以使钛合金基体的性能达到最佳状态,同时也使钛基复合材料的界面状态得到改善,充分发挥钛基复合材料的性能潜力。

(4) 开展颗粒增强钛基复合材料的机械加工研究。对颗粒增强钛基复合材料的车削、铣削、钻削、攻螺纹以及电火花等特殊加工方法进行研究,开发适合于钛基复合材料的加工工艺参数和工具材料,是实现颗粒增强钛基复合材料应用的不可缺少的研究内容。

(5) 开展颗粒增强钛基复合材料的连接技术研究。开发适合于钛基复合材料的连接方法,优化连接工艺参数,实现钛基复合材料自身以及复合材料与其他材料的高性能连接。

(6) 开展颗粒增强钛基复合材料在不同环境下的行为研究。颗粒增强钛基复合材料适合在不同环境下使用,尤其是空间环境。研究颗粒增强钛基复合材料在各种环境条件下的组织与性能变化规律,对扩大其应用范围有重要意义。

(7) 重点发展高性能低成本颗粒增强钛基复合材料。颗粒增强钛基复合材料成本偏高,在很大程度上制约了它的广泛使用。因此重点开展高性能低成本颗粒增强钛基复合材料的开发与研究工作意义重大。颗粒增强钛基复合材料成本偏高的主要原因是:①制备工艺复杂,设备昂贵;②原材料成本高;③复合材料构件成型加工费用较高;④复合材料质量稳定性较低。为了降低钛基复合材料及其构件的成本,需要在以下几个方面开展工作:①开发成本低、产量大的适合于钛基复合材料的增强体材料,包括颗粒、短纤维和晶须;②优化复合材料制备工艺,提高钛基复合材料性能的稳定性;③研究利用低成本增强相或多相混杂增强相制备钛基复合材料的制备方法,实现钛基复合材料高性能低成本化;④进行钛基复合材料机械加工研究,开发出适用于颗粒增强钛基复合材料的加工方法和加工工具;⑤开展钛基复合材料高温塑性变形以及高速超塑性研究,通过高温塑性成型工艺,实现钛基复合材料复杂构件的"近净形"成型,一方面可以降低复杂钛基复合材料构件原料使用量,另一方面可以减少钛基复合材料构件的机械加工量。

参 考 文 献

[1] 杨志峰. 多元增强钛基复合材料的微结构及性能研究. 上海: 上海交通大学学位论文, 2007

[2] 毛小南, 于兰兰. 非连续增强钛基复合材料研究新进展. 中国材料进展, 2010, 29(5): 18–24

[3] 汤慧萍, 黄伯云, 刘咏, 等. 粉末冶金颗粒增强钛基复合材料研究进展. 粉末冶金技术, 2004, 22(5): 293–296

[4] Zhang E, Zeng S, Wang B. Preparation and microstructure of in situ particle reinforced titanium matrix alloy. Journal of Materials Processing Technology, 2002, 125: 103–109

[5] Radhakrishna B B V, Subramanyam J, Bhanu P V V. Preparation of Ti-TiB-TiC & Ti-TiB composites by in-situ reaction hot pressing. Materials Science and Engineering: A, 2002, 325(1): 126–130

[6] Saito T. The automotive application of discontinuously reinforced TiB-Ti composites. JOM, 2004, 56(5): 33–36

[7] 肖平安, 曲选辉, 雷长明, 等. 高温钛合金和颗粒增强钛基复合材料的研究和发展. 粉末冶金材料科学与工程, 2001, 6(4): 279–285

[8] 曲选辉, 肖平安, 祝宝军, 等. 高温钛合金和颗粒增强钛基复合材料的研究和发展. 稀有金属材料与工程, 2001, 30(3): 161–165

[9] 吕维洁, 张小农, 张荻, 等. 颗粒增强钛基复合材料研究进展. 材料导报, 1999, 13(6): 15–18

[10] 于兰兰, 毛小南, 赵永庆, 等. 颗粒增强钛基复合材料研究新进展. 稀有金属快报, 2006, 25(4): 1–5

[11] 陈振中, 金业壮, 陈礼清. 铝、钛基复合材料在航空发动机上的应用分析. 航空发动机, 2006, 30(4): 40–42

[12] Saito T. New titanium products via powder metallurgy process. 10th World Conference on Titanium, Hamburg, Germany, 2003

[13] Furuta T, Saito T, Takamiya H. Sintered titanium alloy material and process for producing the same: U.S., Patent 6, 117, 204. 2000-9-12

[14] Abkowitz S, Abkowitz S M, Fisher H, et al. Cerme Ti discontinuously reinforced Ti-matrix composites: manufacturing, properties, and applications. JOM, 2004, 56(5): 37–41

[15] Langdon T G. Grain boundary sliding revisited: developments in sliding over four decades. Journal of Materials Science, 2006, 41(3): 597–609

[16] 罗国珍. 钛基复合材料的研究与发展. 稀有金属材料与工程, 1997, 26(2): 1–7

[17] 彭德林, 赵璐华, 杜立明. 陶瓷颗粒增强钛基复合材料的研究进展. 钛工业进展, 2010, 27(2): 1–8

[18] 毛小南, 张鹏省, 于兰兰, 等. 纤维增强钛基复合材料研究新进展. 稀有金属快报, 2005, 24(5): 1–7

[19] 肖代红, 宋旼, 陈康华. 原位合成钛基复合材料的研究现状与展望. 材料导报, 2007, 21(4): 65–68

[20] 肖代红, 黄伯云. 原位合成钛基复合材料的最新进展. 粉末冶金技术, 2008, 26(3): 217–223

[21] 耿林, 倪丁瑞, 郑镇洙. 原位自生非连续增强钛基复合材料的研究现状与展望. 复合材料学报, 2006, 23(1): 1–11

[22] 吕维洁. 原位自生钛基复合材料研究综述. 中国材料进展, 2010, 29(4): 41–48
[23] 夏明星, 胡锐, 李金山, 等. 自生 TiC 颗粒增强钛基复合材料的研究进展. 材料导报, 2007, 21: 424–427
[24] 张二林, 朱兆军, 曾松岩. 自生颗粒增强钛基复合材料的研究进展. 稀有金属, 1999, 23(6): 436–442
[25] Gorsse S, Petitcorps Y L, Matar S, et al. Investigation of the Young's modulus of TiB needles in situ produced in titanium matrix composite. Materials Science and Engineering: A, 2003, 340(1): 80–87

彩　　图

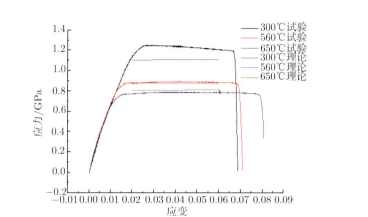

图 4-57 应变率 $210s^{-1}$ 下的应力-应变曲线

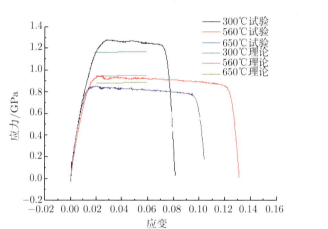

图 4-58 应变率 $1252s^{-1}$ 下的应力-应变曲线

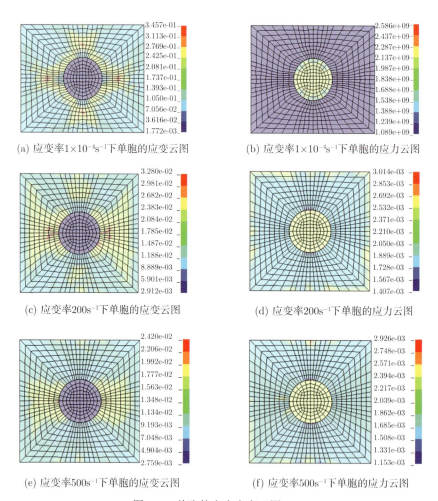

(a) 应变率$1\times10^{-4}s^{-1}$下单胞的应变云图　　(b) 应变率$1\times10^{-4}s^{-1}$下单胞的应力云图

(c) 应变率$200s^{-1}$下单胞的应变云图　　(d) 应变率$200s^{-1}$下单胞的应力云图

(e) 应变率$500s^{-1}$下单胞的应变云图　　(f) 应变率$500s^{-1}$下单胞的应力云图

图 5-9　单胞的应力应变云图

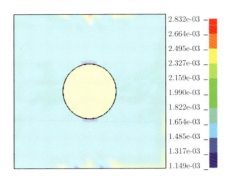 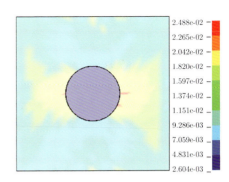

(a) 球形颗粒

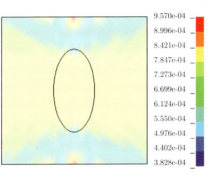 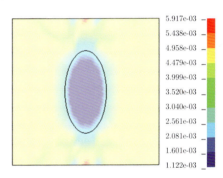

(b) $L/d=0.5$ 的椭球形颗粒

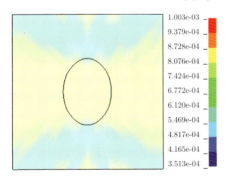 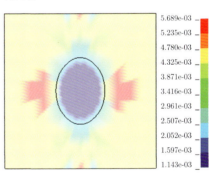

(c) $L/d=0.8$ 的椭球形颗粒

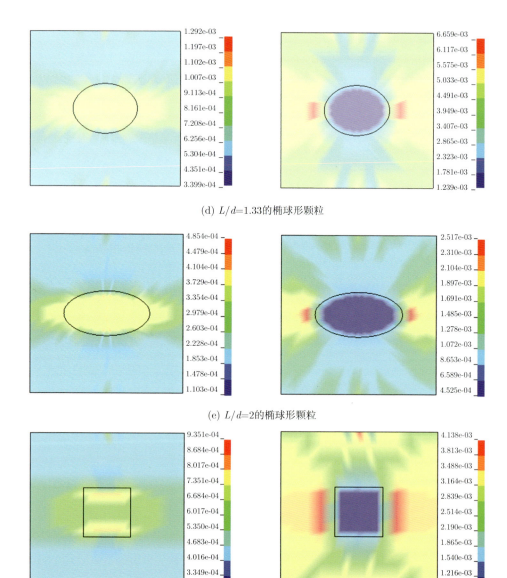

(d) $L/d=1.33$ 的椭球形颗粒

(e) $L/d=2$ 的椭球形颗粒

(f) 圆柱形颗粒

图 5-14 不同颗粒形状单胞的应力-应变云图

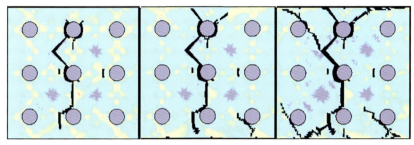

(a) 理想界面情况

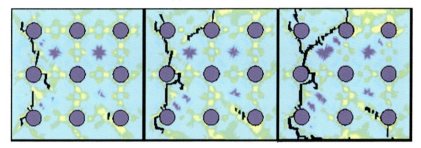

(b) 非理想界面情况

图 5-22 球形颗粒增强钛基复合材料的破坏形态

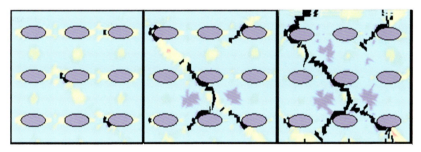

(a) 理想界面情况

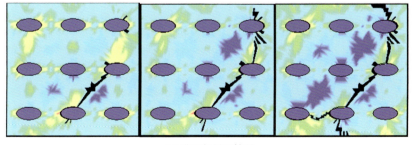

(b) 非理想界面情况

图 5-23 椭球形颗粒增强钛基复合材料的破坏形态

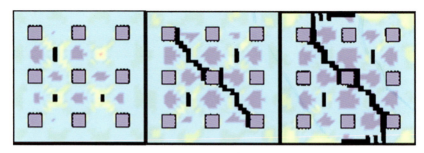

(a) 理想界面情况

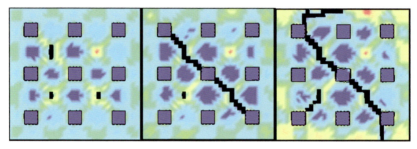

(b) 非理想界面情况

图 5-24　圆柱形颗粒增强钛基复合材料的破坏形态